油藏数值模拟实践

张世明 著

石油工业出版社

内容提要

本书立足矿场应用实践，系统性阐述了油藏数值模拟的相关理论、技术方法和经验技巧，内容涉及基础理论知识、数据准备与处理、静态模型、模型初始化、历史拟合、模型收敛性、动态预测等方面，为深化油田开发研究提供解决方案。

本书可供从事油藏数值模拟研究的技术人员、油藏工程研究人员参考，也可作为油藏工程师培训及相关院校的辅导材料。

图书在版编目（CIP）数据

油藏数值模拟实践 / 张世明著 .—北京：石油工业出版社，2021.1

ISBN 978-7-5183-4190-0

Ⅰ.①油… Ⅱ.①张… Ⅲ.①油藏数值模拟 Ⅳ.① TE319

中国版本图书馆 CIP 数据核字（2020）第 168290 号

出版发行：石油工业出版社

（北京安定门外安华里 2 区 1 号　100011）

网　　址：www.petropub.com

编辑部：(010)64523541　　图书营销中心：(010)64523633

经　　销：全国新华书店

印　　刷：北京中石油彩色印刷有限责任公司

2021 年 1 月第 1 版　2021 年 1 月第 1 次印刷

787×1092 毫米　开本：1/16　印张：19

字数：450 千字

定价：98.00 元

　　"现代油藏工程"理念的形成和发展已使油田开发研究者们逐渐认识到油藏数值模拟技术的优势和作用，并且首先在水驱油藏开发研究中得到广泛的应用。从国内实际应用情况看，既有十分成功的例子，也有一些研究结果不尽人意。总结成功案例我们发现，存在如下共性：油藏数值模拟研究始终建立在对油藏地质特征和动态特征的充分认识上，这得益于项目组团队的沟通；油藏数值模拟研究方法应用正确合理，这得益于数值模拟研究人员的综合能力；油藏数值模拟研究的最大贡献是提供了油藏尺度下渗流规律和剩余油分布规律的定量认识，并提出了合理的挖潜方向，这得益于对油藏数值模拟研究目标的准确定位。实践证明，油藏数值模拟技术的功能可定位为通过定量的研究方法较好地解决油藏开发研究中的定性认识问题，并提供相对定量（而不是精确定量）的计算结果。而且油藏模拟面对的研究对象越来越复杂，例如，特殊类型油藏储层空间的多样性、不同开发方式以及不同开发阶段多相流体的渗流特征、油藏—井筒—地面一体化的开发决策等，既给油藏数值模拟技术发展带来了挑战，更为油藏数值模拟技术的普及与推广带来了新的契机。在数据信息不断丰富、技术手段不断创新的情况下，通过油藏数值模拟技术为开发研究和决策提供科学指导已成为行业共识。

　　从油藏数值模拟技术理论研究走向规模应用的发展历程来看，建立以油藏模型为核心，以油藏数值模拟为主要手段的油藏工程研究模式是油田开发研究的必然趋势。油藏数值模拟作为油藏工程专业的一门必修课程，如何发挥其理论优势和应用价值，必须从工程应用角度构建一套相对完善的知识体系和技术体系，这就是本书编写的出发点。本书立足矿场应用需求，力求突出系统性和实用性两个特点。在系统性方面，本书内容设置涵盖与油藏数值模拟相关的专业基础知识、基本理论、技术方法等，是一部知识面涉及范围广、技术方法全面的油藏数值模拟专业著作。在实用性方面，本书不同于其他以数学理论和算法为主要内容的油藏数值模拟专业书籍，而是立足矿场应用需求和长期实践经验，从如何更好、更快掌握油藏数值模拟基本技能出发，并将专业技术与油藏开发研究紧密结合，充分发挥油藏数值模拟技术在油藏工程研究中的优势和作用。

基于以上考虑，全书对油藏数值模拟应用流程设计分8章叙述。第1章简单阐述了油藏数值模拟的概念、技术特点、应用理念及现状问题。第2章从油藏地质、油藏工程、采油工程和数值模拟四个方面全面介绍了在油田开发设计中应用到的相关基础理论知识，并侧重结合油藏数值模拟研究的需要进行内容上的适当优选。第3章重点介绍油藏数值模拟研究前处理环节的数据准备与处理，这部分内容是数值模拟应用中的重要环节，但也是当前数值模拟著作中较少涉及的薄弱环节。主要围绕构造信息、储层信息、岩石相对渗透率、岩石毛细管压力、油气水流体物性及动态监测信息等方面，从数据收集、评价、处理三个环节进行较为详细的分析，以期实现不同来源、不同尺度数据的一体化融合，提高数值模拟输入环节的数据质量。第4章以如何建立最大程度反映油藏地质认识特征的三维精细油藏模型为目标，系统介绍了模型设计方法，并重点对网格模型建立、属性参数离散化、非均质油藏表征及模型质量评价进行了专题讨论。第5章围绕模型初始化，从油（气）水系统的界面性质、平衡与非平衡初始化方法进行了介绍，并侧重加强了水体描述相关内容分析。第6章全面系统讨论了历史拟合，着重从提高模型预测结果可靠性和加深对油藏静动态认识两方面，介绍了历史拟合的一般原理和方法，并提出了一种特高含水期历史拟合新方法，并阐述了历史拟合质量分析方法。第 7 章是关于模型收敛性问题的专题内容，结合数据处理过程中影响因素分析，提出提高收敛性的对策。第 8 章关于动态预测，介绍了预测方案设计方法、预测控制条件设置及预测结果可靠性分析。

本书是笔者从事油藏数值模拟 20 多年来收获和体会的总结，在编写过程中还得到周维四、杨耀忠、孙业恒、戴涛、于金彪及胜利油田分公司勘探开发研究院渗流力学室的大力支持，孙红霞、董亚娟、胡慧芳、曹小朋、许强、刘营、刘祖鹏、李加祥等参与了部分基础资料的整理工作，在此表示衷心感谢。

由于笔者水平有限，书中疏漏和不妥之处在所难免，恳请读者斧正。

目录

◆ 1　绪论

1.1　油藏数值模拟概述

1.1.1　概念

油藏数值模拟是应用已有规律,采用数值方法求解描述油藏内流体流动问题,并利用计算机研究油藏开发及动态规律的一门技术。从工程意义上讲,油藏数值模拟一般可以理解为从地下流体渗流过程中的特征出发,建立描述基本物理渗流现象、油藏边界条件和原始状况的数学模型,借助计算机求解该数学模型,并结合油藏地质、油藏工程、采油工程等学科知识重新认识油田开发的全过程,解决油田开发实际问题。由此可见,无论在数值模拟基础领域研究层面,还是在油气田开发应用层面,油藏数值模拟都有其专业性和综合性强的特点。

1.1.2　特点

从油气田开发应用角度分析,油藏数值模拟技术具有以下三方面的特点。

一是从油气田开发设计直至废弃的各个开发阶段,可以根据开发阶段,依据静、动态资料的拥有情况,结合技术经济条件,并针对开发面临的主要问题,进行适合不同研究目的的油气藏数值模拟研究。也就是说,油藏数值模拟技术可以在油田开发的不同时期发挥不同的作用,油藏的不同开发时期都具有应用油藏数值模拟技术的机会和条件。

二是油藏数值模拟技术是油气藏工程研究中重要的技术方法之一,具有考虑因素多、应用范围广、计算精确、方便、经济等特点。从油藏数值模拟技术的专业类别和油田开发研究应用实践都可以看出,油藏数值模拟技术仍隶属于油藏工程范畴,具有一定的技术优势,但优势与不足共存,还不能完全替代传统的油藏工程方法。

三是油藏数值模拟作为油气藏开发预测工具,具有比其他技术方法更多的数据量需求,其预测精度受到数据质量及数量的制约,同时也存在多解性和风险性。因此,对于油藏数值模拟的研究精度要求,要立足于资料的完备性及准确性评价,对于模拟预测的结果,要综合考虑其他油藏工程方法并加以验证。油藏数值模拟技术本身的特点决定了该技术的灵活性与复杂性,熟练掌握与合理应用需要知识、技能与能力的综合培养。

1.2　油藏数值模拟应用理念

关于油藏数值模拟技术的实际作用,不同的人观点不同,这里只是一个认识和理念的问题,需要做客观的分析。

1.2.1 数值模拟与油藏工程概念内涵

首先来研究油藏工程与油藏数值模拟的内涵与关系。如前所述,油藏数值模拟是一种运用较复杂的数学方法预测油藏动态的油藏工程研究方法,虽然自身具有较重比例的数学元素,但应用领域仍属于油藏工程范畴。而油藏工程是一门高度综合的技术学科,它综合应用地球物理、油藏地质、油层物理、渗流理论和采油工程等方面的成果,对油藏开发方案进行设计和评价,并应用这种预测结果制定相应的技术措施,以获得油藏开发最大的经济采收率。油藏工程含义宽泛,数值模拟是油藏工程研究技术方法之一。从这个意义上讲,油藏数值模拟技术研究成果只能作为油藏工程综合分析的参考或补充,不能替代油藏工程。

然而,随着油藏数值模拟技术的不断发展及科学合理规范的应用,其内涵与功能逐步扩大,与传统油藏工程逐步融合交叉,成为"现代油藏工程"的核心。按照目前油藏数值模拟的工程定义,可以理解为油藏数值模拟是以渗流力学、数理方程和数值分析为理论基础,集石油地质、油气储层、油层物理、油藏工程、计算机软件等多学科于一体的综合性工程应用学科。从这个意义上讲,油藏数值模拟的综合性特征与油藏工程研究的综合性要求基本一致,只是在基础理论上更大程度地依赖于数学与计算机。也正是由于油藏数值模拟技术所具有的这种综合性优势,使得大家对油藏数值模拟的期望大大提高,由油藏工程研究的辅助技术手段转变为"现代油藏工程"的主要技术手段。那么,油藏数值模拟技术本身能否承担起全部油藏工程的研究任务? 怎样才能发挥油藏数值模拟技术的综合油藏研究作用? 这是需要从理论和实践两个方面不断研究和探索的问题。

1.2.2 数值模拟与油藏工程理论基础

从目前油藏工程研究的过程上分析,油藏工程应用可以分为观测(信息采集和分析)、假设(油藏特征判断)、计算(定量计算和评估)、决策(提出措施和方案)四个部分。其中,计算部分主要包括四类方法:类比法、水动力学法、物质平衡法、数值模拟法。实际应用中发现,四类方法中,除了类比法带有更多的经验与人为因素外,数值模拟法完全可以替代理论相对比较简单的水动力学法和物质平衡法,原因是油藏数值模拟的基本理论与传统油藏工程计算方法(如水动力学法及物质平衡法,类比法除外)是一致的。

理论证明,油藏数值模拟模型(方程)通过一定条件的简化推导处理,可以得到传统油藏工程的计算方法(或方程),如物质平衡方程、试井解释方程、前缘推进方程、APRS 递减方程等。因此,传统油藏工程方法的计算过程实际上可以理解为一种相当简化的油藏数值模拟。也就是说,其他油藏工程计算方法能够解决的问题,油藏数值模拟方法都可以实现,并且可以提供更多的分析结果。尤其是在考虑到油藏储层非均质性、岩石的各向异性、流体性质和岩石渗流特征的空间变化、各种复杂的驱油机理等因素对预测结果的影响时,油藏数值模拟技术的优势就体现得更加明显。至于油藏工程研究中的观测、假设和决策环节,也可以融入油藏数值模拟研究的数据收集处理、模型设计、历史拟合、计算结果分析等方面,因为综合而有效的油藏数值模拟研究对以上环节的需求也必不可少。总之,油藏数值模拟技术的最大优势体现在它提供了一种技术上的可能性,可以实现预测风险的最小化。

1.2.3 数值模拟与油藏工程应用理念

然而,也正是由于数值模拟技术的综合性要求,使得在实际的应用过程中出现了很多,甚至是更严重的问题,即有些数值模拟结果的可靠性不仅没有得到充分认可反而认为风险更大。引起这种问题的主要原因是油藏数值模拟应用理念与应用方法不当,当然也与油藏数值模拟技术本身特点相关。

与传统的油藏工程研究不同,油藏数值模拟的综合性是将问题分析的综合性与数据信息的综合性紧密联系在一起,并且通过模型将所有的数据信息建立起内在的逻辑关系,然后按照设定的计算法则预测结果。这样,不同数据间的相互影响以及不同参数的不确定性对结果的影响不是十分直接,加上数值模拟研究的数据需求量大,因而,没有熟练掌握与该技术相关领域(包括油田地质、油层物理、油藏工程、采油工程、数学和计算机等)的经验丰富的油藏工程师是很难驾驭和合理使用的。也就是说油藏数值模拟技术应用的综合性是系统的综合性,而且这种综合性的能力要求是必需的,自然应用的起点也比较高。而传统油藏工程研究的综合性要求是相对宽泛的,不同计算方法的参数需求少,计算结果相互独立,需要多方求证,综合评估。

这两种不同的研究方法在实际的应用过程中在不同方面制约了研究技术水平的提高。一是不正确的应用油藏数值模拟导致结果的不可信,从而使油藏数值模拟成为"装饰品";二是完全依靠传统油藏工程方法又很难满足油田开发研究的深层次需要和精度要求。因此,确保数值模拟人员的综合能力是发挥油藏数值模拟技术优势关键。

由于油藏数值模拟技术对数据量的需求过高,这种必要条件的制约决定了油藏数值模拟技术本身的适用条件和精度目标。当油藏数值模拟必备的数据缺乏时,是不适宜采用油藏数值模拟技术来进行研究的,如果问题比较简单,反而采用一些简单的技术方法更易解决。当数据基本满足模拟需求但不够充分时,油藏数值模拟研究只能提供一种用定量的手段解决定性认识问题。当油藏描述及其他要求的数据较充分时,油藏数值模拟研究才可以提供精度相对较高的宏观定量(或半定量)结果。只有当数据足够充分,油藏渗流机理认识清楚时,才能充分发挥油藏数值模拟技术优势,提供精确的定量研究结果。

最后,是油藏数值模拟研究需要完全意义上项目研究团队的通力合作。所谓完全意义是指项目组各专业研究成员要以提高油藏数值模拟模型准确性为共同的目标,视油藏数值模拟研究中遇到的问题为共同的问题,彼此充分理解和沟通,共同解决。因为油藏模拟研究是油藏评价的最后环节,不同研究环节的内在不确定性(如地质研究、实验研究、测试研究、数值求解方法等)积累太多的误差影响因素,仅靠油藏数值模拟研究人员本身是很难全部合理解决的。

1.3 油藏数值模拟技术现状

精确定量是油藏开发研究的最终目标,也是油藏数值模拟技术发展的必然要求。受技术理论和应用多方因素的影响,目前油藏数值模拟技术发展面临一些瓶颈困难。

1.3.1 工程应用方面

1.3.1.1 地质模型描述

油藏的储层非均质性是影响剩余油分布的一个重要的因素,尤其到油藏开发高含水后期,储层非均质性对剩余油的控制作用越发突出。这里所说的非均质现象主要是指一个井距尺度(300m)以上级别的极端非均质现象(裂缝、断层、夹层、高渗透带、低渗透带)的识别与描述,建立能够较好反映流体渗流通道和渗流屏障的高精度确定性储层地质模型,并构建能够描述极端非均质性参数对流体流动产生影响的网格模型。目前的地质建模技术不断发展,精度不断提高,但在网格模型的构建过程中忽视了静态极端地质现象对动态渗流特征影响的合理描述,从而削弱了极端非均质性参数,不利于剩余油的精确模拟研究。因此,其发展方向为,在地质建模方面,开展以地震资料为约束的确定性建模技术,着重描述砂泥薄互层、砂体边界、砂体叠置和接触关系、各种遮挡、低序列断层及高低渗透层(带)等;在网格模型构建方面,开展智能粗化技术研究,保留纵向及平面油层极端非均质性地质参数分布的几何特征和非均质性特征。

1.3.1.2 基础数据应用

岩心实验数据(相对渗透率曲线及毛细管压力曲线)是深化油藏内部岩石流体渗流特征及渗流特征差异性的重要信息,也是数值模拟计算油藏含水动态规律和驱油效率的重要参数。然而,如此重要的参数在实际的模拟研究项目中所能得到的数据量少之又少,很多情况下几乎没有;即使存在几条数据,又由于其代表性的问题而存在应用风险;即使取得认为具有一定代表性的曲线,它又无法反映储层非均质性变化对剩余油分布的影响,其最大的可能性只能反映整个非均质油藏的整体宏观效果,对于高含水后期"整体分散、局部富集"的剩余油分布区域的精确描述严重制约。另外,也正是由于此类资料的缺乏,相对渗透率资料成为油藏动态历史拟合参数调整的首选(比较敏感),因为无法参考储层物性与相对渗透率曲线之间的关系,也无法顾及这种无原则的参数调整对油藏后期采收率预测的影响,直接原因就是真实的相对渗透率资料无人可知。这是影响和制约目前油藏数值模拟精确定量预测的一个非常重要的因素。因此,开展相对渗透率资料的测试与分析,建立基于流动单元的相对渗透率曲线是进一步提高水驱油藏数值模拟精度的重要环节。

另外一个大家易于忽视的问题,就是相对渗透率和毛细管压力的润湿滞后效应。实验室研究表明,受饱和历程的影响,相对渗透率曲线具有明显的滞后效应。由于相对渗透率曲线的润湿滞后作用,使得油水(或气水、油气)的动态变化规律及反向驱替后的残余饱和度发生变化,从而引起剩余油量的变化。而注水油田开发后期的井网调整、气驱等,都存在驱替流体的反向流动,如:水气交替注入问题、脱气油藏的注水恢复压力、油气界面的上下波动、减产或关井后的水锥消失、井网调整后的水动力方向变化、周期注水等。这些情况下的模拟研究往往忽视了相渗滞后的影响。

动态监测资料(剖面测试、界面监测、试井、示踪剂测试、压力测试等)既是认识油藏的窗口,也是油藏数值模拟研究中历史拟合环节的重要信息,许多由于油藏井间非均质性问题引起的饱和度分布的变化都是通过动态监测资料来认识的。尤其是非常重要的压力资料,它反映了油藏能量及物质基础的空间分布,是油藏动态历史拟合的关键指标。然而,目前油藏数值模拟研究中可利用的动态监测资料较少,缺少这方面资料的验证与约束,油藏数值模拟研究的精度就会大打折扣。

1.3.1.3 动态历史拟合

油藏动态历史拟合是油藏数值模拟技术的关键环节,是验证历史认识、加深目前认识、深化将来认识的主要渠道,其综合性极强,它也需要像传统油藏工程研究的要求一样,把地质、测井、动态、监测等不同方面的成果资料信息集中综合分析。因此,动态历史拟合是经验、认识和技巧的融合,其中认识是最主要的。高水平的油藏数值模拟就体现在油藏动态历史拟合方法的应用上,是通过历史拟合来验证加深引导认识,只有当发现矛盾而又无法在合理的参数调整范围内实现拟合时,才考虑采用技巧性的方法。

一般而言,在正确的分析和认识之下,参数的调整方向应该比较明确,历史拟合的主要工作是在一定的范围内确定具体调整参数的值,这样的历史拟合既不破坏油藏参数的整体分析规律,又高效可靠。因此,历史拟合技巧应是专家才拥有的技能,不得已才用,因为这里面含有很大成分的风险因素。一些油藏数值模拟的初学者往往将技巧性的处理方法当作历史拟合的首选,而不注重历史拟合的目的和对油藏认识的必要性,可见这样的历史拟合是很难达到油藏数值模拟研究结果的准确定量。当然,这也与目前大家普遍追求高的历史拟合率和历史拟合精度的要求相关。

因此,从这个意义上讲,历史拟合的符合率和拟合精度的量化要求应当附带更多的条件才科学客观,单纯地要求高的历史拟合精度意义不大。目前存在普遍的问题是很多的油藏数值模拟从业者没有遵循科学的历史拟合方法,而管理者又没有对历史拟合质量有正确的把握,导致油藏数值研究成果精度的丧失。

1.3.1.4 油藏动态预测

利用数值模拟模型预测油井产量一直未被油藏工程研究人员所采用,而是通过油藏工程的试采分析确定合理的产油或产液量,再应用定产的方式预测后期动态。这种方法一是没有充分发挥油藏数值模拟的产量预测优势,二是这种处理实际上没有正确反映油井的实际潜能。这是因为,如果保持油井的产油量生产,随着含水的上升,油井的液量将会大幅度上升,相当于强化采油。虽然我们在预测过程中可以控制油井的最大液量,但这种随含水不断变化的液量现场是无法控制的,只能是一个理想的结果,可操作性差。如果保持油井的产液量生产,随着含水的上升,油井的无量纲采液指数不断增大,生产压差减小,这样实际失去了油井保持压差提液的潜能,预测结果也偏离实际。另外,两种方式都没法考虑地层能量变化对油井产能的影响。而使用井口压力控制生产则可以很好地避免以上预测上的误差,而且便于现场操作,符合油井生产实际。

根据油井的产量公式:产油量 = 产油指数 × [地层压力 − (井口压力 + 井口压力与井底流压的差)] 可知,产油指数可以通过如何保持历史与预测平稳过渡的方法进行调整确定,地层压力通过历史拟合来确定,预测阶段可以通过注采比并按照开发设计要求确定,井口压力为预测控制参数,由用户根据开发生产实际或设计要求确定。因此,要合理预测产量,最关键的是确定井口压力与井底压力差。而这种压力的差异随流体流量、含水、气油比及流体性质决定,可以通过建立合适的井筒垂直管流模型来确定。如何建立合适的井筒垂直管流模型,可以借助相应的软件,结合油井的采油方式综合选取。例如根据胜利油区油井生产控制方式,大致可以分为自喷采油、抽油机采油和电潜泵采油几种方式。其中,自喷采油的垂直管流表需要考虑油嘴尺寸及位置,而抽油机井及电潜泵井的垂直管流表需要考虑泵的位置、排量和扬程。建立符合油藏、井筒及地面一体化管理模式的预测条件是提高预测准确性及可操作性的必要条件。

1.3.2 理论研究方面

1.3.2.1 网格取向效应

网格的取向效应是指当网格的走向(X方向、Y方向)不同时,模拟计算的结果不同,即当两口相同注采井连线与网格方向平行时,生产井见水早,含水上升快;而当注采井连线与网格方向斜交时,生产井见水晚,含水上升慢(相对)。尤其当驱替相流体与被驱替相流体流度差别更大时,结果存在较严重的失真。

图1.1是二氧化碳驱模拟不同网格方向下的五点井网驱替效果,可以看出,对角网格模型中驱替过程严重失真,而在平行网格模型中指进过分严重。常规的水驱油藏中,由于网格取向效应的影响而导致剩余油分布结果的精确定量误差也是很明显的,尤其是表征油藏高度非均质各向异性地质现象对剩余油控制作用时,这种情况更为严重。在常规的油藏模拟研究中,一般要求尽量使网格方向与流体渗流主方向平行,但实际非均质油藏的局部主渗透方向不断变化(例如曲流河沉积、裂缝等),显然一个大趋势的网格方向远远满足不了对这种复杂流向变化的要求,因而也制约了油藏模拟进一步精确化的发展。产生这一现象的主要原因是与油藏数值模拟所建立数学模型、网格剖分、差分方法、求解方法及简化处理方法等多种因素相关。基于目前的技术理论方法,只能较好地处理网格方向与渗流速度方向平行的情况。而实际的非均质油藏,渗流速度方向往往与油藏势梯度方向不一致,而渗流速度大小由势梯度大小和方向共同决定。解决这一问题的方法有两个方面:一是研究网格的剖分算法,建立能够按照储层非均质参数场及注采井关系所形成的非结构网格,使得任意局部网格定向都与主渗流方向保持一致;二是研究新算法,使得在非正交网格上的正确流动逼近计算。

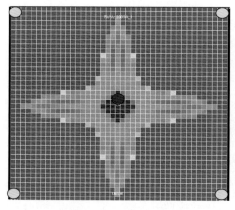
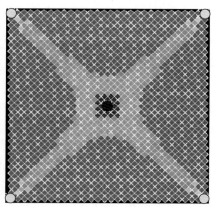

(a) 注采连线与网格方向斜交 (45°)　　　　　　(b) 注采连线与网格方向平行

图1.1　网格方向效应示意图

目前在减弱网格方向效应的研究上,主要从网格加密、九点差分、两点上游加权、拟函数法及截断误差高阶化等方面开展研究,但仍满足不了精细化定量研究的精度和效率。目前俄罗斯学者针对有限体积法对不连续系数及曲线网格不能提供足够的精度这一问题,提出了一种用支撑算子方法代替了有限体积方法的新技术,可以较好地减弱网格方向效应,模拟裂缝的水窜(图1.2)。这也代表了此方面研究的一个方向。

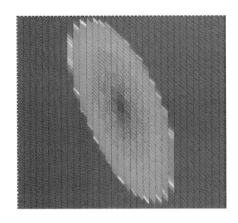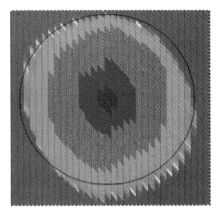

(a) 有限体积方法计算结果　　　　　　　(b) 支撑算子算法计算结果

图1.2　不同算法对网格方向效应影响对比

1.3.2.2　非均质性干扰问题

由于储层非均质性而产生的干扰问题在油藏开采现场经常见到,如多层合采时的米采油指数下降,合采(或注)井的剖面产出(或吸入)比例与储层地层系数大小不成比例,甚至有些低渗透层不出(或不吸),而高渗透层又占据更大的优势。由纵向特征可以推向平面,受平面非均质性的影响,优势通道的形成、无效注水的产生都可以归结为非均质性的相互干扰问题。在这方面,目前的模拟计算还无法很好反映。因此,研究产生该现象的原因,改进模拟器,实现对以上现象的描述是水驱油藏精细定量研究亟待解决的问题。

低渗透油藏的启动压力概念是否可以引入中高渗透油藏的模拟研究中? 因为,在中高渗透油藏中,当渗透率的级差较大时,由于干扰的存在,有些较低渗透层或条带的原油几乎没有动用(或没有启动),即使都开始动用,其相同压差下的流量与地层系数好像并不成比例。另外,即使是均质油藏,模拟计算时单井的动用范围及储量大于实际状况。非均质油藏中,只要储层连通,其预测最终采收率差别甚微。这是否可以理解为中高渗透油藏的宏观非达西现象,只不过这种非达西出现在级差存在的条件下,是由于干扰引起的。即在中高渗透油藏中,即使某层(或某区域)的渗透率较高(相对低渗透油藏而言),当相邻层位(或区域)的渗透率过高,形成较大级差时,该层渗流时的压力梯度增加也比渗流速度增加快,而高渗透层却相反,这样也不符合达西定律。

1.3.2.3　复杂渗流机理

渗流机理方面的认识对油藏数值模拟的影响就更加明显。例如低渗透油藏的启动、长期注水冲刷下的储层物性变化、储层的敏感性等,有些已经引起专家的重视,并由此开展了大量的研究工作。对于油藏数值模拟技术而言,只要机理描述清楚合理,完善模拟数学模型,提高模拟精度难度并不太大。关键是对机理的认识和描述,需要开展大量的物理实验研究。

例如,水驱油藏的残余油饱和度问题。实践表明,水驱油藏的极限残余油饱和度并不像实验室认识得那样高。油藏数值模拟在计算水驱残余油饱和度时是通过相对渗透率曲线的端点值确定的,因而,相对渗透率曲线的正确给定至关重要。这里主要有两个方面:一是相对渗透率曲线与储层非均质性的关系。相对渗透率是岩石空气渗透率、孔隙结构、孔隙度、润湿性、黏度以及上覆压力等变量的函数,不同的储层,由于以上因素的差异,相对渗透率曲线及其端点差异明显。如从阿尔及利亚扎尔则油区油水相对渗透率实验基础参数(表1.1),可以看出,即使是同一井,同一层位,相对渗透率曲线的端点(束缚水饱和度及残余油饱和度)相差甚远,极限采收率相差10%左右。由此可见,研究储层微观特征与相对渗透率端点的关系,建立可靠的相对渗透率的非均质参数场,可以提高数值模拟计算的精度。另一方面是相对渗透率的残余油饱和度与水驱倍数之间的关系。常规的不稳定实验法测定相对渗透率的水驱倍数一般为30倍,无法反映油藏内部真实的水驱效果。实验表明,随着水驱倍数的增大,驱油效率的增幅几乎呈线性速度的增长(半对数图)(表1.2)。因此,油藏数值模拟的数学模型中要建立相对渗透率曲线端点与水驱倍数的动态变化,反映合理的水驱效果。

表 1.1 阿尔及利亚 A 油区油水相对渗透率实验基础参数

井号	层位	序号	样品深度 m	孔隙度 %	空气渗透率 mD	K_w mD	S_{wi} %	S_{or} %	R_{ec} %,OOIP	$K_o S_{wi}$ mD	$K_w S_{or}$ mD
ZR12	非	1	1391.8	28.3	29.2	18.4	30.0	27.0	61.5	10.2	4.4
	非	2	1392.1	25.1	1.6	0.6	39.5	22.0	63.7	0.4	0.1
	非	3	1392.8	26.1	12.9	8.1	33.0	27.2	59.5	6.2	1.6
	Ⅵ	4	1393.2	26.5	16.7	9.1	31.8	28.3	58.5	8.0	2.3
	Ⅵ	6	1394.9	27.0	3.4	1.7	39.8	23.1	61.6	1.3	0.5
	Ⅵ	7	1395.1	25.2	15.4	9.3	36.9	29.5	53.3	6.6	1.6
	Ⅵ	8	1395.2	25.8	7.5	4.8	38.3	22.0	64.3	2.7	1.4
	非	10	1402.8	22.8	287.2	158.5	42.2	22.7	60.7	120.0	44.8
	Ⅳ	11	1407.8	22.2	698.5	426.5	29.2	42.1	40.5	361.9	104.6
	Ⅳ	12	1408.8	22.2	583.6	351.3	33.5	35.0	47.3	310.0	65.3
ZR78	非	1	1392.1	28.5	23.3	13.8	33.3	26.9	59.8	8.2	3.7
	Ⅵ	3	1396.5	29.0	15.3	8.4	35.7	23.3	63.9	6.1	2.4
	非	4	1398.1	24.1	0.8	0.2	42.4	30.1	47.8	0.2	0.1
	Ⅳ	5	1410.0	27.0	349.9	231.0	33.4	26.9	59.7	200.0	94.4
	Ⅳ	6	1410.3	19.5	9.9	4.2	25.4	33.3	55.4	3.3	1.6
	Ⅲ	8	1419.3	30.5	120.1	70.0	37.8	20.7	66.7	52.3	35.3
	Ⅲ	9	1419.4	29.1	348.7	265.8	29.3	32.3	54.3	171.4	101.4
	Ⅲ	11	1420.2	29.5	65.9	34.9	39.0	26.5	56.7	27.2	10.4
	非	12	1421.5	25.6	37.2	16.5	42.1	29.8	48.5	13.0	7.4
	Ⅲ	14	1430.0	21.5	5.4	2.1	34.4	44.2	32.6	0.9	0.7

表 1.2　水驱倍数与驱油效率关系实验结果表

名称	驱油效率,%						
	1PV	5PV	10PV	50PV	100PV	500PV	1000PV
试验值	43.3	53.1	54.3	63.3	67.8	76.1	78.8

另一个方面的机理就是井周围的渗流机理描述。对于直井,当井部分射开时,井筒周围存在三维流动(图 1.3),即平行于层面的二维流,还有上下层没有射孔网格的垂向流。这样,就会改变井的产量和井附近的流动规律。对于水平井,尤其是鱼骨状分支水平井,其井筒附近的渗流机理不太明确,目前的模拟器还不能方便准确地模拟水平井在不同完井方式下的产能(只能近似反映)和近井油水流入动态规律。受 Peaceman 求产方程局限性的影响,水平井指数、沿水平井井筒方向储层非均质性的干扰还无法得到有效反映。另外,由于人工增产措施使得井筒超完善,这种作业效果对产量的影响还无法直接描述,只能通过改变表皮因子来近似反映。但当地层改善,也就是采用压裂或者酸化时,即表皮系数为负值时,如果表皮系数绝对值较小,不会产生问题,如果较大(绝对值大于 5),那么采油指数很大,压力等效半径小于等于井径,产生不收敛,完善失效。

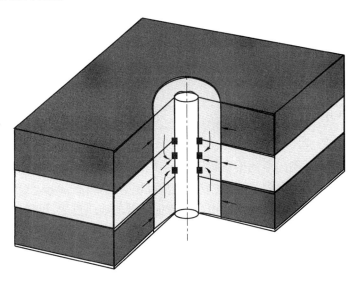

图 1.3　井筒射孔段三维流动示意图

◆ 2 基础理论知识

油藏数值模拟研究需要应用地质、油藏、采油、数学、计算机等多种学科相关知识,是一门综合性较强的技术,尤其是随着一体化技术的快速发展,具备必要的油藏描述、油藏工程、采油工程及数值计算等相关基础知识,对于发挥油藏数值模拟技术优势,提高研究成果水平至关重要。

2.1 油藏地质基础

油藏地质学又叫油气藏开发地质学,它是以勘探为主要目的的石油地质学的延续,它的研究范围只局限于某个油气藏,其目的在于更精细地研究已发现的油气藏,并指导其开发。油藏地质分为油气藏理论基础和开发地质基础两大部分。油气藏理论基础主要是阐明油气藏的形成及分类等基础理论,开发地质基础涉及地层划分与对比、构造特征研究、沉积相研究、储层特征研究等。

2.1.1 油气藏理论

2.1.1.1 油气藏的形成

油气藏是油气在单一圈闭中的聚集,具有统一的压力系统和油水界面,是油气在地壳中聚集的基本单位。地球科学辞典定义,油气成藏是指沉积盆地中,石油、天然气生成后,通过在输导层中的运移,最后充注进入圈闭之中,聚集形成油气藏的地质过程,可概述为有机物沉积、油气生成、油气运移、油气聚集和油气分离五个阶段。油气藏形成的基本条件,一般包括具有充足的油气来源、有利的生储盖组合、有效的圈闭和必要的保存条件,具体可概括为"生、储、盖、圈、运、保"六个方面(图 2.1)。

"生"就是生油气层,是指具备生油气条件的地层,也叫烃源岩或生油岩。它是在还原环境下形成的富含有机质的泥质岩类、碳酸盐岩类和煤系地层,结构细腻、颜色较深。生油气层可以是海相的,也可以是陆相的,必须经历深埋和较完整的热演化等地质作用过程,达到成熟才能有油气的形成。

"储"就是储层,是能够储存石油和天然气,又能输出油气的岩层,具有良好的孔隙性和渗透性,通常由砂岩、石灰岩、白云岩及裂隙发育的页岩、火山岩和变质岩构成。

"盖"就是盖层,指覆盖于储层之上、渗透性差、油气不易穿过的岩层,起着遮挡作用,防油气外逸,常见的盖岩包括页岩、泥岩、蒸发岩等。

"圈"就是储层中的油气在运移过程中,遇到某种遮挡物,使其不能继续向前运动,而在储层的局部地区聚集起来的场所,称作圈闭,如背斜、穹隆圈闭,或断层与单斜岩层构成的圈闭等。

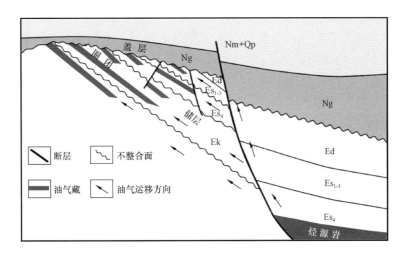

图 2.1 胜利油田某地区油气成藏模式图

"运"就是运移,指油气在生油气层中形成后,因压力作用、毛细管作用、扩散作用等,使之转移到有孔隙的储油气层中,一般认为转移到储层的油气呈分散状态或胶状。由于重力作用,油气上浮到储层顶面,但还不能大量集中,只有当构造运动形成圈闭时,储层的油、气、水在压力、重力及水动力等作用下,继续运移并在圈闭中聚集,才能成为有工业价值的油气藏。

"保"就是油气要保存,必须有适宜的条件。只有在构造运动不剧烈、岩浆活动不频繁、变质程度不深的情况下,才利于油气的保存。相反,张性断裂大量发育、剥蚀深度大、岩浆活动的地区,油气是无法保存的。

油气藏开发与成藏是两个时间尺度相差悬殊且作用机制相反的过程,了解油气藏成藏阶段特点及条件,有助于正确理解油气藏开采的复杂性,更好地认识油气藏开发的规律性。

2.1.1.2 油气藏的分类

研究目的不同,油气藏的分类原则和考虑的主要因素也不尽相同。从油田开发角度出发,可以按照油气藏开发特点进行分类,即重点关注油气藏的形态及其边界条件、储层性质及渗流特征、油气流体性质这三个关键因素。因此,油气藏的分类可以有以下四种情况。

按照油气藏天然驱动能量分类,可以划分为水压驱动类型油藏、气顶驱动类型油藏、溶解气驱动类型油藏和重力驱动类型油藏。不同的驱动类型,反映了油藏开发早期人们对于如何合理利用天然能量的认识,有助于后期能量补充方式及时机的研究分析。

按照油气藏流体性质分类,可以划分为天然气藏、凝析气藏、挥发性油藏、稠油油藏、高凝油藏和常规黑油油藏。不同的流体性质,具有不同的开发方式选择,是影响油气藏开发策略的重要因素。

按照油气藏几何形态分类,可以划分为块状底水油藏、层状边水油藏、透镜状岩性油藏和复杂断块油藏。不同的几何形态,反映了油藏边界条件及规模大小情况,也体现出了油藏开发过程中的主要矛盾和地质油藏重点攻关研究方向。

按照油气藏储集渗流特征分类,可以从储渗特征方面划分为孔隙性储层油藏、裂缝性储层油藏、孔隙—裂缝双重介质储层油藏,或从储层岩性方面划分为碎屑岩油藏、碳酸盐岩油藏、特殊岩性(火成岩、变质岩)油藏,或从渗透性方面划分为中高渗透油藏、低渗透油藏、特低渗透油藏。储集类型不同,流体的渗流规律不同,决定了油藏研究方法和开发思路的差异。

2.1.1.3　油气藏勘探开发历程

石油与天然气勘探开发是一个循序渐进的过程。完整的勘探开发过程可以划分为五个阶段,即区域普查阶段、圈闭预探阶段、油气藏评价阶段、产能建设阶段、油气生产阶段。

(1)区域普查阶段。对盆地、坳陷、凹陷及周缘地区进行区域地质调查,选择性开展非地震物化探和地震概查、普查,以及进行区域探井钻探,了解烃源岩和储层、盖层组合等基本石油地质情况,圈定有利含油气区带。

(2)圈闭预探阶段。对有利含油气区带进行地震普查、详查及其他必要的物化探,查明圈闭及其分布,优选有利含油气的圈闭,进行预探井钻探,基本查明构造、储层、盖层等情况,发现油气藏(田)并初步了解油气藏(田)特征。

(3)油气藏评价阶段。在预探阶段发现油气后,为了科学有序、经济有效地投入正式开发,对油气藏(田)进行地震详查、精查或三维地震勘探,进行评价井钻探,查明构造形态、断层分布、储层分布、储层物性变化等地质特征,查明油气藏类型、储集类型、驱动类型、流体性质及分布和产能,了解开采技术条件和开发经济价值,完成开发方案设计。

(4)产能建设阶段。按照开发方案实施开发井网钻探,完成配套设施建设,并补充必要的资料,进一步复查储量,核查产能,做好油气藏(田)投产工作。

(5)油气生产阶段。在已建产能的区块或油气田维持正常的油气开采生产,并适时做好必要的生产调整、改造和完善,提高采收率,合理利用油气资源,提高经济效益。

2.1.1.4　陆相油藏地质特征

陆相沉积盆地地质特征的特殊性,造成陆相油藏与海相油藏不同的地质特征。

(1)层多层薄。众多的储层和薄的隔层相互间隔,有时数十层、上百层砂岩与泥质岩间互成层,是陆相碎屑岩沉积普遍的现象,导致层间的非均质性极为严重。

(2)断层发育。储集体内各类断层较为发育,石油开采和注水开发实践表明,带有规律性的现象是几乎所有断层总是起遮挡作用,也进一步加剧了陆相储集体的分割性,增加了储集体地质研究难度。

(3)孔隙复杂。受陆相湖盆碎屑岩近物源短距离搬运的沉积背景制约,陆相储集体的矿物成熟度和结构成熟度都很低,储层孔隙结构复杂。

总之,中国陆相沉积盆地具有地质结构复杂、断裂发育、岩性岩相变化大、储集体类型多等显著特点。

2.1.1.5　油气藏描述研究

油气藏描述就是对油气藏进行综合研究和评价,它是以沉积学、构造地质学、储层地质学和石油地质学理论为指导,综合运用地质、地震、测井和试油试采等信息,最大限度地应用计算机手段,对油藏进行定性、定量描述和评价的一项综合研究方法和技术。其任务在于阐明油藏的构造形态、沉积相和微相的类型和展布、储集体的几何形态和大小、储层参数分布和非均质性及其微观特征、油藏内流体性质和分布,乃至建立油藏地质模型、计算石油储量和进行油藏综合评价。为实现油藏描述的上述任务,应最大限度地使用计算机手段,并自动绘出反映油藏特征的各种图件,充分揭示它在三维空间的变化规律,为进行油藏数值模拟研究,合理选择开发方案,改善开发效果,提高石油采收率提供充分可靠的依据。

根据技术资料情况和阶段目标要求,油藏描述一般划分为评价阶段油藏描述、开发初期阶段油藏描述和开发中后期阶段油藏描述,不同阶段油藏描述研究内容不同。

(1)评价阶段。应用地震和所有探井、评价井的岩心、测井、测试、试油等资料,描述油藏的构造形态、储层类型和流体性质,确定油藏类型,为建立地质模型、提交探明地质储量和可采储量及油田开发方案设计提供依据。

(2)开发初期阶段。通过三维地震资料的处理和解释,应用所有探井、评价井、开发井、开发资料井的岩心分析、测井、试油、试采、先导试验等资料,进行油藏地质认识,修正油藏构造形态、断裂系统、储层沉积类型及岩性、物性、结构特征、流体性质和分布规律,搞清油气富集规律,建立油藏地质模型,为提交储量复算、开发方案指标修正以及油田调整提供依据。

(3)开发中后期阶段。该阶段要求更精细、准确、定量地预测出井间各种储集体内部成因单元的非均质性及其在三维空间的分布规律。应充分利用该阶段所取得的所有静态、动态资料,结合油藏工程的生产动态分析,开展微构造研究、流动单元划分及小尺度的井间参数预测,对构造、储层、剩余油分布等地质特征做出当前阶段的认识和评价,建立三维地质模型,为油田调整挖潜、提高采收率提供可靠的地质依据。

2.1.2 地层研究

地层是地下一切成层岩石的统称,是一层或一组具有某种统一的特征和属性的并和上下层有着明显区别的岩层。地层可以是固结的岩石,也可以是没有固结的沉积物,地层之间可以由明显层面或沉积间断面分开,也可以由某些不十分明显的界限分开,例如岩性、化石、矿物等特征的变化所导致的界限。地层和岩层这两个名词相似,但地层往往具有特定地质时代的涵义,每一层或每一组地层都有它自己形成的时代或年龄;而岩层则往往是泛指各种成层的岩石,例如砂岩层、石灰岩层等,不强调时代的概念。

研究地层就是研究地层的层序关系、接触关系以及空间变化关系,是地层划分与对比的依据,更是决定油藏能否正确合理开发的基础。

2.1.2.1 地层层序

层序是一套相对统一的、成因上有联系的,顶底以不整合面或之对应的整合面为界的地层单元(图2.2)。层序地层学作为一种勘探理论,已在世界石油行业中得到广泛应用,在油气藏开发阶段作用虽不明显,但对确定地层的归属,为地层的划分与对比提供重要的指导作用。由层序的定义可知,识别层序的关键就是识别不整合面(或与其对应的整合面)及其级别,不同级别的不整合面(或与其对应的整合面)对应着不同级别的层序界面。在 Exxon 层序模式中,根据陆相侵蚀的范围和相带向海迁移量的大小,不整合面被分为两种类型(图2.3)。

(1)Ⅰ型层序。

Ⅰ型层序是以Ⅰ型不整合面为底边界的层序。Ⅰ型不整合面是指形成于海平面快速下降、快速构造沉降期,海岸线迁移至陆架边缘或以下部位,伴随着陆架下切谷和海底峡谷的深切作用,陆表遭受广泛的侵蚀作用。碎屑物沿着峡谷体系被搬运至大陆斜坡的底部,形成了广

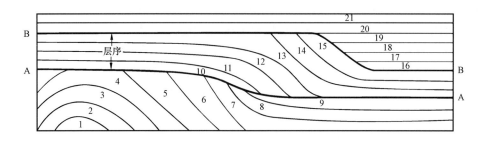

图 2.2 地层层序示意图

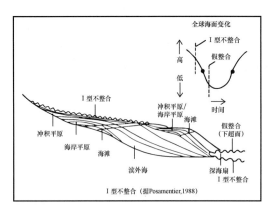
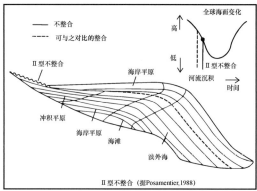

图 2.3 Ⅰ、Ⅱ型不整合面

泛的低位体系域。在Ⅰ型不整合中,沉积相带迅速地向盆地方向迁移,不整合之下早期(或老层序)的高位体系域遭受广泛的侵蚀作用。

（2）Ⅱ型层序。

Ⅱ型层序是以Ⅱ型不整合面为底边界的层序。Ⅱ型不整合面是指发育于相对海平面缓慢下降时期,其结果是导致相域逐渐向海迁移,并伴随有少量的陆上暴露和侵蚀作用。与下型层序中的低位体系域相对应,此时发育陆架边缘体系域。

Ⅰ型与Ⅱ型不整合面形成与分布特征有所不同,总体上Ⅰ型不整合面更为明显,较易识别,而Ⅱ型不整合面不够明显。

2.1.2.2 地层划分与对比

地层划分是指对一个地区的地层进行时代的划分;地层对比是将一个地区内属于同一个时代的地层连系在一起。地层划分与对比是相辅相成的,划分是对比的基础,对比又能促进和验证划分结果。地层划分与对比是根据岩性组合、沉积旋回和地层接触关系等特性将地层细分成不同级次的层组,并建立全油田各井之间及各级次之间的等时对比关系。在油田范围内进行统一的分层和对比,为开展储层形态特征和参数空间分布状况研究奠定基础,是油藏地质研究和油藏描述的重要环节。

按照勘探开发的不同阶段,地层划分与对比可大致分为两种:区域地层划分与对比、油气层划分与对比。

区域地层划分与对比。在油气勘探阶段,利用野外露头、地球物理、钻探资料进行盆地内区域地层单元的划分与对比。其目的是解决地层时代、地层旋回特征、地层接触关系等问题，为确定有利的生储盖组合、预测有利的含油气区带、寻找有利的油气圈闭提供依据。

油气层划分与对比。在油田开发阶段，按照油层分布的特点及其岩性和物性的非均质性进一步将含油层段细分为更小的等时地质单元，并确定各级油层划分单元之间的对应关系，为油气田开发提供等时地层格架。

（1）对比单元。

地层划分与对比的单元可分为单砂体、小层、砂层组、油层组、含油层系5个级别。

① 单砂体：是指能够利用测井岩电关系解释出的级别最小的砂体，是单一沉积韵律中岩性相对粗的部分，通常是泥质粉砂岩以上级别。单砂体之间有夹层分隔，但是这种夹层分布并不稳定。

② 小层：是岩性、物性基本一致，具有一定厚度，上、下被隔层分开的储油层，又称单油层。小层具有一定的分布范围，层间隔层所分隔开的面积大于其连通面积，是储存油气的基本单元。

③ 砂层组：由若干相邻的小层组合而成，为一个储层的集中发育段，又称复油层。同一砂层组的岩性特征基本一致，砂层组间的顶、底界由较为稳定的隔层分隔。

如图2.4所示，该井段划分为1、2、3共3个砂层组，其中1砂组划分为1、2、3、4、5共5个小层，1砂组2小层又可划分为3个单砂体（此处均为含油砂体）。

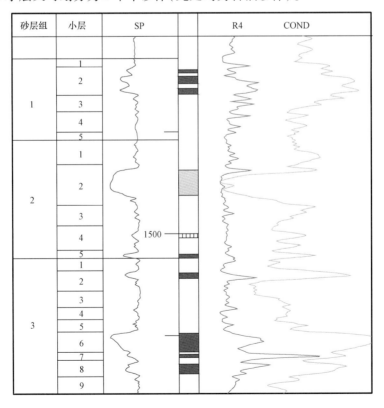

图2.4 胜利油田某井区标准井地层划分方案

④ 油层组：由若干含油气特征相近的油层组合而成，以较厚的泥岩作为盖层或底层，且分布在同一岩相段内，油层组的顶底界一般与岩相段的顶底一致。

⑤ 含油层系：由若干油层组组合而成，同一含油层系内油层的沉积成因、岩石类型相近，油水特征基本一致，含油层系的顶底界一般与层序界面一致，与地层时代的分界线基本一致。如图 2.5 所示，馆陶组为一套含油层系，其内部又因沉积相特征等方面的不同而进一步划分为馆陶组上段、馆陶组下段两套油层组。

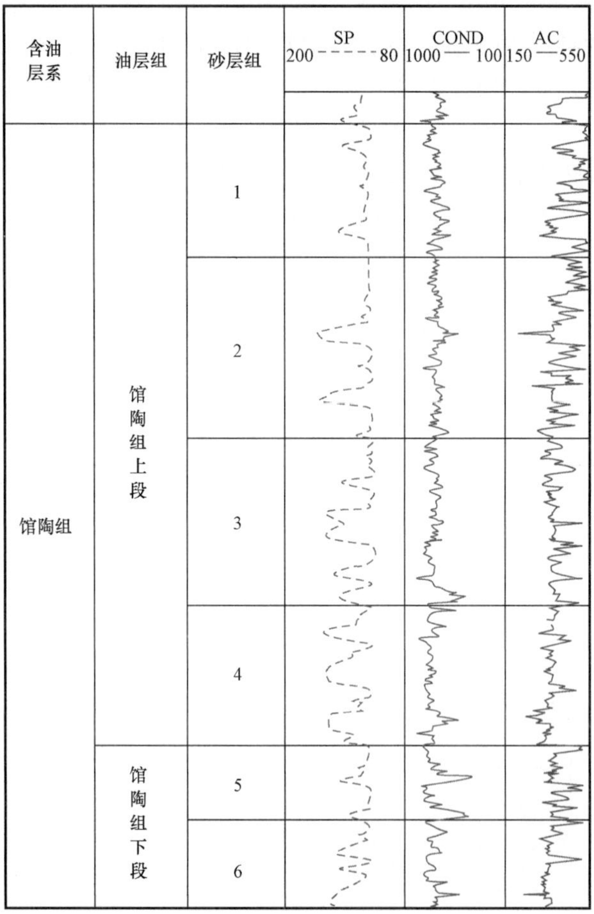

图 2.5　胜利油田某井区标准井地层划分方案

（2）对比依据。

开展地层划分与对比的重要依据是地层的旋回性。受地壳运动、湖平面变化、气候变化及沉积物供给等多种因素控制，陆相湖盆中地层的沉积具有旋回性，主要表现就是沉积物性质（岩性、粒度等）的周期性变化。一般认为，构造运动和气候变化控制大的旋回，搬运介质的周期性变化影响小旋回。以地壳的升降运动为例，在同一个沉积盆地内，同一次升降运动所表现出的沉积旋回特征是相似的，因而可以利用沉积旋回进行地层的划分和对比。

（3）对比方法及流程。

地层划分与对比最常用的方法是相控旋回等时地层对比法，该方法是 20 世纪 60 年代由我国石油地质工作者依据陆相盆地多级次震荡运动学说和湖平面变化原理提出的地层对比方法,在我国陆相油藏描述和油田开发中得到了广泛应用。这种对比方法的原则是以古生物和岩性特征为基础,在对比标志层的控制下,以沉积旋回为重要依据,运用测井曲线形态及其组合特征逐级进行对比。

① 选取标准层。通常将岩性稳定、特征突出、分布广泛、测井曲线形态特征易辨认的层段或上、下区间明显的层面作为对比标准层。在实际地层对比中,也可将岩性组合特征明显、测井曲线形态特征易于辨认的层段或上、下区别明显的层面选作对比标准层,并尽可能多地识别出局部地区分布的辅助标准层。如图 2.6、表 2.1 所示,利用沉积旋回,结合标志层,在此基础上对砂层组进行了划分,划分 4 个砂层组。

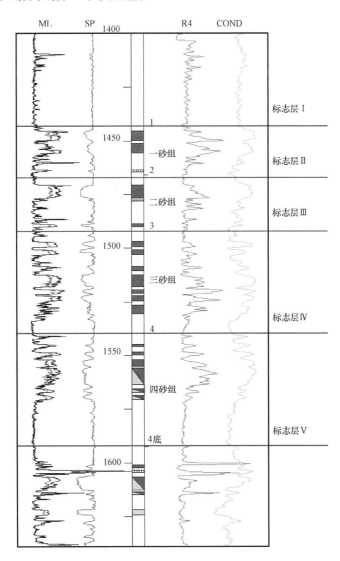

图 2.6　胜利油田某单井综合柱状图

表 2.1　胜利油田某单井标志层划分依据表

序号	分类	位置	岩性	电性特征	分布情况
1	标志层 I	沙三中底/1 砂组顶	灰色泥岩砂质泥岩	自然电位靠近泥岩基线 微电极基本无幅度差 4 米梯度电阻率呈低值	稳定
2	标志层 II	1 砂组底/2 砂组顶	灰色泥岩泥粉砂质岩	自然电位靠近泥岩基线 微电极基本无幅度差 4 米梯度电阻率呈低值	局部
3	标志层 III	2 砂组底/3 砂组顶	灰色砂质泥岩薄层泥岩	自然电位接近泥岩基线 4 米梯度电阻率呈低值 感应呈指状起伏	较稳定
4	标志层 IV	3 砂组底/4 砂组顶	深灰色泥岩	自然电位靠近泥岩基线 微电极基本无幅度差 感应、4 米梯度电阻率呈低值	稳定
5	标志层 V	4 砂组底/沙四下顶	深灰色泥岩夹砂质泥岩	自然电位靠近泥岩基线 微电极基本无幅度差 感应、4 米梯度电阻率呈低值	稳定

　　② 建立对比标准剖面。根据对比地区的面积大小、物源供给方向、储层分布规律建立不同方向的地层对比标准剖面(图 2.7)。对比剖面要贯穿整个对比地区,并充分选用取心井。通过标准层和辅助层的逐井对比,划分出砂层组、小层等各级地层单元的界限,对比结果要求各地层单元的界限在骨架剖面上闭合。

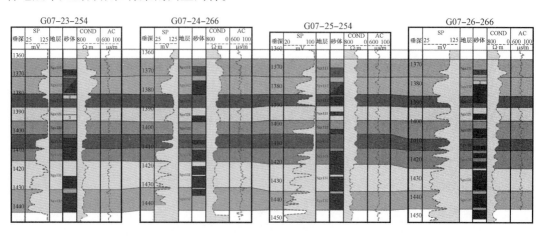

图 2.7　胜利油田某井区地层对比图

　　③ 区块统层对比。根据标准剖面的地层对比结果,对非剖面上的井与标准剖面进行井间对比,划分出区块内所有井的砂层组、小层等地层单元的界限,确定钻遇断层井点的断点深度、断失厚度、断失层位,确保在区块范围内不同井点层组界限划分的一致性。

2.1.3　地质构造

地质构造是指在内、外地质应力作用下,岩层或岩体发生变形或位移而遗留下来的形态,具体表现为褶皱、节理、断层三种基本类型。

褶皱是岩层在构造运动作用下,因受力而发生弯曲,一个弯曲称褶曲,如果发生的是一系列波状的弯曲变形,就叫褶皱。节理也称为裂隙,是岩体受力断裂后两侧岩块没有显著位移的小型断裂构造。断层是岩层或岩体顺破裂面发生明显位移的断裂构造。断层的规模大小不等,小的不足一米,大的沿走向延长可达上千千米,向下可切穿地壳,通常由许多断层组成的,称为断裂带。从油藏的角度上来看,断层是油藏几何格架的重要组成部分,它不仅控制着油气运移和成藏过程,还是影响剩余油分布以及油藏开发效果的重要因素。

2.1.3.1　断层封闭性

断层在油气开发中常具有开启和封闭两种作用,对油气藏的开发都起到至关重要的作用。断层的封闭性在空间上表现为两个方面:一是断层的侧向封堵性,即断层在侧向上阻止流体穿越断层运移的能力;二是断层的垂向封闭性,即断裂物质阻挡流体沿断裂带纵向运移的能力。

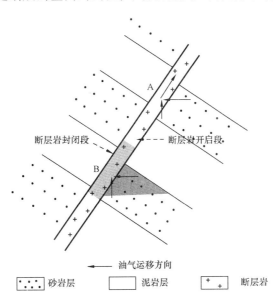

图2.8　断层对油气的封闭与输导作用

断层的封闭性主要取决于断层带物质及其两侧岩石的封闭能力,概括而言,主要存在以下几种方式。

(1)涂抹作用。指塑性的泥质物或其他非渗透性岩层被拖拽进断层带敷在断层面上。有的学者用实验模拟了这种作用现象。Berg 在 1995 年解释了其产生的力学机制。Lehner 和 Pilaar提出了泥岩涂抹的拉分机制,此作用通常与同沉积断层或超压有关,因为在这些情况下,泥岩可以保持好的塑性。

(2)碎裂作用。指断层位移期间的颗粒挤压和破碎作用,形成的断层泥明显降低了断层带的渗透性。在断层变形带内,由于碎裂作用使得孔隙度值比围岩的小一个数量级,渗透率比围岩中的小 3 个数量级。对断层岩岩心微观结构的研究表明,碎裂产生的断层泥可以封住 300m 高的油柱或更多的烃柱。实验数据表明,断层泥的形成主要受控于断层的初始位移量,随后沿断层发生滑动,但不再产生破碎带。控制碎裂物发育的主要因素是断层移动时作用在断层面上的有效法向应力的大小。

(3)成岩胶结作用。断层破碎带的产生不仅有利于流体的流动,也有利于胶结物的生成。但是沉降在断裂带边界的物质将降低断层带内物质的渗透能力。胶结物的厚度取决于流体渗进岩石的距离、流体中溶解物的量和渗透过程中的流体压力。在岩石渗透率高和(或)流体渗滤压力降低的位置,生成的胶结物厚度大。

2.1.3.2 断层级别划分。

根据断层持续活动时间、断层的规模、对盆地及其内部构造单元演化以及对沉积的控制作用等因素,断层通常可划分为 5 个级别。

(1)一级断层。为盆地内凹陷与凸起的边界断层。在剖面上,上下盘断距非常大,断层可从深层一直断到浅层,平面上延伸距离远,规模较大,对盆地的沉积具有控制作用。

(2)二级断层。是指凹陷内控制构造带形成及发育的断层。与一级断层相比,二级断层的剖面及平面特征也比较明显,断距比较大,平面延伸距离较远。

(3)三级断层。是一、二级断层在活动过程中形成的纵向和横向的调节断层。控制洼陷内的次级构造发育,主要分布于二级构造带内部,为断块区的边界断层,对油气分布有局部的控制作用,断层两侧油水界面不同,对地层沉积厚度也有影响,落差及延伸距离较二级断层要小得多。

(4)四级断层。是指沉积层中发育的小断层,规模小,延伸距离近,断距一般为数十米,主要是高级序断层在活动过程中由于局部应力调整而形成的。四级断层具有多方向性,主要分布于断块内部。

(5)五级断层。五级断层属于三级断层和四级断层派生出的小断层,规模小、延伸短,一般延伸仅几百米,断距仅几米。五级断层的分布具多样式,或与四级断层相交,或为孤立分布。该级别断层对断块及沉积没有控制作用,仅对断块及油水关系起着复杂化的作用。

一级、二级、三级断层统称为高级序断层,四级、五级断层统称为低级序断层,低级序是相对于高级序提出的一个相对概念。由于低级序断层规模小,在地震资料上一般难以识别,常与岩性变化所引起的反射层同相轴变化相混淆,而单纯利用井间地层对比解释的低级序断层受井网密度以及储层认识程度的影响较大,在平面组合上往往精度不高。

2.1.3.3 低级序断层识别

在油田开发后期,低级序断层在很大程度上影响着油藏剩余油的分布和水驱开发效果,所以,低级序断层的识别对于油田(尤其是断块油田)滚动勘探开发、完善注采井网、寻找有利的剩余油富集区和提高开发效果具有非常重要的意义。但是低级序断层相对隐蔽,识别难度较大,当前对于低级序断层模型的研究主要是利用地震与测井资料结合(即井震结合)以及开发动态资料进行断层的综合识别。受资料的分辨率以及断层规模的控制,三维地震资料精细解释主要以描述四级断层为主,测井资料精细对比主要以描述五级断层为主,利用开发动态分析方法可对地震解释和精细地层对比所建立的断层模型的合理性进行验证,确保断层空间分布与油藏开发实际相吻合。

（1）井震结合。

在常规地震剖面上，低级序断层通常表现为同相轴的错动、扭曲以及数目和能量的变化等现象（图2.9），可以通过这些特征直接识别低级序断层。地震数据中相邻地震道的间距一般为10m或者2.5m不等，相比油田开发密井网条件下的井距仍有很大优势，但是各反射界面的反射波互相叠加，导致地震纵向分辨率较低，而测井资料的纵向分辨率远远高于地震资料，二者结合使用，互相促进，互相验证，使低级序断层的识别更加精准。

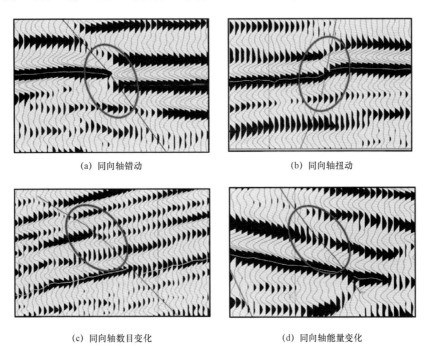

(a) 同向轴错动   (b) 同向轴扭动

(c) 同向轴数目变化   (d) 同向轴能量变化

图2.9 地震剖面上低级序断层的识别

（2）开发动态验证。

开发动态验证断层的方法主要有三种：一是示踪剂法，在新的断层模型框架内，通过水井注入示踪剂直接观测油井受效情况判断断层模型的合理性；二是干扰试井法，通过观测激动井压力传导影响反应井压力的程度和过程，检验断层模型的合理性；三是注采关系法，通过分析注水井与采油井之间的注采对应关系，利用新的断层模型解释注采关系异常井区的成因，据此判断断层模型的合理性。

2.1.4　沉积特征

储层的形成和发育受控于沉积作用、成岩作用和构造作用等多种因素，而不同的沉积环境和条件，控制着原始沉积物的物性差异。因此，认识储层非均质性，需要从沉积相开始。

2.1.4.1　沉积体系与沉积相

（1）沉积相。

沉积相（或相）的概念最早是瑞士学者格列斯利（Gressly，1838）在研究瑞士西北部侏罗纪地层时提出的，他认为"相是沉积物变化的总和，它表现为这种或那种岩性的、地质的或古生物的差异"。后来学者对"相"的概念进行了不同角度(如从岩石类型、成因作用、沉积环境等)的延伸,提出了"砂岩相""浊积岩相""河流相"等。

然而,从沉积的角度出发,"沉积相"是沉积环境及在该环境中形成的沉积岩(物)特征的综合。其中,沉积环境是指沉积物沉积时的自然地理环境,是一个发生沉积作用的、具有独特的物理、化学和生物特征的地貌单元,并以此与相邻的地区区别。沉积物特征包括岩性特征(如岩石的颜色、成分、结构等)、古生物特征(如生物的种属和生态)和地球化学特征等。

目前沉积相常以沉积环境命名,划分为四级,即三个一级相组,即陆相组、海相组、海陆过渡相组;依据一级相组中的次级环境及沉积物特征,可进一步划分为河流相、冲积扇相、湖泊相、三角洲相等二级相组;再根据各二级相组的亚环境、微环境及沉积物特征,确定出相应的沉积亚相和微相,即三级相和四级相,如三角洲前缘亚相、三角洲河口坝微相等。任何级的相均可统称为相(环境)。

(2)沉积体系。

依据"相序递变"规律(Walther,1894),沉积相在时间和空间上发展变化是有序的,只有在横向上成因相近且紧密相邻而发育的相,才能在垂向上依次叠覆出现而没有时间间断。由此,人们可以根据垂向沉积序列来推断和预测可能出现的沉积相的横向变化。反之,也可根据横向上的岩相资料来建立垂向沉积序列。

以相序递变规律为基础,以现代沉积环境和沉积物特征研究为依据,结合实例研究,对沉积相的发育演化进行归纳概括出具有普遍意义的沉积相空间组合形式,称为沉积相模式。

沉积体系指的是成因上相关的沉积环境及沉积体的组合,即受同一物源和同一水动力系统控制的、成因上有内在联系的沉积体或沉积相在空间上有规律的组合。组成沉积体系的最基本单元是相。

沉积体系是与地貌或自然地理单位相当的地质体,并以其生成环境来命名。如河流体系、三角洲体系、风成体系、湖泊体系、冲积扇和扇三角洲体系等。在自然界,每一种沉积体系都具有复杂的内部结构,例如曲流河沉积体系包括了多种相,有作为主导作用的河道,也有作为从属地位的天然堤、决口扇、越岸沉积、泛滥平原、河漫湖泊和沼泽等。由于同样的原因,沉积体系内部的相空间配置是有规律的,不同的相具有各自相对固定的分布空间。沉积体系内部相的识别和命名强调沉积环境或沉积作用的变化。

(3)陆相沉积体系。

陆相盆地的沉积面貌主要受构造、古气候、古地形、古水系等古地理环境因素的影响。其中古地形对湖盆充填型式起着重要的控制作用。从盆地周边物源区至盆地内部深湖区,可发育复杂的多级地形。

第一级为盆地周边的山系和高地,是盆地外部的物源区。第二级为盆地边缘的山前倾斜坡及盆地内部的高地——隆起地区(带),当盆地整体沉降时它是沉积区,抬升期则是盆地内部的剥蚀区;第三级为盆地内部低地(凸起),在湖盆发展早期和水退期是湖中岛屿,在湖侵期是水下隆起;第四级为湖滨平原及滨浅湖区;第五级为深湖区。

陆相沉积盆地充填型式主要有八种:大型坳陷盆地长轴发育的纵向冲积扇—辫状河—曲流河—三角洲—湖相泥岩;湖退期湖盆短轴陡侧或断陷期沿着主断裂一侧有一系列阶梯状断层时发育的横向冲积扇—辫状河—三角洲—湖底扇(水下扇)—湖相泥岩;盆地陡坡一侧尤其

是断陷盆地深断裂一侧发育的横向冲积扇—扇三角洲—水下扇—湖相泥岩;小型山间和山前盆地发育的横向冲积扇—纵向辫状河(网状河)—三角洲—湖底扇湖相泥岩;湖盆短轴缓坡一侧以半地堑式断陷湖盆断裂很不活跃的缓翼发育的横向冲积扇—小型曲流河—小型三角洲—湖相泥岩;盆地衰亡期发育的冲积扇—辫状河(网状河)—曲流河—末端扇;高盐度水体湖盆蒸发阶段发育的冲积扇—辫状河—沙泥坪—盐湖碎屑岩;三角洲间湾地区发育的三角洲间湾沙滩和沙坝。

2.1.4.2 典型沉积相

沉积相类型繁多,这里主要介绍几种与油气关系密切的典型沉积相,主要有冲积扇相、河流相和三角洲相。

(1)冲积扇相。

在山口与平原的交界处,由洪水形成的泥石流堆积,外形像扇状,属于近物源的快速堆积。一般分为山口扇和水下扇(因坡陡和湖水深)两类,沉积物以砾石为主,夹有泥沙,分选极差,快速堆积。形态上顺扇方向为由厚变薄的楔形剖面,垂直扇延伸的方向为中间厚两翼薄的凸形剖面。

按照现代冲积扇地貌特征和沉积特征,可将冲积扇进一步划分为扇根、扇中和扇缘三个微(亚)相。扇根微相,厚度大、以砾石为主、分选差、呈块状。扇中微相,厚度中等、以砂为主、分选中等。扇端微相,厚度小、以细砂和泥为主、分选好,进积为反韵律,退积为正韵律。

(2)河流相。

河流相指由陆上河流或其他经流作用沉积的一套沉积物或沉积岩形成的沉积相。根据拉特斯(Rust,1978)河流分类体系理论,考虑河道分岔参数和弯曲度,可将河流分为平直、蛇曲、辫状、网状4种类型。

平直河流多出现于一条河流的上游,河床坡陡水流急。

曲流河多出现于中下游,弯度指数大于1.5,河道窄、水深、坡缓、流速小。点坝是曲流河最具特征的沉积类型,主要岩石类型为砂岩,成分成熟度和结构成熟度中等,向上粒度变细。主要沉积构造类型有大型交错层理、小型交错层理、沙纹层理,沉积构造规模向上变小。

辫状河河道宽、水浅、坡陡、流急,心滩(也称河道砂坝)是辫状流河道沉积的主体,主要岩石类型为砾岩、含砾砂岩及砂岩,成分复杂,成熟度低,粒度较粗,向上粒度变细。主要沉积构造类型有大型槽状、板状交错层理、小型交错层理、波状层理、水平层理,向上沉积构造规模变小。

网状河常出现于下游,由多条弯曲多变的河道联结似网状,弯度指数大于1.5,泛滥平原或湿地极为发育。剖面岩性组合,"泥包砂"的正旋回沉积,但垂向分带不明显,发育厚度巨大的富含泥炭的粉砂和黏土沉积。以水平层理和槽状交错层理为主。砂体形态平面呈网状,剖面上呈相互叠置的透镜状。

(3)三角洲相。

河流携带的泥沙等沉积物在河流入海或入湖处沉积形成三角洲的大型沉积体。三角洲沉积体系在平面上由陆地向海方向为三角洲平原(三角洲的陆上部分,以分支河流和沼泽为主)、三角洲前缘(三角洲的水下部分,以河口沙坝和远沙坝为主)、前三角洲(厚层泥质沉积),它们在平面上大致呈环带状分布。从三角洲平原到前三角洲其粒度由粗变细;植物碎屑和陆上生物化石减少,而海相生物化石增多;多种类型的交错层理变为较单一的水平层理。

2.1.5　储层特征

储层特征包括储层微观特征和储层宏观特征两个方面。储层微观特征是指储层岩石的矿物成分、颗粒之间的接触关系、胶结类型、孔隙类型、孔喉大小以及成岩作用阶段等微观性质。储层宏观特征是指储层的岩性、物性、电性、含油性等宏观性质,储层参数随水驱开发的变化规律以及储层非均质特征。储层特征精细描述是合理、高效开发油田的基础。

2.1.5.1　储层微观特征

储层微观特征研究是储层描述的一个重要方面,是以岩心样品为研究对象,通过岩石薄片、铸体薄片和扫描电镜等岩石微观观察并结合压汞资料、全岩矿物分析、黏土矿物 X 射线衍射等资料阐明储层的岩矿特征、成岩作用、孔隙喉道类型和孔隙结构类型。

(1)储层岩矿特征。

储层岩矿特征主要研究不同级次地层单元岩石的骨架成分、杂基分布和含量、碎屑颗粒磨圆度、分选程度、胶结类型、胶结物成分及相关物理性质,是进行储层微观研究的重要基础。

(2)储层成岩作用。

储层成岩作用是指碎屑沉积物在沉积后到变质作用之前所发生的一系列物理、化学变化。成岩作用对储层孔渗性有较大影响,导致孔渗性能降低的成岩作用主要为压实作用和胶结作用,改善岩石储集性能的成岩作用主要为溶解作用。

(3)储层孔隙结构特征。

岩石中未被颗粒、胶结物或杂基充填的空间称为岩石的孔隙空间。孔隙空间可以均匀地散布在整个岩石内,亦可以不均匀地分布在岩石中形成孔隙群。岩石孔隙空间又可分为孔隙和喉道。一般可将岩石颗粒包围着的较大空间称为孔隙,而仅仅连通两个颗粒间的狭窄部分称为喉道。

2.1.5.2　储层宏观特征

(1)储层四性关系。

储层四性关系是指储层的岩性、物性、含油性及电性之间的关系。主要通过取心井的岩心分析资料及相应测井资料建立。储层岩性、物性、含油性相互联系,岩性起主导作用。岩石颗粒粗细、分选程度高低、泥质含量大小以及胶结类型等都直接影响着储层物性的变化。地层的电性主要是指储层的自然电位、电阻率、感应电导率等测井影响特征,是泥质含量、粒度中值等地层岩性和孔隙度、渗透率等物性特征以及含油饱和度、束缚水饱和度等含油性的综合反映。

(2)储层宏观非均质性。

储层非均质性是指受沉积环境、成岩作用及构造作用的影响,储层在岩性、物性、产状、内部属性等方面表现出来的不均匀性变化。储层非均质性分为宏观非均质性和微观非均质性两个方面,其中宏观非均质性包括层间非均质性、平面非均质性和层内非均质性。

① 层间非均质性。指一个单砂层规模内垂向上储层性质的变化,包括层间岩性、物性、含油性的不均匀性和层间隔层的差异。对于采用一套井网多层合采的油藏,由于层间非均质性的存在,使得分层吸水能力和产液能力差异显著,进而产生严重的层间干扰,出现水井差层不吸水、油井差层不出液甚至倒灌的现象,导致主力层水淹加快,非主力层原油基本未动用,油藏

采收率下降。

② 平面非均质性。指储层砂体几何形态、规模、连续性及砂体物性平面变化所引起的非均质性,往往受沉积相带平面变化影响。对于注水开发油田,砂体的平面连通性及储层渗透率的平面不均一性是影响水驱突进、油井受效不均衡的重要原因,并最终影响油藏平面波及效率,形成平面剩余油。

③ 层内非均质性。指单砂体内纵向储层性质的变化,包括粒度韵律性(正韵律、反韵律、均质韵律、复合韵律)、层理构造序列(平行层理、斜层理、交错层理、波状层理、水平层理等)、渗透率差异程度(渗透率级差、突进系数等)、高渗透层段及不连续泥质夹层分布(分布频率、分布密度等)等。层内非均质性是影响油藏水平、垂直渗透率比值及单砂体内剩余油分布的重要因素。

2.1.5.3 储层五敏感性

储层中的高岭石、绿泥石、蒙脱石等自生矿物与钻井液、完井液等地层外来液体之间有可能会发生反应,导致储层物性改变。储层敏感性就是储层对各类外来流体的敏感程度,是油田开发过程中保护油层、减小储层伤害的理论依据。由于不同沉积类型、不同沉积相带储层中岩石组分、黏土矿物含量的差异,储层敏感性表现不同,对储层物性的影响也不一致。

(1)储层速敏性。

储层因外来流体流动速度的变化引起地层微粒迁移,堵塞喉道,造成渗透率下降的现象称为储层的速敏性。速敏性研究的目的在于了解储层的临界流速以及流速与渗透率变化之间的关系。

(2)储层水敏性。

当与地层不配伍的外来流体进入地层后,引起黏土矿物水化、膨胀、分散、迁移,从而导致渗透率不同程度地下降的现象称为储层的水敏性。储层水敏程度主要取决于储层内黏土矿物的类型及含量。

(3)储层盐敏性。

储层在系列盐液中,由于黏土矿物的水化、膨胀而导致渗透率下降的现象称为储层的盐敏性。储层盐敏性实际上是储层耐受低盐度流体的能力的度量,度量指标即为临界盐度。

(4)储层酸敏性。

酸液进入储层后与储层中的酸敏性矿物发生反应,产生凝胶、沉淀,或释放出微粒,致使储层渗透率下降的现象称为储层的酸敏性。酸敏性导致地层损害的形式主要有两种,一是产生化学沉淀或凝胶,二是破坏岩石原有结构,产生或加剧储层速敏性。

(5)储层碱敏性。

具有碱性的工作液进入储层后,与储层岩石或储层流体接触而发生反应产生沉淀,并使储层渗流能力下降的现象称为储层的碱敏性。碱性工作液通常为 pH 值大于 7 的钻井液或完井液,以及化学驱中使用的碱性水。

2.1.5.4 油藏非均质性识别

油藏非均质性类型可以根据其成因、规律和对流体流动的影响,分为断层(封闭、半封闭或开启)、成因单元边界、成因单元内的渗透带、成因单元内的屏障、纹层交错层理、微观孔隙非均质性和裂缝(封闭或开启)等类型。从非均质性的尺度及对油藏建模、数值模拟的影响分析,可以划分为孔隙尺度的微观非均质性、岩心尺度的小规模非均质性和油藏尺度的大规模非均质性。

(1)孔隙尺度的微观非均质性。

储层的微观非均质性是指微观孔隙结构的非均质,包括孔隙、喉道大小及其均匀程度、孔隙喉道的配置关系和连通程度等。

同一储层中,由于岩石颗粒大小、形状、接触关系和胶结类型不同,喉道类型也不同,主要包括孔隙缩小型、缩颈型、片状或弯片状、管束状四种。不同的喉道形状和大小可以导致不同的毛细管压力,进而影响孔隙的储集性和流体流动能力。

表征孔隙结构特征的参数有孔喉大小(最大连通孔喉半径、孔喉半径中值、平均喉道半径、主流孔喉半径)及孔喉分布(歪度、峰态、峰值)。储层的微观非均质性识别方法主要有毛细管压力曲线法、图像分析法(铸体薄片法、扫描电镜法和CT扫描法等)、3D数字岩心法。

储层微观非均质性研究对于确定驱油效率、深化驱油机理、研究渗流规律具有重要的指导作用。

(2)岩心尺度的小规模非均质性。

岩心尺度的小规模非均质性往往是指一个成因单元内的层理或纹层。从沉积学的观点来看,作为最小沉积单元的纹层可以视为均质体,但纹层厚度仅为几个到十几个毫米。

而实际的岩心样品,尺度一般为几十甚至上百毫米,内部具有明显的纹层交错层理特征,它们可能存在较高程度的非均质性。这种小规模的非均质性对于微观流体效应具有重要的影响,如渗透率的各向异性、水驱残余油饱和度、驱油效率及油水相对渗透率曲线等。

因此,在岩心实验、油藏建模或数值模拟中,要重视小规模非均质性的处理问题,防止因尺度升级问题而忽略或者错误地估算了小规模非均质性的影响。

(3)油藏尺度的大规模非均质性。

指对油藏内部流体运动产生剧烈影响的渗流屏障或极端渗透条带,主要类型有断层、成因单元边界、高或低渗透条带、隔夹层及裂缝等。

断层包括开启性断层和封堵性断层,代表流体流动的一种阻碍或通道。不同沉积时间单元之间的接触面或岩性砂体的边界,纵向层内的高、低渗透层,平面的沉积相变带,同一沉积单元内的优势通道,块状厚层内部的不连续夹层,中小及大尺度的裂缝等,都对油藏流体流动规律会产生较大甚至是主导性的影响,需要通过地震反演、流体检测、试井分析或生产动态数据分析来综合评价判识油藏的连通状况。

正确识别并精确描述油藏非均质性,对于深化油藏地质认识与油水运动规律,准确量化剩余油分布具有至关重要的作用。

2.1.6 油气储量

2.1.6.1 储量的定义与分类

石油地质储量指在钻探发现石油后,根据已发现油气藏(田)的地震、钻井、测井和测试资料估算求得的已发现油气藏(田)中原始储藏的油气总量。根据不同阶段勘探开发程度、地质可靠程度和产能证实程度,可分为预测储量、控制储量、探明储量和可采储量。

（1）预测储量。

指在地震详查及其他方法提供的圈闭内,经过预探井获得油(气)流、油气层或油气显示后,根据区域地质条件分析和类比,对有利地区估算的储量,以及其他情况下所估算的在性质(等级)上与之相当的储量。预测储量确定性较低,可作为编制预探方案和部署评价钻探方案的依据。

（2）控制储量。

指经预探井发现工业油(气)流,并钻了少数评价井后,在查明了圈闭形态,初步掌握产油层位、岩性、物性、油(气)藏类型、油层压力,大体控制了含油面积和储层厚度的变化趋势等条件下计算的地质储量。控制储量具有中等的地质可靠程度(相对误差不超过50%),可作为油气藏评价钻探、编制开发规划和开发设计的依据。

（3）探明储量。

指经过详探,含油范围、质量和数量已为评价钻探证实,并为地质与综合研究评价所确定的工业油气量。探明储量是油气田开发建设的依据,按照勘探开发动用程度,可进一步细化为三类:

第一类是已开发的探明储量(即动用储量),即通过开发方案的实施,在已完成的油气井和生产设施内,在现有的开采技术条件下预期可提供开发的储量;

第二类是未开发的探明储量,即指开发方案尚未编制或实施,需要钻新井和建设新的生产设施后预期可提供开发的储量;

第三类是基本探明储量,即指多含油层系的复杂断块油气田,已经过地震详查、静查或三维地震,并且打了部分井,由于断块破碎,油气藏地质特征不能在短时间内搞清楚,但储量计算参数基本取全,含油面积基本控制情况下(控制70%以上)计算的储量,基本探明储量可作为滚动勘探开发的依据。

（4）可采储量。

指在目前经济、技术条件下,能够开采出来的石油、天然气的数量。其中,在给定的技术条件下,通过理论和经验公式计算或类比估算的最终可采出的油气量称为技术可采储量;在当前已实施的或必将实施的技术条件下,按当前经济条件(如油价、成本等)估算的可经济开采的油气量称为经济可采储量。

2.1.6.2 储量计算

石油地质储量计算主要采用容积法或动态法,其中,容积法是最为基本的计算方法,适用于不同勘探阶段、不同圈闭类型、不同储集类型和驱动类型,但关键是如何取准相关计算参数。

油藏地质储量容积法计算公式:

$$N = 100 A_o h \phi S_{oi} \rho_o / B_{oi} \tag{2.1}$$

式中　N——原油地质储量,10^4t;

　　　A_o——含油面积,km^2;

　　　h——有效厚度,m;

　　　ϕ——有效孔隙度;

S_{oi}——原始含油饱和度；

ρ_o——油的地面密度，t/m^3；

B_{oi}——原始油体积系数，$m^3_{地下}/m^3_{标准}$。

气藏地质储量容积法计算公式：

$$G = 0.01\, A_g h \phi\, S_{gi}\, /\, B_{gi} \tag{2.2}$$

$$B_{gi} = p_{sc}\, Z_i T\, /\, p_i\, T_{sc} \tag{2.3}$$

式中　G——天然气地质储量，$10^8 m^3$；

A_g——含气面积，km^2；

S_{gi}——原始含气饱和度；

B_{gi}——原始天然气体积系数，$m^3_{地下}/m^3_{标准}$；

p_{sc}——地面标准压力，MPa；

Z_i——原始气体偏差系数；

T——地层温度，K；

p_i——原始地层压力，MPa；

T_{sc}——地面标准温度，K。

地质储量主要计算参数含油（气）面积、有效厚度、有效孔隙度、原始含油（气）饱和度等的确定原则如下。

（1）含油（气）面积。根据油、气、水分布规律和油（气）藏类型，确定流体界面（即气油界面、油水界面、气水界面）及油气遮挡（如断层、岩性、地层）边界，通过油气层储集体顶（底）面构造等值线图，圈定含油（气）面积。

（2）油（气）层有效厚度。指达到储量起算标准（即单井稳定下限日产量）的含油气层系中具有产油能力的那部分储层厚度。划分油气层有效厚度时要综合研究储层的各项物性参数和控制油、气、水流动的基本因素，以岩心资料为基础，以测井解释为手段，以试油验证为依据，统计建立有效厚度下限标准。有效厚度下限标准包括岩性、物性、含油性和电性标准，其中，电性标准是实际划分有效厚度的操作依据，包括油、气、水、干层判别标准和夹层扣除标准。有效厚度物性标准即孔隙度、渗透率和含油饱和度下限，确定方法有单层试油法、测试法（每米采油指数法）、含油产状法、束缚水饱和度法、钻井液侵入法、饱和度中值压力法等，一般根据油田实际资料及地质条件选用多种方法综合确定。

（3）有效孔隙度。指有效厚度段的地下有效孔隙度，可直接用岩心分析资料，也可用测井解释确定。测井解释孔隙度与岩心分析孔隙度的相对误差不超过8%。

（4）原始含油（气）饱和度。主要通过油基钻井液取心或密闭取心、测井解释、毛细管压力和水基钻井液等方面的资料求取。大型以上油（气）田用测井解释资料确定含油（气）饱和度时，应有油基钻井液取心或密闭取心分析验证；中型油（气）田应有实测的岩电实验数据及合理的地层水电阻率资料。

2.2 油藏工程基础

2.2.1 岩石流体特征

2.2.1.1 润湿性

（1）润湿性定义。

润湿性指一种液相在与另外一种不能混合的液相共存的条件下,优先润湿固体表面的能力,表现为一种液体在固体表面扩散(或展开)或附着的趋势。这种扩散趋势可以通过测量液体对固体的接触角来表示,接触角的大小反映了固体对液体的润湿程度。

接触角定义为过三相周界点,对液滴界面所做切线与液固界面所夹的角,用符号 θ 表示。θ 一般规定从极性大的液体一面算起,$0° \leqslant \theta \leqslant 75°$ 表示液体润湿固体,$105° \leqslant \theta \leqslant 180°$ 表示液体不润湿固体,$75° \leqslant \theta \leqslant 105°$ 表示液体中性润湿固体。图 2.10 为三种典型接触角示意图。

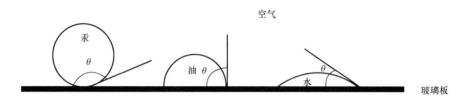

图 2.10　不同润湿条件下润湿角示意图

（2）岩石润湿性特征。

岩石—流体系统中的润湿性是岩石与储存流体相互作用的结果。由于储层岩石矿物、黏土类型多样,孔隙、喉道空间结构错综复杂,孔隙中油、气、水等流体混合共存,导致岩石—流体相互作用的复杂性,其宏观的润湿性特征表现为不同矿物岩石、不同流体成分之间非均质微观关系的总合。

岩石的润湿性主要受岩石的矿物组成、流体的组成、矿物表面的粗糙度等因素影响。研究表明,造岩矿物极性的不同是储层润湿性非均质的基础,极性矿物与极性流体分子之间引力作用大。由于水的极性很强,则极性强的矿物其亲水性就强。在常见的几种岩石矿物中,岩石颗粒表面极性强弱依次为云母、石英、长石、方解石。对于流体而言,凡是影响流体与岩石固液分子间吸引力的成分,都会影响岩石润湿性。原油中一些非极性物质,例如烃类及氧、氮、硫等非烃类化合物,都会对各种矿物表面的润湿性有不同程度的影响,由水湿转向油湿。另外,粗糙不平的矿物表面对三相周界移动阻力的影响,也会改变岩石的润湿程度。向油藏中注入化学剂,如表面活性剂、聚合物、抗腐蚀剂或防垢剂等,会使润湿性发生反转。

受沉积环境(河流、湖泊、海洋等)和原始流体类型(地层水)的影响,油藏形成之前岩石基本具有水湿特征。原油运移成藏后,原油中的极性物质经过与地层岩石的长期接触、吸附和平衡,逐渐改变原有的润湿性。由于原油所含极性物质不同、岩石的矿物类型不同、岩石—流体间的吸附能力不同,造成岩石不同位置的润湿性程度不同,表现为微观润湿性的非均质性特征和宏观润湿性的混合特征,即岩石部分孔喉为水湿,部分孔喉为油湿,部分孔喉为中间润湿,各种微观润湿性的整体反映体现储层宏观润湿性特征。因此,岩石的润湿性是一种统计的、宏观的概念,是微观关系的总合。所谓的油层弱亲油、中性或弱亲水,是由造岩矿物自身、矿物表面优先润湿的液体及矿物表面所吸附的固体颗粒三方面表现出来的润湿性在统计意义上的总合。所谓的亲油,也是相对的概念,指的是油的润湿性比水强,反之亲水亦然。

(3)不同润湿性油层流体分布特点。

岩石润湿性实质上是岩石与流体相互作用下的总合特性,取决于岩石与流体之间的界面张力和流体中极性物质在岩石孔隙表面的吸附,进而影响流体在岩石孔隙中的微观分布状态和流动能力。

对于水湿油层,油水在岩石孔隙空间分布,水围绕颗粒或孔隙表面形成环状分布,不相连接呈束缚水状态;而油则沿颗粒或岩石骨架盘绕迂回。当水驱油时,水优先占领颗粒及孔隙周边,不断扩大水环直至水流连片,而油被驱赶离开原来储集的孔隙,遇到狭窄喉道卡断形成孤立油滴而残余(图2.11)。

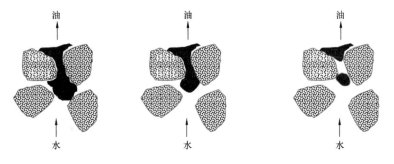

图 2.11 水湿岩心水驱油剩余油演变过程

对于油湿油层,油水在岩石孔隙空间的分布,油沿颗粒或岩石骨架盘绕迂回,水零星分布在充满孔隙空间的油中。当水驱油时,水优先进入大孔隙,并形成曲折迂回的连续水流渠道,携带原油沿孔隙壁流动;残余油停留在水流渠道未能达到的小孔隙内,或水流通道的孔隙壁面(图2.12)。

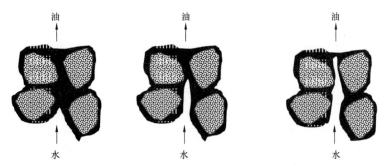

图 2.12 油湿岩心水驱油剩余油演变过程

实际油藏中,岩石孔隙的润湿性具有复合特征,岩石部分孔隙表现为水湿,部分表现为油湿,甚至部分表现为中间润湿。一般而言,由于油藏形成初期优先水湿,在原油排替水的过程中,当其浮力(动力)大于毛细管力(阻力)时,油便进入孔隙。这样,大孔隙中原油易于进入,经过长期与岩石接触吸附极性物质形成油湿表面;而小孔隙原油难以进入,仍具有水湿特性。

正是受岩石微观孔隙结构及其润湿性的影响,水驱开发时,中间润湿、混合润湿条件下油能较稳定地保持连续相,较少发生卡断现象,因而其微观驱油效率大于水湿,而水湿岩石的微观驱油效率又大于油湿。

(4)两种润湿现象。

在油田开发过程中存在两种润湿现象,即润湿滞后和润湿反转现象,对油水渗流规律和驱油效率产生较大影响。

① 润湿滞后现象。由于三相周界岩固体表面移动迟缓,引起接触角改变的现象称为润湿滞后。根据产生的原因,分为静润湿滞后、动润湿滞后两类。静润湿滞后是指由于油、水与固体表面接触的先后次序不同所产生的接触角改变的现象。例如,将水滴到浸没于油中矿物表面的接触角总大于将油滴到浸没于水中矿物表面的接触角(图2.13)。这是因为,矿物表面的润湿性与饱和历史(或润湿次序,或流体接触表面的先后)有关。动润湿滞后是指出于流体流动速度大于三相周界移动速度引起的润湿角改变的现象。图2.14为毛细管内两相流体流动时流速与接触角变化关系。可以看出,随着流体流动速度增加,出现流体流动速度大于三相周界移动速度并导致润湿角发生变化,甚至润湿角性质变化。实际油藏中孔道表面的粗糙度及其对活性物质的吸附作用,使得三相周界在孔隙中移动阻力很大,从而导致较严重的润湿滞后效应。这种效应会直接影响不同驱替过程中的毛细管力和相对渗透率曲线形态及其端点大小。

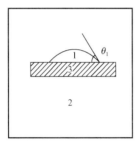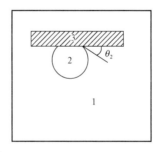

$\theta_1 > \theta_2$

图2.13　静润湿滞后现象

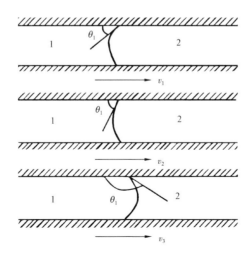

图2.14　动润湿滞后现象

② 润湿反转现象。岩石表面在一定条件下润湿性发生互相转化的现象称为润湿反转。油藏岩石在成藏初期均为水环境沉积,具有强亲水性。储集原油后,岩石表面吸附原油中的极性物质导致润湿性由强亲水转化为弱亲水、中性甚至亲油,这种转化就是润湿反转。之后经过长期注水开发,岩石孔隙表面矿物质受注入水的长期浸泡与冲刷,润湿性由亲油转化为中性甚至亲水,再次发生润湿反转。此外,化学驱油中向油层中注入表面活性剂溶液,其中机理之一就是改变储层润湿性,使岩石亲水,从而提高驱油效率和采收率。

2.2.1.2 毛细管力

(1)毛细管力的定义。

毛细管力是指在毛细管中,由于两相流体润湿性的不同而在非润湿相液体弯曲界面处产生的压力差。毛细管力是附着张力 A 与界面张力 σ 平衡时在弯液面上产生的附加压力。

图 2.15 为玻璃毛细管插入盛水槽中水柱上升与压力平衡示意图。附着张力 A 是固体对水柱产生的作用于单位长度三相周界上的拉力,其大小等于水的表面张力在垂直方向上的分力,关系式为:

$$A = \sigma_{2,3} - \sigma_{1,3} = \sigma_{1,2}\cos\theta \tag{2.4}$$

式中　A——附着张力,dyn/cm;

　　　$\sigma_{1,2}$——水的表面张力,dyn/cm;

　　　θ——水对管壁的润湿角,(°)。

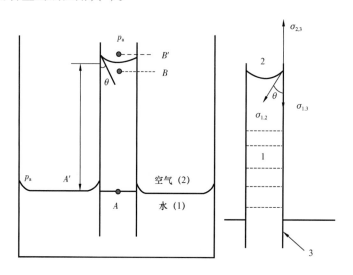

图 2.15　毛细管中液体上升与压力的相互关系

按照力的平衡原理,作用在毛细管边缘的垂直向上的拉力等于高度为 h 的水柱向下的重力,即:

$$2\pi r\,\sigma_{1,2}\cos\theta = \pi r^2 h\rho g \tag{2.5}$$

所以有:

$$h = \frac{2\,\sigma_{1,2}\cos\theta}{r\rho g} \tag{2.6}$$

式中 $\sigma_{1,2}$——水的表面张力,dyn/cm;

$\quad\quad\theta$——水对管壁的润湿角,(°);

$\quad\quad r$——毛细管半径,cm;

$\quad\quad h$——水柱上升高度,cm;

$\quad\quad\rho$——水的密度,g/cm^3;

$\quad\quad g$——重力加速度,cm/s^2。

假设弯液面内侧 B′点压力为p'_B,弯液面外侧 B 点压力为p_B;水面上 A′点压力为p'_A,毛细管中 A 点压力为p_A。根据 U 形管原理,有:

$$p'_B = p'_A = p_A = p_B + h\rho g \tag{2.7}$$

$$p'_B - p_B = h\rho g = p_c \tag{2.8}$$

所以有:

$$p_c = \frac{2\,\sigma_{1,2}\cos\theta}{r} \tag{2.9}$$

式中 p_c——毛细管力(曲面附加压力),dyn/cm;

$\quad\quad\theta$——水对管壁的润湿角,(°);

$\quad\quad\sigma_{1,2}$——水的表面张力,dyn/cm。

以上为玻璃毛细管和水—气系统毛细管力公式。对于玻璃毛细管和油—水系统,毛细管力等于 h 高的水柱在油中产生的压力,两种系统具有相同的形式:

$$p_c = \frac{2\sigma\cos\theta}{r} \tag{2.10}$$

式中 σ——两互不相容流体间的界面张力,dyn/cm。

可以看出,毛细管力与两相流体界面张力成正比,与毛细管半径成反比,即毛细管半径越小,接触角越小(越容易润湿),毛细管力越大。

(2)孔喉内毛细管力计算。

毛细管力简言之就是毛细管中弯液面的附加压力。任意曲面附加压力(毛细管力)可以用如下拉普拉斯方程计算:

$$p_c = \sigma\left(\frac{1}{R_1} + \frac{1}{R_2}\right) \tag{2.11}$$

式中 p_c——毛细管力(曲面附加压力),dyn/cm;

$\quad\quad\sigma$——两相流体的界面张力,dyn/cm;

$\quad\quad R_1$、R_2——曲面的两个主要垂向截面的曲率半径,当指向液体内部时为正(图 2.16),cm。

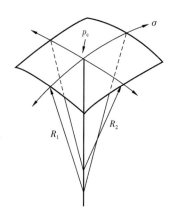

图 2.16　任意弯曲面的附加压力

油藏中的渗流空间是由大量细小、曲折、交错相连的复杂孔喉通道组成,这些通道可以看成不同大小的等径或变径毛细管,在液—液、液—固体系中,会产生形状不同的毛细管弯液面,其附加压差的计算公式不同。常存在以下三种情况(图 2.17):

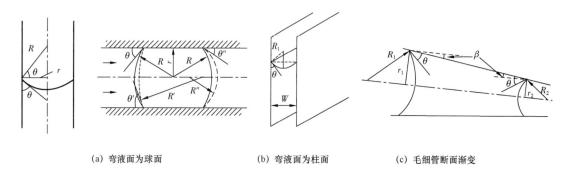

(a) 弯液面为球面　　　　　　(b) 弯液面为柱面　　　　　　(c) 毛细管断面渐变

图 2.17　三种不同弯液面

① 弯液面为球面。当毛细管较细时,弯液面一般呈球面,过毛细管轴心线两垂直平面与弯液面截交界面均为曲率相等球面,即 $R_1 = R_2 = R$,有:

$$p_c = \frac{2\sigma}{R} = \frac{2\sigma\cos\theta}{r} \tag{2.12}$$

式中　r——毛细管半径,cm;

　　　R——曲面半径,cm。

② 弯液面为柱面。存在两种柱面弯液面情况,一是等直径的毛细管中的液珠(或气泡)与管壁间的接触面为柱面,与过毛细管中心线的平面截交界面为直线,$R_1 = \infty$;与另一垂直毛细管中心线的平面截交界面为圆,$R_2 = r$(毛细管半径),有:

$$p_c = \frac{\sigma}{r} \tag{2.13}$$

二是裂缝性油气藏中处入两平行裂缝壁之间的油—气、油—水界面为柱面,则缝宽为 W

的弯液面的两主曲率半径分别为R_1、R_2，则$R_1\cos\theta = W/2$，$R_2 = \infty$，有：

$$p_c = \frac{2\sigma\cos\theta}{W} \tag{2.14}$$

③ 毛细管断面渐变。该情形相当于圆锥形毛细管，粗端曲率半径$R_1 = r/\cos(\theta + \beta)$，细端曲率半径$R_2 = r/\cos(\theta - \beta)$，有：

$$p_c = \frac{2\sigma\cos(\theta \pm \beta)}{r} \tag{2.15}$$

式中 β——毛细管壁与毛细管中心线夹角，即锥角之半。

（3）油藏中毛细管力作用。

储层岩石中多孔介质是一个由变断面、表面粗糙的毛细管组成的复杂毛细管网络，所有与界面现象有关的表面张力、吸附作用、润湿作用及毛细管现象都对多孔介质的多相渗流特征产生重大影响。在岩石—流体相互作用中，毛细管现象则是表面张力、吸附作用、润湿作用的集中反映。其中，表面张力产生的根本原因是液体间分子的引力效应，吸附作用发生于物质表面或两相界面，影响固体表面的润湿性，而润湿作用决定了液体在固体表面或孔隙介质中的分布状态。为方便讨论，将复杂的孔喉做适当简化，分析微观毛细管力作用机制对油藏宏观渗流特征的影响。

① 毛细管滞后现象。是指由于毛细管饱和（水）顺序的不同，产生的吸入水柱高度小于驱替水柱高度的现象。导致毛细管滞后的原因有三种（图2.18）。

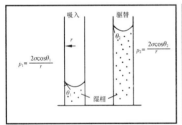 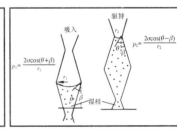

(a) 润湿滞后   (b) 毛细管半径突变   (c) 毛细管半径渐变（锥形毛细管）

图2.18 毛细管滞后现象（Morrow，1976）

一是接触角引起的毛细管滞后。在毛细管吸入和驱替过程中，由于润湿次序的不同，吸入过程产生的前进角θ_1小于驱替过程产生的后退角θ_2，导致吸入毛细管压力小于驱替毛细管压力。

二是毛细管半径突变引起的毛细管滞后。如毛细管（半径r_1）中间突然变粗（半径r_2），不考虑润湿滞后效应，吸入过程中液面将上升稳定在粗毛细管内，驱替过程中液面下降稳定在上部细毛细管内，导致吸入时润湿相饱和度小于驱替时润湿相饱和度。

三是毛细管渐变引起的毛细管滞后。假设渐变毛细管为锥形毛细管，则在吸入和驱替过程中受毛细管半径和接触角双重因素影响，吸入过程中液面停留在粗断面处，驱替过程中液面停留在细断面处，导致吸入时润湿相饱和度小于驱替时润湿相饱和度。

实际油藏岩石孔隙喉道的复杂变化,以上三种因素经常同时存在共同造成毛细管滞后,这是引起吸入法与驱替法毛细管压力曲线不重合的主要原因。

② 贾敏效应。在两相流体渗流时,通常会有非湿相流体成为非连续相呈液珠或气泡分散在润湿相流体中。当非湿相珠泡从大孔道向小孔道流动时,由于液珠或气泡半径大于小孔道半径,珠泡必须变形才能通过(图 2.19)。由于珠泡形变需要增加附加压力,该力等于珠泡通过小孔道变形后由于半径的减小而产生的附加毛细管压力,即:

$$\Delta p_c = 2\sigma \cos\theta \left(\frac{1}{R_1} - \frac{1}{R_2} \right) \tag{2.16}$$

式中　R_1、R_2——珠泡变形后和变形前的半径。

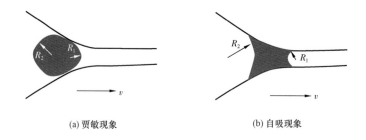

(a) 贾敏现象　　　　　　　　　　　　(b) 自吸现象

图 2.19　贾敏及自吸现象示意图

这种珠泡通过孔喉时产生的附加阻力称为贾敏效应。贾敏效应在油藏开发中普遍存在,如在钻完井过程中作业液失水产生大量水珠对油流通道产生阻力形成水阻,可利用表面活性剂降低油水界面张力,减小毛细管阻力解除地层伤害。同样,可以利用贾敏效应向地层中注入乳状液、泡沫等来封堵大孔道、调整渗流剖面,提高驱替流体波及体积。

(3)自吸现象。当润湿相为非连续相分散在非润湿相中时,毛细管力作用使润湿相液滴自动吸入小孔道,这种现象称为自吸现象。由于小孔道半径(R_1)小于大孔道(R_2),则小孔道处的毛细管力大于大孔道处的毛细管力,这样在没有驱动压差情况下,润湿相液滴自动吸入小孔道。自吸法润湿性测定就是基于该原理的应用实例,另外,在裂缝性油藏中,利用基质的自吸驱油原理合理控制采油速度,是提高原油采收率的重要措施方向。

④ 附加渗流阻力作用。受润湿滞后作用影响,对于水湿油藏,毛细管力方向与流体运动方向一致,为驱动动力。当水驱油时,油水相界面向油的方向移动,产生前进角大于静止时的接触角,从而减小毛细管力的动力。另外,当水湿油藏存在油滴时,对于等径毛细管,油滴受到两端球面附加毛细管力和壁面柱面附加毛细管力的共同作用处于静止状态。当对油滴施加驱动力促使其运动,首先要克服油滴与壁面水膜之间的摩擦力而变形(图 2.17),同时因两端弯液面变化会产生前进角和后退角,进一步增加新的附加毛细管阻力。对于变径毛细管,油滴要通过孔隙通道细端必须克服油滴形变产生的附加毛细管阻力。以上对渗流产生的不利影响均属于毛细管力作用下的结果。

⑤ 油水过渡带影响。由于油藏岩石孔隙的非均质性,可以把油水界面处的流动孔隙简化为一系列大小不等的毛细管。根据油、水密度差与毛细管力的平衡关系,有:

$$h_{\text{ow}} = \frac{2\,\sigma_{\text{ow}}\cos\theta_{\text{ow}}}{r(\rho_{\text{w}} - \rho_{\text{o}})g} \tag{2.17}$$

式中 h_{ow}——油水过渡带高度；

σ_{ow}——油—水界面张力；

ρ_{o}、ρ_{w}——油、水密度。

由于毛细管半径的不同，不同位置油水过渡带的高度不同，从而形成一个非水平的油—水界面。这很好解释了实际油藏中油水界面并不是平面的现象，而是一个近似的水平面。另外，由于水、油密度差小于油、气密度差，因此油水过渡带比油气过渡带厚。

2.2.1.3 饱和度

（1）饱和度的定义。

储层岩石中流体饱和度是描述储层岩石孔隙中充满流体的程度，定义为某特定流体（油、气或水）占孔隙体积的分数或百分数。根据流体性质不同，分为含油饱和度、含水饱和度、含气饱和度。其定义式：

$$S_{\text{o}} = \frac{V_{\text{o}}}{V_{\text{P}}} \tag{2.18}$$

$$S_{\text{w}} = \frac{V_{\text{w}}}{V_{\text{P}}} \tag{2.19}$$

$$S_{\text{g}} = \frac{V_{\text{g}}}{V_{\text{P}}} \tag{2.20}$$

式中 V_{o}、V_{w}、V_{g}——油、水、气的体积；

V_{P}——岩石的孔隙体积。

（2）油藏流体饱和度关系。

按照油藏成藏理论，原始油藏中全部充满水，后期经过石油、天然气的运移排驱，受储层物性、流体性质、成藏动力等复杂因素影响，形成不同流体充满程度的油气藏。任何储层岩石孔隙中都含有两种或两种以上流体，流体饱和度满足如下归一关系：

$$S_{\text{w}} + S_{\text{o}} + S_{\text{g}} = 1 \tag{2.21}$$

需要说明的是，无论是两相流体的纯油藏或气藏，或是具有边（底）水的油藏或气藏，抑或是带气顶的边（底）水油藏，储层孔隙中都含有水相。除去纯水区域外，石油和天然气储层中广泛分布着受毛细管力控制的原生水，也称之为束缚水或残余水，其饱和度在整个油藏中并非均匀分布，而是随岩石的孔隙结构、渗透率、泥质含量、润湿性、原油黏度及距离自由水面的高度变化而变化。

（3）几种特殊的流体饱和度。

对于不同的流体相，随其饱和度的增大，均存在一个从不可流动到可流动的临界点，称之为相临界饱和度，大小等于相渗透率为零时的最大相饱和度。反之，最大相渗透率对应的饱和度称之为相最大饱和度。不同相临界或最大饱和度的定义及重要性描述如下。

① 束缚水饱和度 S_{wi}。分布和残存在岩石颗粒接触角处角隅和微细孔隙中或吸附在岩石

骨架颗粒表面的不可动水为束缚水,储层岩石孔隙中束缚水的体积与孔隙体积的比值。束缚水饱和度值等于油水或气水相对渗透率曲线上最大油相渗透率或最大气相渗透率对应的含水饱和度值。束缚水饱和度有时也称为原生水饱和度,但当油藏成藏动力不足时,油藏中存在可动水,此时束缚水饱和度小于原生水饱和度。

② 临界水饱和度S_{wc}。水开始流动的最小饱和度。通常情况下临界水饱和度与束缚水饱和度相等,但不尽然。当油藏成藏动力较大时,束缚水饱和度有可能小于临界水饱和度。即原始条件下随着含水饱和度的微小增大,水相并非立刻流动,而是需要超过一特定值后才开始流动。

③ 最大水饱和度S_{wmax}。对于油水或气水系统,最大水饱和度为水驱油或水驱气至残余状态时的含水饱和度,等于相对渗透率曲线上最大水相渗透率对应的含水饱和度值。但对于纯水域而言,最大水饱和度为1,而在自由水面以上的过渡带内,最大水饱和度由1逐渐减小。

④ 临界油饱和度S_{oc}。油开始流动的最小饱和度。当含油饱和度小于临界油饱和度,原油滞留在孔隙中不流动。临界油饱和度等于油相相对渗透率曲线等于零时对应含油饱和度区间内最大值。临界含油饱和度一般大于或等于残余油饱和度值。

⑤ 残余油饱和度S_{or}。水驱油或气驱油结束时,孔隙内剩余油饱和度。残余油饱和度大小与驱替介质、驱替条件及岩石的润湿性等因素有关。相对渗透率曲线上,残余油饱和度等于1 − 最大驱替相(水或气)相对渗透率对应的饱和度值。

⑥ 可动油饱和度S_{om}。可动油饱和度定义为可动油占孔隙体积的比值,其大小等于1 − 原生水饱和度 − 临界油饱和度。可动油饱和度反映油藏中理论上原油可采潜力大小。

⑦ 临界气饱和度S_{gc}。气开始流动的最小饱和度。当油藏压力降至泡点压力以下时,溶解气从原油中逸出,并以孤立气泡形式出现,待各气泡膨胀连接成连续相后气体开始流动,此时含气饱和度就是临界气饱和度。

⑧ 残余气饱和度S_{gr}。气体作为被驱替相,当某种驱动方式结束时残留在孔隙中的含气饱和度。残余气是不可流动的,其不同于由于被水包围而无法流入井底的捕集气,捕集气在压力降低时气体膨胀后仍可流动,直至降低至残余气为止。

在谈到以上各特殊类型的饱和度时,一般是针对油—水、油—气或气—水两相系统而言。对于某流体相,要结合油气藏的原始条件和具体的驱动方式,区分原生、束缚、临界、残余及可动饱和度大小,并结合相对渗透率曲线端点值进行分析。无论对于油藏初始平衡化的处理,还是特殊渗流现象的描述,乃至剩余潜力及采收率的正确预测具有重要指导意义。

2.2.1.4 相对渗透率

(1)相对渗透率的含义。

相对渗透率定义为当岩石中有多种流体共存时,每一种流体的有效渗透率与基准(绝对)渗透率的比值。这里面涉及两个渗透率的取值问题,分别是有效渗透率和绝对渗透率。如前所述,有效渗透率即相渗透率,是指当岩石孔隙中饱和两种或两种以上流体时,岩石允许其中一种流体通过的能力,其大小不仅与岩石本身性质有关,而且与流体性质及数量比例有关。而岩石的绝对渗透率是指当岩石孔隙为一种流体完全饱和时测得的渗透率,它是岩石自身的一种属性,与所通过的流体性质无关。

需要特别注意的是,在实验室确定相对渗透率时,往往采用基准渗透率代替绝对渗透率计算相对渗透率大小,一般有三种可能的基准渗透率取值。对于油水系统,通常将空气渗透率或束缚水饱和度下的油相渗透率作为基准渗透率;对于气水系统,水驱气时将束缚水饱和度下的气相渗透率作为基准渗透率,气驱水时将100%饱和盐水时的水测渗透率作为基准渗透率。严格意义上讲,空气渗透率最接近岩石的绝对渗透率。

正是受基准渗透率的取值影响,相对渗透率曲线端点大小标准不统一,应用时应注意基准渗透率的类别。例如当基准渗透率为束缚水饱和度下的油相渗透率时,油相最大相对渗透率等于1,这显然扩大了油相实际的渗流能力,在油藏工程设计和数值模拟计算中要对其进行必要的还原处理。

(2)相对渗透率曲线特征。

实验室提供的相对渗透率曲线具有的特征概括为三方面(图2.20):"两条曲线""三个区域""四个特征点"。

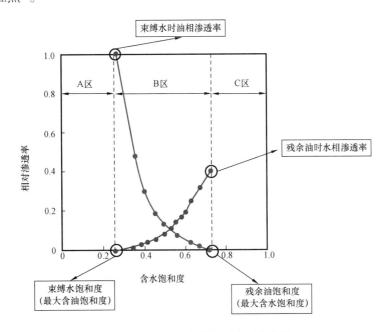

图2.20   实验室提供相对渗透率曲线

"两条曲线"是指油相相对渗透率曲线和水相相对渗透率曲线。两相相渗曲线具有如下特征:任何一相流体要流动时,其饱和度必须要大于一个最小饱和度。当非湿相饱和度未达到100%时,其K_{rw}几乎可以达到1(100%),而湿相饱和度必须达到100%时,其K_{rw}才能达到100%。两相共渗时,尽管油、水的饱和度之和等于1,但其相对渗透率之和小于1,且存在两相相对渗透率之和的最小值。

"三个区域"是指单相油流区(A区),油水同流区(B区),单相水流区(C区)。以水湿油藏为例,三个不同区域渗流特征不同。

A区:水先沿颗粒表面以薄膜状深入岩石孔隙,以不连续的环网状分布于颗粒表面、边角及接触处;水饱和度增加时,水膜逐渐加厚、连通,达到临界流动状态。油处于孔道中心,流动渠道畅通。

B区：随含水饱和度的增加，油流通道半径减小，在细小喉道处被水膜截断，油相流动能力急剧降低，油水在细小喉道处相互影响导致水相流动能力增加缓慢。等渗点后水流通道增多，油的连续性受影响，其下降趋势减缓，该过程水的流动能力缓慢增加，曲线平稳上升。

C区：油的流动渠道被水占据，油失去连续性呈孤滴状分布，油的渗流能力为零。孤滴状的油滴产生的贾敏效应对水的流动产生影响，导致水相渗透率不高。

"四个特征点"是指束缚水饱和度（最大含油饱和度），束缚水时油相相对渗透率，残余油饱和度（最大含水饱和度），残余油时水相相对渗透率。在油藏数值模拟应用中，会特别考虑另外四个特征点，分别是临界水饱和度、最大水饱和度及其对应的油相相对渗透率和水相相对渗透率，这些特征点对于考察分析两相、单相渗流区域内的油水流动规律具有重要指导意义。

（3）相对渗透率的影响因素。

相对渗透率是流体饱和度的函数，相对渗透率最直接的影响因素是流体的微观分布状态。因此，所有与流体分布状态相关的因素，如岩石润湿性、孔隙结构、饱和过程、流体性质、油藏温度、驱替条件等都对相对渗透率曲线特征产生影响，其中最主要的因素为润湿性、孔隙结构和流体饱和过程。

① 润湿性的影响。不同岩石表面的润湿特性影响油水的分布状态和流动能力。亲水岩石的水主要分布于细小孔隙、死孔隙或以薄膜状态分布于岩石颗粒表面，水的这种分布基本上不妨碍油的渗流。亲油岩石的颗粒表面主要分布油的吸附层，水以水滴形式分布于孔隙中间，在一定程度上阻碍油的渗流。

基于以上原因，亲水、亲油岩石的相对渗透率曲线不同：强亲水岩石的油水相对渗透率曲线等渗点的含水饱和度值大于50%，而强亲油者小于50%；亲水岩石的油水相对渗透率曲线的束缚水一般大于20%，亲油者小于15%；亲水岩石的油水相对渗透率曲线在最大含水饱和度时的水相相对渗透率一般小于30%，而亲油者大于50%；亲水岩石油水相对渗透率曲线在束缚水条件下的油相渗透率约等于岩石的绝对渗透率，而亲油者小于绝对渗透率；亲水岩石束缚水饱和度大于残余油饱和度，亲油则相反。

一般而言，非润湿相的相渗曲线为S状，润湿相的相渗为向上凹的形状；润湿相的驱替和吸入线重合较好，而非润湿相的吸入曲线位于驱替曲线的下/右面。对于油气系统，油一般为润湿相，气为非润湿相。

② 孔隙结构的影响。流体饱和度分布及流动的通道直接与孔隙大小分布有关，岩石的孔隙结构控制着储层的渗透能力、流体的分布及各相流体的流动阻力。因此，岩石孔隙的大小、几何形态及组合特征，直接影响相对渗透率曲线。

研究表明，以水湿为例，岩石的孔喉越均匀，油相相对渗透率下降越慢，水相相对渗透率上升越慢。对比高、低渗透岩心相对渗透率曲线可见（图2.21），高渗透大孔道连通好的岩心，两相渗流区范围大，共存水饱和度低，端点相对渗透率高；而低渗透小孔隙岩心及大孔隙连通不好的岩心刚好相反。

影响孔隙结构的因素有岩石颗粒大小、形状、分选、胶结类型、接触关系、岩石和黏土矿物成分等，因此，只有选取岩石结构参数相近的代表性岩样，才能准确反映出相对渗透率曲线的特征。

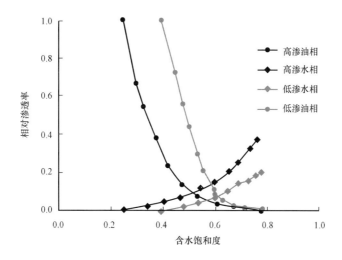

图 2.21　孔隙结构对相对渗透率影响对比曲线

③ 饱和过程的影响。受岩石孔隙大小分布和胶结状况的影响,不同的流体饱和度变化历程,如水驱油的含水饱和度不断增加或者油驱水的含水饱和度不断减小的过程,由于流体分布状态的差异,在毛细管力滞后效应的作用下,会产生两种不同饱和历程中相对渗透率曲线的差异。我们定义润湿相驱替非润湿相的过程为吸入,非润湿相驱替润湿相的过程为排驱。研究表明,在同一饱和度下,非润湿相吸入过程的相对渗透率低于排驱过程,吸入过程的残余非润湿相的饱和度大于排驱过程。因此,为了正确反映油藏实际流体的油水渗流规律,必须根据油藏流体实际的运动历程来选择采用吸入还是排驱相对渗透率曲线。

除以上三大主要因素之外,流体黏度、实验温度、上覆压力等因素也会对相对渗透率曲线产生一定程度的影响。油水黏度比增加,会造成微观孔隙中的黏性指进现象严重。在低油水黏度比下,孔隙结构对相对渗透率的影响相对较大;在高油水黏度比下,微观指进对相对渗透率造成的影响相对较大。温度的变化对相对渗透率曲线的影响并不显著。温度升高,导致亲油岩石表面吸附的活性物质在高温下解吸附,使大量水转而吸附于岩石表面,岩石变得更亲水,束缚水饱和度略有增加;温度升高,导致岩石热膨胀,孔隙结构发生变化,从而导致相对渗透率的变化。另外,在开发过程中,随着油藏压力亏空,上覆压力增加,会引起孔隙大小和分布的改变,岩样孔隙结构的这些变化,对相对渗透率曲线有一定程度的影响。

总之,相对渗透率曲线的影响因素众多,在应用时要紧密结合油藏实际的油藏储层、流体特征及开发过程,明确主要的影响因素及其所代表的相对渗透率曲线特征,合理选择典型的相对渗透率曲线。此外,在采用实验测定的相对渗透率曲线时,应尽可能保证实验条件与油藏条件(如岩石润湿性、流体性质、地层温度、压力梯度、驱替过程等)的一致性,必要时要进行处理或转换。

(4)相对渗透率曲线类型。

不同的储层类型,相对渗透率曲线不同。经典的相对渗透率曲线是以常见的中高渗透储层岩石实验测试结果为代表,对于某些特殊类型的储层,相对渗透率曲线表现出非常见的变化特征,有时候被误认为是实验测试错误的结果。为避免误判,这里列出了矿场可能遇见的几种相对渗透率曲线类型(图 2.22)。

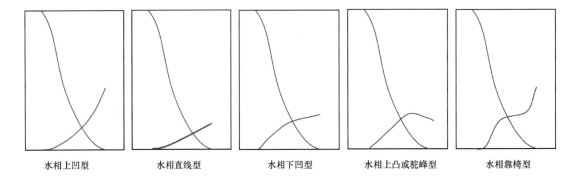

| 水相上凹型 | 水相直线型 | 水相下凹型 | 水相上凸或驼峰型 | 水相靠椅型 |

图 2.22　相对渗透率曲线类型

① 水相上凹型。在水相相对渗透率曲线上一般只有一个拐点,在残余油处所对应的水相最终端点相对渗透率较高。这种曲线形态反映孔隙结构一般不发生较大的变化,储层黏土含量较低且不易膨胀,水相相对渗透率随水饱和度增加而上升的主要原因是与流动流体相的连续性等有关。这是中高渗透油藏典型的相对渗透率曲线。

② 水相直线型。束缚水饱和度较高,随含水饱和度的增加,水相相对渗透率曲线明显地近似线性直线变化。在残余油处所对应的水相最终端点达到最大值,但其绝对值相对较低。这种曲线仍然受含水相饱和度的影响,由于部分填隙物的膨胀削减了随含水相饱和度增加而水相渗透率加速增加的特点,使得水相渗透率曲线不再呈现上凹形态,后期也不上翘。

③ 水相下凹型。这种曲线其形成机理主要是由于储层孔隙度与渗透率较低,黏土矿物含量较高并且具较强的盐(水)敏性,黏土遇低矿化度的水而膨胀,堵塞喉道,流动阻力增大,从而使水相渗透率随着水相饱和度的增加而增加的幅度越来越小。

④ 水相上凸或驼峰型。这种曲线形成主要由于储层内敏感性尤其是盐(水)敏性黏土矿物含量比上面几种高得多,黏土矿物膨胀与颗粒迁移更为严重,使得渗透率损失更大。而进到岩心中的水被盐敏性矿物吸收后,水饱和度增加,由于未达到出口端,故渗透率并不增加。而随水饱和度增加,进一步堵塞孔隙与喉道,从而使得水相渗透率不增反降。

⑤ 水相靠椅型。曲线有两个明显拐点。这种曲线的形成主要与油藏储层发育裂缝有关。在含油饱和度较低时,由于有微裂缝的存在,水相相对渗透率随着含水饱和度的增加而迅速增大。随着含水饱和度的增加水相相对渗透率上升趋势减缓,这主要是微裂缝沟通了部分死孔隙,使得实际孔隙体积增大,但水相渗透率并不随水相饱和度增加而增加。

此外,对于裂缝性油藏,当裂缝开度较大时,其相对渗透率呈对角线性关系。但实验研究表明,当裂缝开度较小或裂缝内存在充填物,大小裂缝交错成网络系统条件下,相对渗透率曲线并非呈斜对角关系,而是具有与砂岩油藏相似的非线性曲线关系。

2.2.2　多孔介质渗流

2.2.2.1　流体类型

考虑压缩系数的影响,可以把油藏流体分为三种类型,即不可压缩流体、微可压缩流体、可压缩流体。压缩系数用流体体积表示为:

$$c = \frac{-1}{V} \frac{\partial V}{\partial p} \tag{2.22}$$

式中　V——流体体积；

　　　p——压力；

　　　c——等温压缩系数。

不可压缩流体是指流体体积(或密度)不随压力变化而变化的流体,这种流体通常是不存在的,但经常是为了简化数学推导过程和流动方程表达形式而做的假设。该流体体积与压力关系式为:

$$\frac{\partial V}{\partial p} = 0 \tag{2.23}$$

微可压缩流体的体积(或密度)随压力的变化会发生微小变化,油藏中的原油和水均属于微可压缩流体,其流体体积与压力的关系式可近似表示为:

$$V = V_{ref}\left[1 + c(p_{ref} - p)\right] \tag{2.24}$$

式中　V——压力p下的流体体积；

　　　V_{ref}——初始压力p_{ref}下的流体体积。

可压缩流体的体积随压力的变化会发生很大的变化,即压缩系数较大不能忽视,采用式(2.22)计算。所有的气体均可看作可压缩流体。

三种类型流体的体积随压力的变化如图2.23所示。

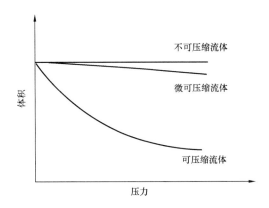

图 2.23　三种流体类型体积随压力变化关系图

2.2.2.2　流动形态

为描述流体流动形态及油藏压力分布与时间的关系,可以定义三种流动形态,即稳定流、不稳定流、拟稳定流。

稳定流是指油藏中任一位置压力保持恒定,不随时间变化而变化。这种情况一般是指具有无限大水体或充足注水补充保持恒压开采的油藏。数学表达式为:

$$\left(\frac{\partial p}{\partial t}\right)_i = 0 \tag{2.25}$$

式中　p——油藏压力；

　　　t——时间；

　　　i——任一位置。

不稳定流是指油藏中任意位置的压力随时间的变化率不为零，通常称为瞬变流。这种流动形态的压力对时间的导数是位置 i 和时间 t 的函数，即：

$$\left(\frac{\partial p}{\partial t}\right) = f(i,t) \tag{2.26}$$

拟稳定流是指油藏中不同位置的压力随时间呈线性递减，即压力递减率为常数 c。

$$\left(\frac{\partial p}{\partial t}\right)_i = c \tag{2.27}$$

三种流动形态的压力随时间的变化如图 2.24 所示。

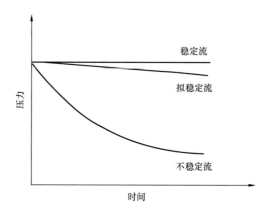

图 2.24　三种流动形态压力随时间变化关系图

2.2.2.3　油藏几何形态

由于油藏形态对流体的流动动态影响很大，工程上一般简化为三种流体流动几何形态，即径向流、单向线形流、球形流和半球形流。

径向流是指流体从油层平面四周沿径向向中心井点或从中心井点向四周发散的渗流，径向流一般出现在离井眼一定距离的井筒周围。

平面径向流稳定渗流的产量公式为：

$$q = \frac{2\pi Kh(p_e - p_w)}{\mu\ln(r_e/r_w)} \tag{2.28}$$

平面径向流稳定渗流的压力公式为：

$$p = p_w + \frac{p_e - p_w}{\ln(r_e/r_w)}\ln(r/r_w) \tag{2.29}$$

式中　p_e——供给边界的压力；

p_w——井底压力;

r_e——供给半径;

r_w——井筒半径;

K——储层渗透率;

μ——流体黏度。

均质油藏径向流体系的理想流线/等压线及过井压力剖面如图 2.25 所示。

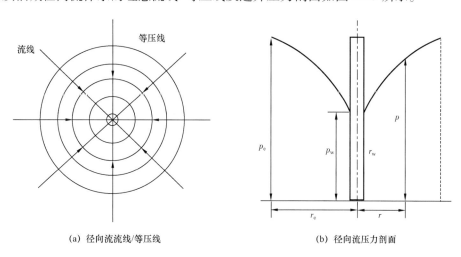

(a) 径向流流线/等压线   (b) 径向流压力剖面

图 2.25　径向流体系

可以看出,径向流的流线从各个方向向井眼汇聚,等压线为从井眼向周围边界扩散的同心圆,压力呈对数关系变化,剖面曲线呈漏斗状。

单向线性流是指流线为一组相互平行、垂直于流动方向的直线,且横截面上各点速度相等的渗流,单向线性流一般出现在行列式井网的井排间、垂直水力裂缝面附近等位置。

单向线性流稳定渗流的产量公式为:

$$q = \frac{KA(p_e - p_w)}{\mu L} \tag{2.30}$$

单向线性流稳定渗流的压力公式为:

$$p = p_w + \frac{p_e - p_w}{L}\chi \tag{2.31}$$

式中　A——渗流截面积;

   L——地层长度。

均质油藏单向线性流体系的理想流线/等压线及过井压力剖面如图 2.26 所示。可以看出,稳定单向线性流压力沿流动方向呈线性分布。

球形流和半球形流是指流线呈直线向中心点汇聚,且渗流面积呈球形或半球形的渗流。有限射孔层段的孔眼附近一般出现球形流,如果油井钻开部分相对油层厚度较小,在局部射孔井的井眼附近会出现半球形流。

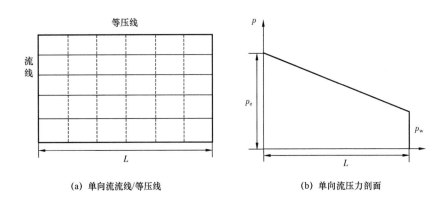

(a) 单向流流线/等压线   (b) 单向流压力剖面

图 2.26　单向线性流体系

球形流稳定渗流的产量公式为：

$$q = \frac{4\pi K}{\mu} \cdot \frac{p_e - p_w}{\dfrac{1}{r_w} - \dfrac{1}{r_e}} \tag{2.32}$$

单向线性流稳定渗流的压力公式为：

$$p = p_e - \frac{p_e - p_w}{\dfrac{1}{r_w} - \dfrac{1}{r_e}}\left(\frac{1}{r} - \frac{1}{r_e}\right) \tag{2.33}$$

式中　p_e——供给边界的压力；

　　　p_w——井底压力；

　　　r_e——供给半径；

　　　r_w——井筒半径。

均质油藏球形流体系的理想等压线是一组以井为中心的同心圆,且越靠近井底等压线越密集(图 2.27)。

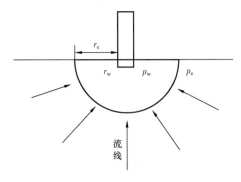

图 2.27　球形流体系

2.2.3 多相流体驱替

2.2.3.1 流度

流度是表征流体在油藏岩石中流动难易程度的指标,其大小定义为岩石对某一流体的渗透率(也叫相渗透率)与其黏度的比值,计算公式为:

$$\lambda_l = \frac{K_l}{\mu_l} \tag{2.34}$$

式中 λ_l——表示流体 l 相的流度;

K_l——流体 l 相的渗透率,等于相对渗透率与岩石绝对渗透率之积;

μ_l——流体 l 相的黏度;

l——流体相下标,可分别代表油、气、水。

由定义式可知,流体相渗透率越大,黏度越小,其流度越大,表示该相流体易于流动。低渗透油藏岩石绝对渗透率低,稠油油藏原油黏度高,这些因素都会导致流度小,属于低流度流体,其原油流动阻力大。

在油藏开发中,主要考察驱动流体与被驱动流体之间的流度比值。例如,对于水驱油藏,水为驱动流体,油为被驱动流体,油、水流度比定义为:

$$M = \frac{\lambda_w}{\lambda_o} = \frac{\dfrac{K_{rw}}{\mu_w}}{\dfrac{K_{ro}}{\mu_o}} \tag{2.35}$$

式中 M——表示流度比;

K_{rw}、K_{ro}——水、油的相对渗透率。

流度比是表征多孔介质中一种流体相对于另一种流体流动难易程度的指标。流度比对驱替液在油藏中的波及系数具有直接的影响,是研究驱替液对提高石油采收率的重要参数。研究表明,不同流度比情况下,驱替液的波及系数差别较大。

图 2.28 是典型的五点法井网不同流度比与波及面积关系图。可以看出,当流度比等于 1 时,即驱替相与被驱替相流动能力相等,水驱前缘均匀,波及系数最大。当流度比小于 1 时,表明水的运动比油慢,水以近似活塞式驱替原油,称之为有利流度比,波及系数更大;当流度比大于 1 时,表明水比油运动快,并以不稳定的形式穿过油层,称之为不利流度比,水驱前缘不规则增强,出现黏性指进现象,波及系数大幅下降。因此,通过驱替相的增黏或被驱替相的降黏等手段,调节或控制流度比,是提高波及系数和采收率的重要方向。

2.2.3.2 分流量

分流量方程是描述多孔介质中非混相流体流动的基本关系式,该方程奠定了整个水驱油的理论基础,其定义式为:

$$f_w = \frac{1 + \dfrac{K\,K_{ro}}{q_t\,\mu_o}\left(\dfrac{\partial p_c}{\partial L} - g\Delta\rho\sin\alpha\right)}{1 + \dfrac{K_{ro}\,\mu_w}{K_{rw}\,\mu_o}} \tag{2.36}$$

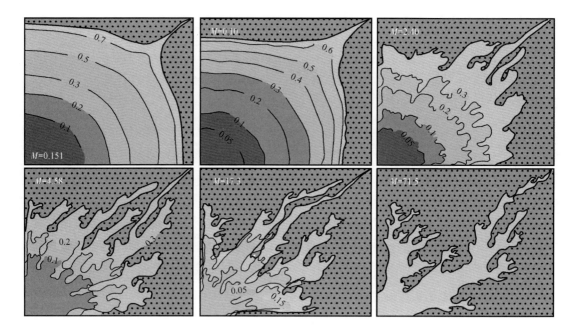

图 2.28　五点法井网不同流度比与波及面积关系图

式中　f_w——水驱油沿程某一点的水的分流量;

K——岩石绝对渗透率;

K_{ro},K_{rw}——油相、水相相对渗透率;

μ_o,μ_w——油相、水相黏度;

p_c——毛细管力;

L——沿流向的距离;

g——重力加速度;

$\Delta\rho$——水、油密度差;

α——地层倾角,向上流度为" + ",向下流度为" – ";

q_t——总流量。

当地层水平,且毛细管压力梯度忽略不计时,分流量方程简化为:

$$f_w = \cfrac{1}{1 + \cfrac{K_{ro}\,\mu_w}{K_{rw}\,\mu_o}} \tag{2.37}$$

由简化的分流量方程可知,给定位置处的含水率只与该点的流度比有关,流度比越小,含水率越小。

2.2.3.3　一维驱替理论

1942 年,巴克利—莱弗里特(Buckley – Leverett)首先提出一维岩心恒定水压驱动条件下非混相流体前沿推进速度计算公式:

$$v = \frac{q_i}{A\phi} \frac{\mathrm{d}f_w}{\mathrm{d}S_w} \tag{2.38}$$

式中　v——前沿(或恒定水饱和度)推进速度;

　　　q_i——恒定注水速率;

　　　A——岩心柱截面积;

　　　ϕ——岩心孔隙度;

　　　$\dfrac{\mathrm{d}f_w}{\mathrm{d}S_w}$——饱和度分相流动导数。

1952 年,Welge 为工程技术人员提供了一种运用 Buckley - Leverett 理论计算驱替流体前沿饱和度S_{wf}及两相混相流动区内的平均含水饱和度$\overline{S}_w$简易方法。Welge 方程表达式为:

$$Q_i = \frac{1}{\left(\dfrac{\mathrm{d}f_w}{\mathrm{d}\overline{S}_w}\right)_{S_{wf}}} \tag{2.39}$$

式中　Q_i——累计注入量与含油区孔隙体积之比;

　　　S_{wf}——水驱前沿含水饱和度;

　　　$\overline{S}_w$——水驱后两相混合区内平均含水饱和度。

基于分流量方程和前沿推进速度公式,绘制分流量及其导数随含水饱和度变化曲线,如图 2.29 所示。

根据曲线图,可以通过几何方法简便确定水驱前沿含水饱和度S_{wf}和两相混合流动区内的平均含水饱和度$\overline{S}_w$:从束缚水饱和度S_{wc}处向f_w曲线引切线,切点的横坐标即为前沿含水饱和度,切线与直线$f_w = 1$ 的交点横坐标即为两相混合流动区的平均含水饱和度。

Welge 方程对水驱动态的分析具有十分重要的价值,它提供了平均含水饱和度、累计注水量及含水率三者之间的关系,可以用于宏观油藏注水效果分析与预测。

首先,获取油藏典型的油水相对渗透率曲线,并根据该曲线绘制对应的分流量曲线;

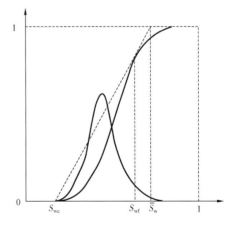

图 2.29　分流量及其导数与含水饱和度
变化曲线

其次,依据分流量曲线的切线斜率,求取斜率导数,该值代表每采出单位原油的耗水量;

最后,绘制含水饱和度与分流量曲线切线斜率导数的关系曲线,由此曲线可以计算不同循环注水量所对应的实际残余油饱和度,从而获得不同水淹情况下的水驱效果。

2.2.3.4　前缘稳定性

当一种流体驱替另一种流体时,驱替前缘的稳定性对于驱替流体的效率具有重要影响。对于水驱油而言,水驱前缘界面形态在推进过程中发生变化。当一种黏度小的流体驱替黏度大的流体时,两种流体之间的界面就会出现复杂的分支现象,表现为前缘油水界面及饱和度分布的不稳定,称之为黏性指进现象。研究表明,水驱前缘的稳定性受储层微观孔隙结构和驱替与被驱替流体黏度、密度、流速、重力和渗透率等多种因素的影响。

微观上,即使岩石具有宏观规模上均质特性,但在毫米或厘米尺度上,抑或是孔隙尺度上,总存在局部渗透率非均质或孔隙结构几何形态微小变化,这将会引起油水前缘局部流动阻力的差异,导致水沿阻力小的部位突进,形成微观指状突进。这种指状突进具有自增强趋势,导致形成次一级指状突进,从而扩展成一种树枝状结构的前缘形态,且指进形态具有分形特征。

宏观上,在均质的岩石中,受重力与黏滞力的作用,水驱油前缘界面并非呈活塞式推进。从注水端和采油端之间,在生产井见水前,含水饱和度分布不连续。饱和度突变处叫水驱前缘,前缘饱和度突变开始至结束之间的区域为水驱前缘过渡带。如果岩石具有渗透率正韵律特征,则底部水驱前缘突进现象更加明显;纵向层间强非均质储层,水驱前缘会在高渗透层快速推进,造成单层突进。

水驱前缘界面的稳定性可由式(2.40)判别:当公式大于零时,界面稳定;小于零时,界面不稳定。

$$\left(\frac{\mu_1}{K_1} - \frac{\mu_2}{K_2}\right)v + (\rho_1 - \rho_2)g > 0 \tag{2.40}$$

式中　μ_1,μ_2——驱替流体和被驱替流体黏度;

　　　K_1,K_2——驱替流体和被驱替流体渗透率;

　　　v——流速;

　　　ρ_1,ρ_2——驱替流体和被驱替流体密度。

2.2.4　油藏动态分析

2.2.4.1　现代试井分析

(1)现代试井。

试井是油气井测试及分析的简称,是评价油气田开发动态的主要技术手段和基础工作之一,其目的就是通过测量井下压力、温度和井口产量,研究油、气、水井特征和油、气、水层参数,从而从动态角度对储层结构和油、气井特征加以描述的方法。试井技术始于20世纪20年代,伴随着高精度电子压力计的出现,20世纪70年代发展形成了现代试井技术,其主要特征是以图版法为中心的"图版拟合分析方法"。根据测试参数的变化性质,可以将试井分为稳定试井和不稳定试井。

稳定试井又称系统试井,指系统地、逐步地改变油井的工作制度(自喷井改变油嘴直径,抽油井改变冲程和冲次),然后测量出每一工作制度下的井底流压、产油量、产水量、含砂量和气油比等。根据这些试井资料为油井制定出产油量高、气油比低、出砂量和含水量小的合理工作制度,并通过水动力学方法计算出油层的有效渗透率。由于每次改变工作制度后,必须待产量和压力稳定后才能测量有关数据,因此称为稳定试井。所谓稳定,是指产量和压力不随时间发生变化。稳定试井方法主要用于确定油气井产能,主要包括:采用系统试井方法确定油井指示曲线和采油指数;采用回压试井分析及等时试井、修正等时试井方法确定气井流入动态曲线及气井绝对无阻流量。

不稳定试井是指通过改变井的工作制度,使地层压力发生变化,并测量地层压力随时间的变化,根据压力变化资料来确定地层和井筒有关参数的一种技术。利用该项技术可确定测试井控制范围内的地层参数和井底完善程度,推算地层压力,分析判断测试井附近的外边界等。由于该方法是根据井底压力变化规律来研究问题的,而井底压力变化过程是一个不稳定的过程,所以称为不稳定试井。不稳定试井项目主要包括:采用压力恢复曲线推算地层压力;用压力恢复或压降曲线计算地层有效渗透率及地层产能系数、弹性储能比、窜流系数、完井表皮系数、压裂裂缝展布及半缝长、裂缝导流能力等;用探边试井分析井附近地层边界距离及特征、单井控制动用储量等。

(2)试井解释模型。

试井分析模型是指以不稳定试井方法为基础所确定的、关于油气井和油气井所在储层的一种综合描述。主要包括:地层和地层参数物理属性描述,即储集空间类型、储层平面结构及边界,地层有效渗透率、弹性储能比、窜流系数等地层参数,完井的表皮系数、压裂裂缝半长、裂缝导流系数等完井参数;地层流体流动状态描述,即井筒续流、径向流、线性流、双线性流、拟径向流等;以偏微分方程式及边界条件表示的数学模型描述;以压力和压力导数曲线特征为标志、反映整体压力走势,对储层和储层流体流动特征的描述。

试井解释过程实际上是一种建立油气井和油气层试井模型的过程。通过对不稳定试井曲线形态特征分析和对比,了解地层流体渗流特征,确定储层模型。将储层模型的压力特征与实际地层压力特征进行对比,对于经过动态资料验证后的试井解释模型,其携带的参数可以有效反映实际储层情况,并用于预测未来动态走势。

(3)试井解释参数。

通过试井解释求得的地层参数与测井、岩心分析等方法求得的参数不同。试井解释参数结果直接反映了井附近及较大泄油范围内地层的真实情况,且是多层油藏的综合响应,与静态方法存在差异。例如,渗透率参数,试井解释渗透率为井底附近较大区域内测试层段综合有效渗透率,既不同于测井解释渗透率,也不同于岩心分析渗透率。测井渗透率对应的是井筒附近电磁信号波及的有限范围,且是依据地层电磁反映结合取心分析结果间接标定计算的,可以细分到小层甚至更小层段。岩心分析渗透率更是针对井孔之内的取心段,可以具体到一块岩心。参数之间所代表的尺度不同,含义及大小存在差异。以此类推,通过试井解释的其他参数,如地层流度比、地层导压系数、弹性储能系数、窜流系数等,虽然可以根据其计算表达式,应用静态方法参数代入公式计算得到,但由于参数意义及大小不同,导致计算结果不能很好反映油层实际情况。正因为如此,应用试井方法研究油气藏特征,分析评价油气井能力不可或缺。该方法与地震、测井方法结合,成为储层描述的三大支柱技术;与油藏工程、数值模拟结合,成为动态分析的重要手段。

2.2.4.2 产量递减分析

油气产量的递减性质,可以用递减速度和递减率两个参数进行刻画。产量的递减速度定义为单位时间内产量的递减值,用 $v_D = -\dfrac{\mathrm{d}q}{\mathrm{d}t}$ 表示,递减速度反映了产量递减的快慢程度。而矿场上通常用递减率来反映产量递减的快慢程度,并把递减率定义为单位时间内产量的递减百分数,或单位产量的递减速度,用 $D = -\dfrac{\mathrm{d}q}{q\mathrm{d}t}$。一般情况下,当 $D < 0.1\ a^{-1}$ 时,为产量递减缓慢;当 $D = 0.1 \sim 0.3\ a^{-1}$ 时,为产量递减中等;当 $D > 0.3\ a^{-1}$ 时,为产量递减较快。Arps(1945)研究了生产井流量与时间的关系。假定流动压力恒定时,有下述关系:

$$v_D = a\, q^{n+1} \tag{2.41}$$

式中 a, n——与经验相关的常数,经验常数 n 取值为 $0 \sim 1$。

式(2.41)给出了随着时间的增加预期的产量下降趋势,根据 n 值定义的不同有三种递减曲线。

(1)指数递减曲线:相应地,$n = 0$。其解的形式如下:

$$q = q_i \mathrm{e}^{-at} \tag{2.42}$$

式中 q_i——初始产量;

a——通过上式拟合油井或油田数据得到的参数。

(2)双曲递减曲线:相应地,$0 < n < 1$。产量有如下形式:

$$q^{-n} = nat + q_i^{-n} \tag{2.43}$$

式中 q_i——初始产量;

a——通过上式拟合油井或油田数据得到的参数。

(3)调和递减曲线:相应地,$n = 1$。产量有如下形式:

$$q^{-1} = nat + q_i^{-1} \tag{2.44}$$

式中 q_i——初始产量;

a——通过上式拟合油井或油田数据得到的参数。

产量递减法可用于油气产量动态预测和油气藏可采储量的计算,也可用于油气田的生产规划研究。需要注意的是,该方法基于对产量—时间曲线的向前外推,因而需要足够长的生产历史,且在整个生产过程中(历史 + 预测),在生产条件不进行变动或调整情况下,该方法才能给出可靠的结果。如果在生产过程中进行了新井投入或完井作业、油井增产措施、开发方式转换等,递减曲线方法将失效。

2.2.4.3 物质平衡分析

自 1953 年 R. J. Schilthuis 利用物质守恒原理,首先建立了油藏的物质平衡方程式以来,它在油藏工程中得到了广泛的应用。实质上,大部分的油藏工程分析均涉及物质平衡方程式的应用。其基本原理是,把油藏看成体积不变的容器,油藏开发某一时刻,采出的流体量加上地下剩余的储存量,等于流体的原始储量。这里所研究的是流体间的体积平衡,所以也可以说,对于任何一种驱动类型的油藏,在开发过程的任意时刻,油、自由气和水这三者的体积变化的代数和为零。

油藏物质平衡方程式相当于将我们所研究的对象——油藏——作为整体来处理,即建立一个零维的模型,其计算的油藏动态指标均为油藏的平均指标,如确定油藏的原始储量、判断油藏的驱动机理、测算油藏天然水侵量的大小、在给定的产量条件下预测油藏未来压力动态。

虽然这种方法在很大程度上已被基本上是多维、多相、动态的物质平衡数值模拟器所取代,但是这种方法仍然值得研究,因为其具有原理简单、运算容易等优点,并且可以利用它对油藏的动态做深入的了解。

油藏的驱动类型多样,需要建立一个考虑多种驱动方式共存的物质平衡通式,即气顶驱、溶解气驱、天然水驱同时存在时的综合驱动方式下的物质平衡方程式。在矿场应用中,可以根据油藏的具体驱动类型,选择不同驱动方式的物质平衡方程式。综合驱动方式下,油藏的原始压力低于油藏的饱和压力,而且有气顶、边水的作用,其流体分布如图2.30所示。

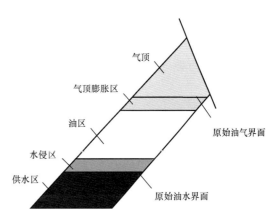

图 2.30 油藏流体分布图

按照地下体积平衡建立物质平衡方程通式为:流体地下产量 = 油加上原始气的膨胀量 + 气顶气的膨胀量 + 束缚水膨胀及孔隙体积减小引起的烃类孔隙体积的减少量 + 边水和底水的侵入量。

$$N_p \left[B_o + (R_p - R_s) B_g \right]$$

$$= N B_{oi} \left[\frac{B_o - B_{oi} + (R_{si} - R_s)B_g}{B_{oi}} \right] + m \left(\frac{B_g}{B_{gi}} - 1 \right)$$

$$+ (1 + m) \left(\frac{C_w S_{wc} + C_f}{1 - S_{wc}} \right) \Delta p + (W_e + W_i - W_p) B_w \tag{2.45}$$

式中　N——地面油的原始储量,m^3;

　　　N_p——地面累计原油产量,m^3;

　　　W_p——地面累计产水量,m^3;

　　　W_i——地面累计注水量,m^3;

　　　W_e——地面水侵量,m^3;

　　　R_p——累计气油比;

　　　B_{oi},B_o——原始压力p_i下的原油体积系数,目前压力p下的原油体积系数;

　　　R_{si},R_s——原始压力p_i下的溶解气油比,目前压力p下的溶解气油比;

　　　m——系数,一般由测井资料提供($m = \dfrac{\text{原始气顶占孔隙体积}}{\text{原始油占孔隙体积}}$);

　　　S_{wc}——束缚水饱和度。

物质平衡分析是油藏动态分析最安全的技术,因为它需要的假设条件要比其他的替代技术——如数值模拟少得多。但不可否认,该方法忽略了油层非均质性和动态参数的分布,只适合于油田宏观开发指标研究,不适合于油田局部动态预测。因此,物质平衡方程与数值模拟之间具有互补性。正确的应用物质平衡方程必须了解物质平衡方程的适用性条件:适用于油藏开采一定时间后,其结果的可靠性取决于数据的准确性(如压力)及基本假设的符合程度,PVT参数的获取与实际油藏流体分离存在差异。

物质平衡方程主要用于确定油藏的原始地质储量、判断油藏的驱动机理、计算油藏天然水侵量、计算气顶大小、预测给定产量条件下油藏压力动态等。在具体的操作过程中,可以使用Havlena 和 Qdeh方法,将完整的物质平衡方程简化为:

$$F = N(E_o + m E_g + E_{fw}) + W_e B_w \tag{2.46}$$

式中

$$F = N_p [B_o + (R_p - R_s) B_g] + W_p B_w$$

$$E_o = (B_o - B_{oi}) + (R_{si} - R_s) B_g$$

$$E_g = B_{oi} \left(\frac{B_g}{B_{gi}} - 1 \right)$$

$$E_{fw} = (1 + m) B_{oi} \left(\frac{C_w S_{wc} + C_f}{1 - S_{wc}} \right) \Delta p \tag{2.47}$$

以上简化的物质平衡方程可表示为:

$$\frac{F}{E_o + m E_g + E_{fw}} = N + \frac{W_e B_w}{E_o + m E_g + E_{fw}} \tag{2.48}$$

式中　N_p——地面累计原油产量,m^3;

　　　W_p——地面累计产水量,m^3;

　　　W_i——地面累计注水量,m^3;

　　　W_e——地面水侵量,m^3;

　　　R_p——累计气油比;

　　　B_{oi},B_o——原始压力p_i下的原油体积系数,目前压力p下的原油体积系数;

　　　B_{gi},B_g——原始压力p_i下的气体体积系数,目前压力p下的气体体积系数;

　　　R_{si},R_s——原始压力p_i下的溶解气油比,目前压力p下的溶解气油比;

　　　m——系数,一般由测井资料提供($m = \dfrac{\text{原始气顶占孔隙体积}}{\text{原始油占孔隙体积}}$);

　　　S_{wc}——束缚水饱和度。

方程右侧含有两个难以处理的未知数 N 和 W_e,而方程左侧可以根据生产动态、压力监测及 PVT 实验数据计算获得。据此,通过绘制$\dfrac{F}{E_o + m E_g + E_{fw}}$与累计产量$N_p$(或时间、或压降$\Delta p$)关系曲线,就可以根据曲线变化特征定性判断油藏驱动机理,并确定原始地质储量。

2.2.5　油藏流场分析

2.2.5.1　流场非均质性特征

油藏流场是指油气存储空间和存储流体以及流体在油藏中渗流特征的总称。由定义可知,油藏流场要素包含三个方面:一是存储空间,即由岩石骨架和孔隙喉道构成的储层骨架场,宏观上用渗透率、孔隙度、厚度大小及其分布表征,微观上体现为孔隙、喉道大小及其连通关系。二是存储流体,即指油气水等流体分布场,通常用油、水饱和度大小及其分布及孔隙内剩余油赋存状态、大小及其分布表征。三是流体渗流,指流体流动状态,宏观上体现为油、水流速强度、压差大小及其分布,微观上为孔隙内剩余油主要力学作用及其流动状态。由于储层骨架场、流体分布场、流体渗流场的非均质性,构成复杂的非均质流场,其非均质性特征从宏观到微观表现为以下六个层次。

(1)层间非均质性。最低层次的油藏宏观非均质性,主要是纵向油层组间或油层组内小层间岩性、物性、油水关系、压力系统、驱动方式、流体性质等差异产生的层间矛盾,是纵向层系划分和分层开采的重要依据。

(2)平面非均质性。受沉积相控或成岩、后生作用影响,单一油层在平面上其储层物性(渗透率、孔隙度、厚度)、原油性质、地层倾角、流体饱和度等参数分布的非均质性,是合理井网形式、注水方式及驱动方向优化的重要参考。

(3)层内非均质性。单一油层纵向上受不同沉积韵律影响,如均质段、正韵律、反韵律、复合韵律等多种类型,抑或是层内发育稳定的隔层或不稳定的夹层,对油水运动规律及剩余油分布影响显著。

(4)孔间非均质性。孔隙是流体存储的基本空间,孔间非均质属于微观非均质性范畴,主要包括油层孔隙大小、形态以及孔隙与喉道配位关系等差异,造成孔间矛盾从而降低孔隙利用系数。

(5)孔道非均质性。喉道是控制流体渗流的重要通道,其大小、分布及形态是影响储层渗流特征的主要因素。由于其复杂变化及大小分布的差异,会对孔隙驱油效率带来影响。

(6)表面非均质性。孔隙及喉道空间壁面不同的岩石矿物、粗糙程度、黏土矿物、束缚水分布等差异状况,造成不同岩石颗粒、不同孔隙,甚至同一孔隙不同位置岩石润湿性不同。

实际油藏流场以上六个层次的非均质性,加上油、气、水等流体性质非均质性和温度、压力等环境因素非均质性的复合影响,造成极其复杂的非均质状况。然而,各层次非均质性之间相互联系又相互区别,不同开发阶段面临不同层次非均质性矛盾,其解决的方法也不同。

2.2.5.2 流体运动力学分析

地下原油在排驱过程中会受到多种力的作用,由于油水分布状态及多孔介质空间的复杂性,油水运动的力学要素和作用机制异常复杂。可以根据渗流空间尺度大小分为油藏级别的宏观作用力和孔隙尺度的微观作用力,并根据力与运动方向之间的关系,划分为驱油动力和阻力。

按照宏观渗流的观点,油藏中流体的渗流主要受到驱动力和黏滞力的作用。驱动力包括人工动力和自然动力,人工动力为向油藏中注入流体(水、天然气、蒸汽热等)补充能量;自然动力为油藏岩石和流体自身储备的能量,在原油开采过程中不断释放产生,主要表现为膨胀力和重力。在不同的自然地质和开采条件下,主导驱油动力可以相互转换,并表现出不同的驱动方式。

(1)油藏中的驱油动力。

① 水头压力。水头压力是油藏与外部连通的底水或边水水头所产生的力。当油藏投产地层压力下降后,原油在周围水头压力推动下向压力较低的井底流动,油藏亏空体积被水填

充,油水界面不断向油井方向推进。当水体能量大,整个水动力系统呈现稳态流动,表现为刚性水驱特征,驱动能量主要是水的重力作用;当水体能量较小,压降范围扩大到水体边界。

② 气顶压力。对于具有气顶的油藏,原始条件下气顶气在地层压力作用下呈收缩状态,当油层打开压力下降后,在压缩气顶气膨胀力作用下,原油挤入到压力降低的井底,油藏亏空体积被气填充,油气界面不断向油井方向推进。另外,在一些地层倾角较大的高饱和油藏中,当油层压力低于饱和压力导致大量溶解气分离、聚集形成顶部次生气顶,在后期开发中次生气顶膨胀力也可作为驱油动力。

③ 原油重力。原油重力是指油层内部石油本身的高差产生的势能,迫使原油沿油层下倾方向流入井底。在地层倾角较大、油层厚度较厚、储层渗透性较好的油藏中重力驱油作用比较明显。

④ 油层弹性膨胀力。油层由岩石及岩石中的流体(油和水)组成,原始条件下处于高压压缩状态,与其他物体一样具有一定弹性。随着油藏开采,压力降低,油层岩石、原油和水等体积发生弹性膨胀,从而把相应体积的原油驱入井底。一般而言,高压低饱和油藏弹性膨胀力才发挥作用。依靠该能量驱油时,油层孔隙体积和流体密度发生变化,但原油饱和度基本保持不变。

⑤ 溶解气膨胀力。未饱和油藏开采过程中,当油层压力降低至饱和压力以下时,原油中溶解的气体呈气泡状分离、膨胀将原油推向井底。溶解气膨胀能量的大小主要取决于原油中溶解气体的数量,溶解气油比大的油藏,该膨胀力作用大。

(2)油藏中的驱油阻力。

① 外摩擦力。外摩擦力是指流体在流动过程中与岩石孔隙壁面间的摩擦阻力,受此影响,流体在孔喉壁面处的流速最小,在孔喉中心的流速最大。岩石孔喉越细小,外摩擦阻力越大。

② 内摩擦力。内摩擦力是指流体流动时其内部分子间的摩擦力,与流体的性质相关,表现为原油的黏度。

③ 相摩擦力。相摩擦力是指多相流体(油、气、水)混合流动时,各流体相之间的摩擦力,与岩石、流体性质及各相流体分布状态有关。

④ 毛细管阻力。当液—液或液—气两相流体在岩石孔隙中混合流动时,由于液滴或气泡通过狭窄毛细管孔道受阻,需要克服毛细管阻力变形才能通过,这种现象也称为贾敏效应。

以上四类驱动阻力中,外摩擦力、内摩擦力和相摩擦力统称为水力阻力,与流体的流速相关,流速越大,水力阻力越大。在宏观渗流模型中,分别用有效渗透率、黏滞阻力、相对渗透率来表征。

2.2.5.3 采收率的影响因素

石油采收率定义为油藏累计产油量占原始石油地质储量的比值。对于实际油藏而言,由于储层的非均质性、井网的非均匀和注采的非均衡等因素影响,油藏的开发全过程就是采收率不断提高的全过程。研究表明,采收率受宏观波及系数(E_v)、极限驱油效率(E_d)和微观波及程度(E_φ)三方面影响,可以用式(2.49)表示:

$$E_R = E_v \times E_d \times E_\varphi \tag{2.49}$$

首先是宏观波及系数E_v。宏观波及系数定义为驱油剂在油藏中波及的储层体积占井网控制油藏体积的百分数,等于纵向波及系数和平面波及系数的乘积,公式表示为:

$$E_v = E_a \times E_i \qquad (2.50)$$

式中 E_a——平面波及系数,即驱油剂所波及的含油面积与注入井和生产井所控制的含油面积之比,%;

　　　　E_i——纵向波及系数,即驱油剂在垂向上波及的油层厚度与总厚度之比,%。

这里所谓的波及,是指驱油剂前缘到达后所扫过的所有油藏空间。控制驱油剂宏观波及系数的主要因素是油藏的非均质性,包括储层渗透率差异、流体的流度差异和驱替速度快慢。储层的纵向或横向渗透率的差异越大,驱油剂窜流突进的可能性越大,宏观波及系数越小;驱油剂与被驱替流体之间的流度比越大,驱油剂"指进"现象突出,波及系数越小;驱替速度越快,非均质油藏中的驱替前缘的不稳定现象越严重,波及系数减小。

其次是极限驱油效率E_d。驱油效率是指驱油剂在波及油藏岩石含油孔隙中驱出石油的体积分数,代表油藏微观孔隙尺度范围内原油被驱扫的程度。极限驱油效率特指矿场油藏驱替条件下(最大可能的驱替压力和驱替倍数)驱油效率的最大值。显然,极限驱油效率与原始含油分布状态、岩石孔隙结构、岩石表面性质和驱油剂性质有关。在多相流条件下,微观状态下的界面现象,包括油—水间的界面张力、润湿接触角、孔隙大小(分部)和孔喉比等是决定驱油效率的关键因素。

第三是波及程度E_φ。波及程度是指宏观波及范围内微观孔隙中被驱油剂驱扫的体积分数。波及程度反映了在整个驱替过程中油藏微观驱油效率的演化过程,主要受驱替压力梯度和注入倍数等驱替条件影响。驱替压力梯度越大,注入倍数越大,波及程度逼近极限驱油效率的速度越快。波及程度与极限驱油效率的乘积即为油藏的当前驱油效率。

2.3　采油工程基础

采油工艺是油气开发大系统中的重要子系统,上下衔接油藏工程和地面工程。采油工艺根据油藏地质条件和动态变化,通过技术上可行、经济上合理的技术,使原油由储层流入井筒,并高效率地举升到地面进行分离和计量。通俗地讲,从油藏近井地层到井筒都是采油工艺的研究范围。随着油田"四化"建设的发展,油藏—井筒—管网一体化实时油藏管理变得越来越重要,而油藏—井筒—管网一体化耦合模拟作为一体化实时油藏管理的重要手段,其地位与作用不言而喻。了解各种类型油藏的采油工艺,对于油田一体化耦合模拟具有重要意义。

2.3.1　井身结构与完井

2.3.1.1　井身结构

井身结构是指由直径、深度和作用各不相同,且均注水泥封固环形空间而形成的轴心线重合的一组套管与水泥环的组合。井身结构主要由导管、表层套管、技术套管、油层套管和各层套管外的水泥环等组成(图2.31)。

(1)导管:井身结构中下入的第一层套管叫导管。其作用是保持井口附近的地表层。

（2）表层套管：井身结构中第二层套管叫表层套管，一般为几十至几百米。下入后，用水泥浆固井返至地面。其作用是封隔上部不稳定的松软地层和水层。

（3）技术套管：表层套管与油层套管之间的套管叫技术套管，是钻井中途遇到高压油气水层、漏失层和坍塌层等复杂地层时为钻至目的地层而下的套管，其层次由复杂层的多少而定。作用是封隔难以控制的复杂地层，保持钻井工作顺利进行。

（4）油层套管：井身结构中最内的一层套管叫油层套管。油层套管的下入深度取决于油井的完钻深度和完井方法。其作用是封隔油气水层，建立一条供长期开采油气的通道。

（5）水泥环：水泥浆在环形空间中形成的水泥石，作用是裹住套管箍成环形，固井作业后套管和地层通过水泥环（即水泥石）胶结在一起。

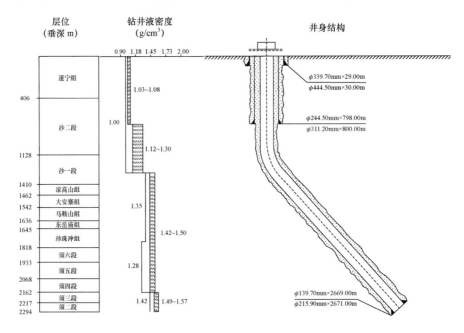

图 2.31　典型井井身结构图

2.3.1.2　完井方式

完井是指裸眼井钻达设计井深后，使井底和油层以一定结构连通起来的工艺。依据油藏工程方案和增产、增注措施的要求，按照有利于实现油井最大产能、延长油井寿命、安全可靠、经济可行的原则，根据生产层的地质特点，采用不同的完井方法。常规完井方式主要包括射孔完井、裸眼完井、割缝衬管完井和砾石充填完井（图 2.32）。

（1）射孔完井：利用高能炸药形成射流束射穿油气井的套管、水泥环和地层，建立油气流动通道。多用于有气顶、底水、易坍塌层等复杂地质条件的储层，压力、岩性差异大需要分层生产、注水的储层，以及要求实施大型压力等作业措施的低渗透储层。

（2）裸眼完井：套管下至生产层顶部进行固井，生产层段裸露的完井方法。用于碳酸盐岩、硬砂岩和胶结比较好、层位比较简单的油层。

（3）割缝衬管完井：在完井时需在裸眼井段下入一段衬管，在衬管相应部位采用长割缝或钻孔，使气层的气体从缝或孔眼流入井底。

（4）砾石充填完井：对于胶结疏松出砂严重的地层，先将绕丝筛管下入井内油层部位，然后用充填液将在地面上预先选好的砾石泵送至绕丝筛管与井眼或绕丝筛管与套管之间的环形空间内构成一个砾石充填层，以阻挡油层砂流入井筒，达到保护井壁、防砂入井之目的。

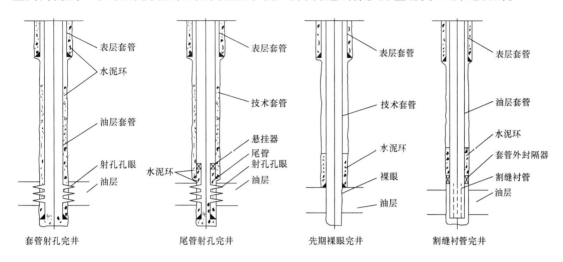

图 2.32　不同类型完井方式示意图

2.3.1.3　典型管柱结构

（1）自喷井管柱结构：在完钻井井身结构内下入油管及喇叭口，如果是分层采油则下入分层采油管柱，井口装置只有采油树。采油树通过油嘴大小来调节油气产量。

（2）抽油井管柱结构：由井口装置（采油树）、地面抽油设备、井下抽油泵设备、抽油泵吸入口、机械动力传递装置、油管、套管、泄油器等组成（图 2.33）。

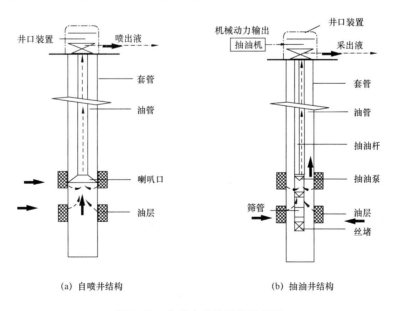

图 2.33　典型生产井结构示意图

（3）注水管柱结构：在完钻井基础上，在井筒套管内下入油管，配水管柱再配以井口装置。利用地面动力通过井口装置从油管（正注）进入井下配水器对油层进行注水（图2.34）。

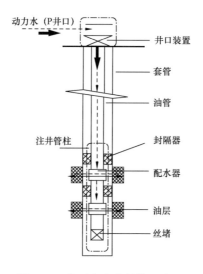

图2.34　典型注水井结构示意图

2.3.2　采油方式

2.3.2.1　自喷采油

自喷采油是指利用油层本身的能量使油喷到地面。自喷的特点是设备简单、管理方便、经济实用，但其产量受到地层能量的限制。自喷采油可分为四个流动过程：油层中的渗流——油层到井底的流动；井筒中的流动——从井底到井口的流动；原油到井口后通过油嘴的流动（简称嘴流）；地面管线流——油嘴到分离器的流动。

虽然自喷井四个流动过程各自遵循的规律不同，但是它们处于一个动力系统中，明确各个过程关键节点的压力是开展一体化耦合模拟的关键。从油层流到井底的剩余压力称为井底流压（简称流压）。对于某一油层来说，在一定的开采阶段，油层压力相对稳定于某一数值，如改变井底流压就可改变产量的大小，井底流压越大，产出量越少。可见油从油层流入井底的过程中井底流压是阻力。

对于油气在垂直管上升的过程来说，井底流压则是把油气举出地面的动力。把油气推举到井口后剩余的压力称为井口油管压力（简称油压），井口油管压力对于油气在井内垂直管流来说是阻力，而对嘴流来说又是动力。

2.3.2.2　人工举升

当油藏能量不足以将油举升到地面时，可采用人工给井筒增加能量的方法将油从井底举升到地面上来，即人工举升采油。按照从地面向井筒流体传递能量的方式不同将人工举升分为有杆泵、水力泵、电潜泵和气举。

有杆泵采油包括抽油机井有杆泵采油和地面驱动螺杆泵采油，目前抽油机井有杆泵采油在人工举升采油中占绝大多数。它通过抽油杆柱带着柱塞在井筒内往复运动不断完成进油与排油的过程,从而实现油的举升。水力泵是利用高压流体从油管进入泵内,与油井采出液混合后利用其高速度将钻井液举升到地面的过程。电潜泵是井下工作的多级离心泵,同油管一起下入井内,地面电源通过变压器、控制屏和潜油电缆将电能输送给井下潜油电动机,使电动机带动多级离心泵旋转,将电能转化为机械能,将油井中的钻井液举升到地面。在油田生产中,电潜泵在非自喷高产井或高含水井的举升技术中的地位越来越突出。气举采油是通过向油管内注入高压气体,降低油管内液柱高度,以保证地层与井底的压差,使油气流出并举升至地面。

需要注意的是,抽油机井有杆泵进油和排油的过程采用了阀的开启和关闭实现钻井液的举升,上冲程时游动阀关闭,固定阀打开,实现进液,下冲程时,游动阀打开,固定阀关闭,因此油压与泵排液的大小关系不密切,在油藏——井筒——管网一体化模拟时,井筒节点的压力对整个系统的压力影响不敏感。

2.3.3 地面流程

2.3.3.1 地面采油流程

采油地面设施包括油井、计量站和联合站。多口油井采出液经地面管网首先输入计量站,计量站主要由集油阀组(俗称总机关)和单井油气计量分离器组成,在计量站里把数口油井生产的油气产品集中在一起,轮流对各单井的产油气量分别进行计量。计量后的油气输入联合站,联合站是油气集中处理联合作业站的简称,联合站设有输油、脱水、污水处理、注水、化验、变电、锅炉等生产装置,主要作用是通过对原油的处理,达到三脱(原油脱水,脱盐,脱硫;天然气脱水,脱油;污水脱油)三回收(回收污油,污水,轻烃),出四种合格产品(天然气,净化油,净化污水,轻烃)以及进行商品原油的外输。

2.3.3.2 地面注水流程

从水源到注水井的注水地面系统通常包括水源泵站、水处理站、注水站、配水间和注水井。水源水经水处理后达到油田注水水质标准后,被送到注水站。注水站将供水站送过来的水进行计量,水质处理后流入储水罐,输出时进泵升压,输出高压水,满足注水井对注入能力的要求。水进入注水井之前,通常通过配水间来调节、控制和计量注水井的注水量。注水井是注入水从地面进入地层的通道,井口装置与自喷井相似,不同的是不装油嘴,同时承压高。除井口装置外,注水井内还根据注水要求(分注、合注、洗井)下有相应的注水管柱。

注水井从完钻到正常注水,一般要经过排液、洗井、试注之后才能转入正常的注水。排液的目的在于清除油层内的堵塞物,在井底附近造成适当的低压带,为注水创造有利条件,并利用部分弹性能量,减少注水井排或注水井附近的能量损失,有利于注水井排拉成水线。注水井在排液之后还需要洗井,洗井的目的是把井筒内的腐蚀物、杂质等污物冲洗出来,避免油层被污物堵塞,影响注水。试注的目的在于确定能否将水注入油层并取得油层吸水启动压力和吸水指数等资料,根据要求注入量选定注入压力。注水井通过排液、洗井、试注,取全取准试注的资料,并绘出注水指示曲线,再经过配水就可以转为正常注水。

2.3.4　生产测试

2.3.4.1　产出剖面测井

在油气生产井中,给出各分层产出油气水数量的测井方法称为产出剖面测井(图2.35)。产出剖面测井的目的主要是了解注采井网中采油生产井每个小层的产出情况,是产水还是产油或气,产水量有多高,高渗透层是否发生了注入水或气体突进,注入的水是否到达了生产井,是否起到了驱油的作用等。无论是自喷井、气举井,还是抽油井或电泵井,通常需要测量流量、持水率、密度、温度、压力五个或其中几个参数然后进行综合处理解释以获取产出剖面。以油水两相产层为例,测量的基本参数为流量和持水率。根据各层间流量和持水率观测值可以分别算出各层的产油量和产水量。井温测量也可以给出定性和半定量的剖面,有时还可能区分出产气层和产液层。产出剖面测井主要用于确定各油层是否有效地生产,检查油层改造效果和有无套管漏失等,是油井生产状态的主要诊断手段。

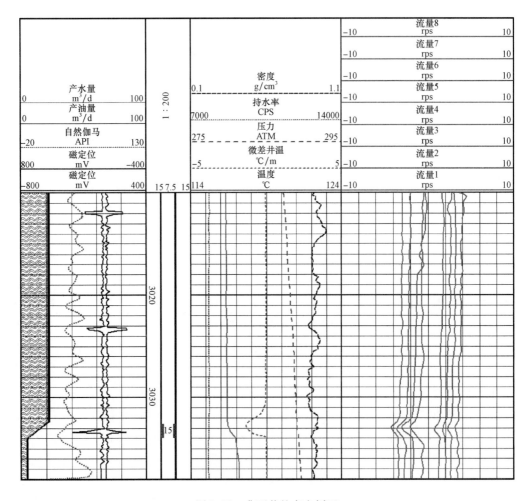

图2.35　典型井的产出剖面

2.3.4.2 注入剖面测井

油田开发中后期一般需要注入流体以补充地层能量改善开发效果,注入介质通常包括水、蒸汽、聚合物、表面活性剂、降黏剂及各类气体等。注水通常是在二次采油中使用,在我国较为常见。注蒸汽通常用于稠油开采,注聚合物是三次采油中常见的方法。注入剖面测井(图 2.36)主要用于确定注入水、蒸汽、聚合物等流体的注入量和纵向差异,分析油气藏纵向动用状况。

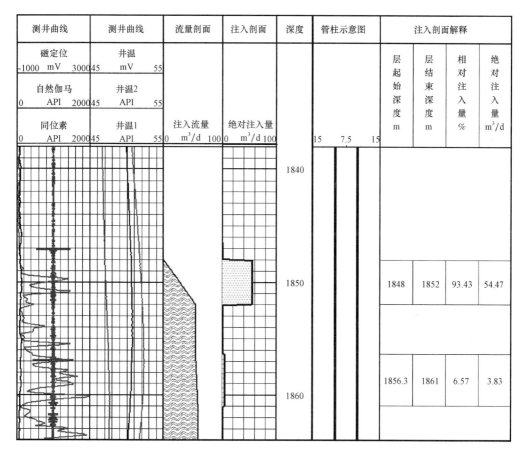

图 2.36 典型井的注入剖面

我国油田大都采用分层注水方式保持油层压力,为了及时了解注水井或生产井各油、气、水层的动态,应及时掌握各层的注入量,通常需要进行吸水剖面测试。吸水剖面是指水井各个层位对于注入水的分配比例,也是应用于调剖堵水,防止水窜,提高注入水在各个层位的波及系数,提高油层的驱油效率,从而提高采收率。

2.3.4.3 饱和度测井

饱和度测井主要用于确定储层中的含油饱和度,主要包括自然电位、人工电位,自然 γ 射线、微测井、感应、介电等测井方法。根据地质条件和开采条件,一般选用其中几种方法,综合解释饱和度。

通过井筒,用测井仪器测量和计算储层岩石孔隙中的含油饱和度,以判别油、气层中原始含油、气、水饱和度或剩余油、气、水饱和度的分布(图2.37)。测量地层含油饱和度有自然电位、人工电位、自然γ射线、微测井、感应、侧向、声波、岩性密度、中子、中子寿命、碳氧比C/O能谱、介电等测井方法。根据地质条件和开采条件,选用其中几种方法,综合解释饱和度。

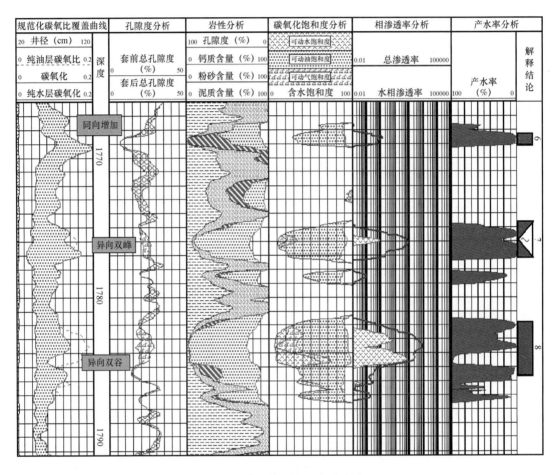

图2.37　典型井的饱和度测试图

2.3.5　作业措施

2.3.5.1　射孔

射孔就是将射孔枪下至预定深度,靠射孔弹射开目的层位的套管及水泥环,构成地层至井筒的连通孔道,以便于采油、采气等作业。要根据油层和流体的特性、地层伤害状况、套管程序和油田生产条件,选择恰当的射孔工艺,其工艺可分为正压和负压工艺,用高密度射孔液使液柱压力高于地层压力的射孔为正压射孔;将井筒液面降低到一定深度,形成低于地层压力建立适当负压的射孔为负压射孔。按传输方式又分为电缆输送和油管输送射孔。

2.3.5.2 压裂

压裂增产的原理是通过降低井底附近地层中流体的渗流阻力和改变流体的渗流状态,使原来的径向流动改变为油层与裂缝的近似单向流动和裂缝与井筒间的单向流动,消除了径向节流损失,大大降低了能量消耗,因而油气井产量会大幅度提高。如果水力裂缝能连通油气层深处的产层(如透镜体)和天然裂缝,则增产的效果会更明显。

2.3.5.3 酸化

酸化是通过酸液对岩石胶结物或地层孔隙(裂缝)内堵塞物等的溶解和溶蚀作用,恢复和提高地层孔隙和裂缝的渗透率。酸化过程包括酸洗、基质酸化、压裂酸化。酸洗是将少量酸液注入井筒内,清除井筒孔眼中酸溶性颗粒和钻屑及结垢等,并疏通射孔孔眼。基质酸化是在低于岩石破裂压力下将酸注入地层,依靠酸液的溶蚀作用恢复或提高井筒附近较大范围内油层的渗透性。压裂酸化是在高于岩石破裂压力下将酸注入地层,在地层内形成裂缝,通过酸液对裂缝壁面物质的不均匀溶蚀形成高导流能力的裂缝。

2.3.5.4 解堵

油井解堵有物理解堵法和化学解堵法和微生物解堵法等。化学解堵应用非常广泛,其主要是通过将化学剂注入地层,解除胶质、沥青、结垢等对储层造成的伤害。需要根据伤害类型而选择不同的化学处理剂,如使用分散剂和表面活性剂复配来解除由于沥青或石蜡引起的储层伤害;乳化伤害需要用互溶剂来解除;而由于黏土矿物膨胀、固相微粒堵塞等则需要使用酸化。物理解堵法有水力压裂解堵、高压水力射流解堵、声波和电磁波解堵、水力振荡解堵和高能气体压裂解堵等。微生物解堵是把微生物和营养物注入适宜的油层关井数日后开井生产,通过微生物本身及其代谢产物的作用改变油层压力、原油黏性、表面张力及流速等达到增产的目的。

2.3.5.5 调驱

注水井调驱技术就是将由稠化剂、驱油剂、降阻剂和堵水剂等组成的综合调驱剂,通过注水井注入地层,在地层中产生注入水增黏,原油降阻,油水混相和高渗透层颗粒堵塞等作用,从而封堵注水井的高渗透层,均衡吸水剖面,降低油水流度比,驱出地层中的残余油,以降低油井含水的增产措施。注水井调剖技术就是从注水井进行封堵高渗透层的工作,从而迫使注入水波及到含油饱和度高的中、低渗透层,起到提高注入水波及系数和降低油井含水的目的。

调驱是调剖和驱油双重作用;调剖就是调整吸水剖面。

2.3.5.6 油井检泵

抽油泵在井下工作过程中,受到砂、蜡、气、水及一些腐蚀介质的侵害,使泵的部件受到损害,造成泵失灵,油井停产。因此,检泵是保持泵的性能良好,维护抽油井正常生产的一项重要手段。油井检泵的主要工作内容就是起下抽油杆和油管。油层压力不大,可用不压井作业装置进行井下作业,对于有落物或地层压力稍高的井,可通过压井后进行井下作业,应避免用钻井液压井。检泵工作中需特别重视的是:准确计算下泵深度,合理组配抽油杆和油管,以及下入合格的抽油杆、油管和深井泵等,这是提高泵效的重要措施。

2.4 数值模拟基础

油藏数值模拟方法,从本质上讲,就是用一组偏微分方程组及相应的边界条件,来描述一个物理系统(油气藏)的渗流特性与状态,这样的偏微分方程组及其相应的边界条件,称之为油藏数学模型,实际模拟中,必须将这样的偏微分方程组,近似成一个能用计算机求解代数方程的形式,例如,化为差分方程组,这就构成了数值模型,最后,再用计算机语言写出求解这个数值模型方程解的计算机求解程序,用所谓的计算机模型进行上机模拟。在整个过程中,需要具备一定的数学知识,了解由油藏数学模型向数值模型转化的方法,了解数值模型的求解方法,这对于深化数值模拟基本原理认识具有重要意义。

2.4.1 数值模拟的基本原理

2.4.1.1 基本流程

从面临的油藏开采过程开始,到利用油藏数值模拟技术解决具体开发设计应用问题,期间需要经过 6 个技术环节(图 2.38)。各环节的主要内容如下。

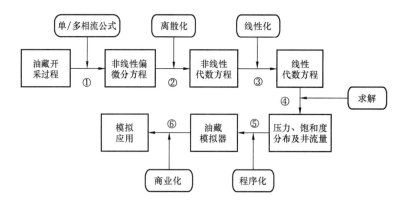

图 2.38 油藏模拟基本流程图

第一步,建立数学模型。根据油藏开采过程中的具体特征,通过质量/能量守恒方程、状态方程、运动方程、辅助方程建立基本方程组,并根据所研究的具体问题建立相应的初始和边界条件。

第二步,微分方程离散化。描述油藏流体渗流这一具体物理过程的完整的数学模型是非线性的偏微分方程,不宜直接求解,需要通过离散转化成比较容易求解的代数方程组。离散方法一般为有限差分法。

第三步,非线性系数线性化。离散后形成的代数方程组是非线性的差分方程组,还要采用某种线性化方法将其线性化,然后求解。常用的线性化方法有显式方法、半隐式方法或全隐式方法等。

第四步,线性方程组求解。对数学模型离散化并线性化,得到每个网格节点上的一个(单相)或多个(多相)线性代数方程。每个方程除含有本点上的未知变量外,一般还含有相邻节点上的未知变量。因此,为了求得线性方程的解,需要将各点上的方程联立,形成联立代数方程组。该方程组一般为大型稀疏方程组。求解线性代数方程组所用的方法有直接法和迭代法两大类,直接法常用的有高斯消去法、主元素消去法、D4 方法等;迭代法常用的有交替方向隐式方法、超松弛迭代法、强隐式方法等。应用线性代数方程组的解法求得未知量(压力、饱和度等)的数值分布。

第五步,数值计算程序化。以上第二至第四步为建立数值模型的过程,将求解数值模型的过程程序化。

第六步,应用程序商业化。数值计算主程序与前后处理软件集成,形成商业化的油藏模拟器;针对具体油藏,利用油藏模拟器研究和解决具体的油气田开发问题。

2.4.1.2　基本数学方程

以广泛应用的黑油模型为例来介绍相关的数学方程。一个完整的三维三相黑油模型包括渗流方程、辅助方程、初始条件及边界条件。

(1)渗流方程。

三维三相可压缩流体的渗流方程为:

油相

$$\left[\frac{KK_{ro}}{B_o \mu_o}(\nabla p_o - \rho_o g \nabla D) \right] + \frac{q_o}{\rho_{osc}} = \frac{\partial}{\partial t}\left(\frac{\phi S_o}{B_o} \right) \tag{2.51}$$

气相

$$\nabla \cdot \left[\frac{KK_{rg}}{B_g \mu_g}(\nabla p_g - \rho_g g \nabla D) + \frac{R_{so}KK_{ro}}{B_o \mu_o}(\nabla p_o - \rho_o g \nabla D) \right] + \frac{q_g}{\rho_{gsc}} = \frac{\partial}{\partial t}\left[\phi\left(\frac{S_g}{B_g} + \frac{R_{so}S_o}{B_o} \right) \right]$$

$$\tag{2.52}$$

水相

$$\nabla \cdot \left[\frac{KK_{rw}}{B_w \mu_w}(\nabla p_w - \rho_w g \nabla D) \right] + \frac{q_w}{\rho_{wsc}} = \frac{\partial}{\partial t}\left(\frac{\phi S_w}{B_w} \right) \tag{2.53}$$

式中　p_o、p_w、p_g——油、水、气相压力;

K_{ro}、K_{rw}、K_{rg}——油相、水相、气相相对渗透率;

q_o、q_w、q_g——油、水、气的质量流量;

B_o、B_w、B_g——油、水、气的体积系数;

S_o、S_w、S_g——油、水、气的饱和度;

ρ_o、ρ_w、ρ_g——油、水、气的地下密度;

ρ_{osc}、ρ_{wsc}、ρ_{gsc}——油、水、气的地面密度;

μ_o、μ_w、μ_g——油、水、气的黏度;

R_{so}——溶解油气比;

D——储层深度;

K——储层渗透率；

ϕ——储层孔隙度。

公式（2.51）至公式（2.53）是油、气、水三相渗流微分方程，它是一个非线性的二阶偏微分方程。

（2）辅助方程。

$$S_o + S_w + S_g = 1$$

$$p_{cow} = p_o - p_w$$

$$p_{cgo} = p_g - p_o \tag{2.54}$$

式中　p_{cow}——油水毛细管压力；

p_{cgo}——油气毛细管压力。

以上三个流动方程和三个辅助方程，构成一个具有 6 个未知变量 p_o、p_w、p_g、S_o、S_w、S_g 的封闭方程组。

由于非线性偏微分渗流方程左端项系数除储层渗透率 K 外，其余各参数均为未知参数，需要补充如下辅助关系才能得到上述偏微分方程组的唯一解。辅助关系一般采用经验函数给出，相关公式如下。

油、气、水相对渗透率关系式：

$$K_{ro} = f(S_w, S_o)$$

$$K_{rg} = f(S_g)$$

$$K_{rw} = f(S_w) \tag{2.55}$$

油、气、水体积系数关系式：

$$B_o = f(p_o)$$

$$B_g = f(p_g)$$

$$B_w = f(p_w) \tag{2.56}$$

油、气、水黏度关系式：

$$\mu_o = f(p_o)$$

$$\mu_g = f(p_g)$$

$$\mu_w = f(p_w) \tag{2.57}$$

油、气、水密度关系式：

$$\rho_o = f(p_o)$$

$$\rho_g = f(p_g)$$

$$\rho_w = f(p_w) \tag{2.58}$$

原油溶解油气比关系式:

$$R_{so} = f(p_o) \qquad (2.59)$$

(3)状态方程。

对于液体而言,密度和压力的关系为:

$$\rho = \rho_a [1 + C_1(p - p_a)] \qquad (2.60)$$

式中 C_1——液体压缩系数;

ρ_a——参考压力下的液体密度;

p——地层压力;

p_a——参考压力。

对于气体而言,压缩系数与压力的关系为:

$$c = \frac{Z}{P} \frac{\partial}{\partial p}\left(\frac{p}{Z}\right) \qquad (2.61)$$

式中 Z——气体压缩因子或气体偏差系数。

对于岩石而言,孔隙度与压力的关系为:

$$\phi = \phi_a + C_R(p - p_a) \qquad (2.62)$$

式中 C_R——岩石压缩系数;

ϕ_a——参考压力下的孔隙度。

(4)初始条件。

$$p(x,y,z,t = 0) = p_i(x,y,z) \qquad (2.63)$$

$$S_w(x,y,z,t = 0) = S_{wi}(x,y,z) \qquad (2.64)$$

$$S_o(x,y,z,t = 0) = S_{oi}(x,y,z) \qquad (2.65)$$

式中 p_i——原始地层压力;

S_{wi}——原始含水饱和度;

S_{oi}——原始含油饱和度。

(5)边界条件。

包括内边界条件和外边界条件。

外边界条件是油藏模拟区域与周围环境相互作用的表达式,存在三种形式,即定压外边界、定流量外边界和混合外边界。

定压外边界是指油藏外边界的压力为一已知函数,特殊情况是当油藏具有较大水体或注水保持边界压力不变时,可认为外边界压力为一定值。可表示为:

$$p\big|_L = C \qquad (2.66)$$

式中 L——边界距离。

定流量边界是指油藏边界上有流体通过,且流量为已知函数,特殊情况是岩性尖灭、断层

封堵等形成的封闭边界,边界流量为0。黑油模型程序设计一般假定为封闭边界,可表示为:

$$\left. \frac{\partial p}{\partial n} \right|_L = 0 \qquad (2.67)$$

混合边界是指油藏边界条件是压力和压力导数的线性组合函数,如具有边、底水的油藏,其外边界条件在开发过程中不断变化,既非定压也非定流量,可表示为:

$$\left. \left(\frac{\partial p}{\partial n} + \alpha p \right) \right|_L = f(x, y, z, t) \qquad (2.68)$$

内边界条件是油井壁处条件,又称为井点条件,存在两种形式,即定产量(或注入量)条件和定井底流压条件。

当井的产量或注入量给定时,把井点视作点源或汇源,加入渗流方程中。定产量(或注入量)表达式为:

$$\left. q_l(x, y, z, t) \right|_{x = x_w, y = y_w, z = z_w} = q_l(t) \qquad (2.69)$$

当固定井底流压时,其表达式为:

$$\left. p(x, y, z, t) \right|_{x = x_w, y = y_w, z = z_w} = p_{wf}(t) \qquad (2.70)$$

2.4.1.3　空间与时间离散

由于实际油藏中描述油、气、水在地下渗流的流动方程无法用解析法求解,需要利用数值求解算法,将目标系统通过合适的网格划分,把油藏离散成空间体积单元,计算每个体积单元在每个离散时间段的变化。通常把油藏空间体积单元称作网格块,时间间隔称作时间步。

油藏数值模拟中离散化的方法有有限差分法、有限元法、变分法、有限边界元法等,其中有限差分法是最常用的方法。此方法的思想是用差商代替偏导数,将偏微分方程组离散为差分方程组以进行求解。下面重点介绍有限差分法的基本原理。

(1)离散化。

离散化包括空间离散和时间离散。

空间离散是将所研究的油藏领域用某种网格形式剖分成若干块状单元(图2.39)。对于每一个网格块内任意点在任何时刻其物理性质是均一的,网格块间的特性参数可以发生变化,以表征整个油藏的空间非均质性。离散化的网格参数值有两种取法,在网格块的中心或网格的交点,即块中心网格和点中心网格两种类型。

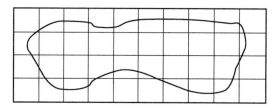

图2.39　空间离散示意图

图 2.40 为块中心网格系统示意图。该网格系统把块的几何中心当作节点,如节点坐标用 (i,j) 来表示,则左右、上下相邻块的中心坐标分别为 $(i-1,j)$、$(i+1,j)$、$(i,j+1)$、$(i,j-1)$,块 (i,j) 的左右边界为 $X_{i-1/2}$ 及 $X_{i+1/2}$,上下边界为 $Y_{i+1/2}$ 及 $Y_{i-1/2}$。

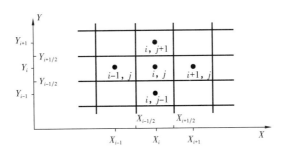

图 2.40　块中心网格示意图

块中心网格中已知块边界坐标,则各节点的坐标由先定下来的块边界坐标来确定,即:

$$x_i = \frac{1}{2}(x_{i-1/2} + x_{i+1/2})$$

$$y_i = \frac{1}{2}(y_{i-1/2} + y_{i+1/2}) \tag{2.71}$$

图 2.41 为点中心网格系统示意图。该网格系统把网格的交点当作节点,此时块的位置如图中虚线所示。如节点坐标用 (i,j) 来表示,则左右、上下相邻节点的坐标分别为 $(i-1,j)$、$(i+1,j)$、$(i,j+1)$、$(i,j-1)$。

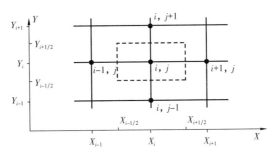

图 2.41　点中心网格示意图

点中心网格已知块中心的坐标,则块边界的位置取两个相邻节点的中点,坐标由先定下来的节点坐标来确定,即:

$$x_{i+1/2} = \frac{1}{2}(x_i + x_{i+1})$$

$$y_{i+1/2} = \frac{1}{2}(y_i + y_{i+1}) \tag{2.72}$$

以上两种网格系统的差别在于边界条件的处理方法不同。对于块中心网格,边界点位于网格块的中心,边界上无节点存在,而点中心网格的边界点正好位于边界上。因此,在对外边界条件进行离散化处理时,为提高模拟精度,可针对不同边界类型选择不同网格类型。

以一维的边界条件为例说明。对于定压外边界情况,通常采用点中心网格系统,这样可以直接在第一个节点(边界点)上定义函数 P 的值,既简单又精确。如采用块中心网格系统,则需要通过第一个块中心节点外推获得边界值,这样会产生一定的误差。对于定流量边界,通常采用块中心网格系统,通过镜像反映法描述过油藏外边界存在流体流动的情况。需要说明的是,对于不等距网格,块中心网格的误差要大于点中心网格。

时间离散是将所研究的油藏动态变化的时间范围划分成若干时间单元(图 2.42)。模拟器只对每一个时间步的压力、流量等参数进行计算。对于每个网格,两个时间步之间的压力、饱和度等状态参数可能发生巨大变化,尤其是存在频繁的作业措施或工作制度的变更等,因此必要的时候,需要适当优化时间步长,减小步长间油藏状态的剧烈波动,提高动态预测准确性。

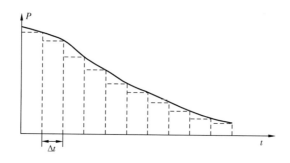

图 2.42 时间离散示意图

(2)空间和时间差商。

有限差分法是用差分方法求解偏微分方程的方法,即把偏微分方程所表示的连续问题离散化,以差分代替偏导数,将渗流偏微分方程转化为差分方程,在求解区域内的有限个点上形成相应的代数方程组,这样用一个比较容易求解的问题代替原来难以求解的问题,通过数值算法获得一定精度要求的近似解。

在偏微分方程离散化转为差分方程过程中,一般通过泰勒级数展开方法获得有限差分表达式。函数 $P(x + \Delta x)$ 的泰勒级数展开式为:

$$P(x + \Delta x) = P(x) + \Delta x\, P'(x) + \frac{\Delta x^2}{2!}P''(x) + \frac{\Delta x^3}{3!}P'''(x) + \cdots \tag{2.73}$$

整理后有:

$$P'(x) = \frac{P(x + \Delta x) - P(x)}{\Delta x} + O(\Delta x) \tag{2.74}$$

其中

$$O(\Delta x) = -\left[\frac{\Delta x^2}{2!}P''(x) + \frac{\Delta x^3}{3!}P'''(x) + \cdots\right] \tag{2.75}$$

$O(\Delta x)$ 为截断误差。忽略该截断误差,则有:

$$P'(x) = \frac{P(x + \Delta x) - P(x)}{\Delta x} \tag{2.76}$$

用偏导数表示为:

$$\frac{\partial P}{\partial x} = \frac{P(x + \Delta x) - P(x)}{\Delta x} \tag{2.77}$$

用离散节点表示为:

$$\frac{\partial P}{\partial x} = \frac{P_{i+1} - P_i}{\Delta x} \tag{2.78}$$

式(2.76)称为一阶向前差商。

同理,函数 $P(x - \Delta x)$ 的泰勒级数展开式为:

$$P(x - \Delta x) = P(x) - \Delta x \, P'(x) + \frac{\Delta x^2}{2!} P''(x) - \frac{\Delta x^3}{3!} P'''(x) + \cdots \tag{2.79}$$

整理可得到一阶向后差商式:

$$P'(x) = \frac{P(x) - P(x - \Delta x)}{\Delta x} \tag{2.80}$$

联合函数 $P(x + \Delta x)$ 与 $P(x - \Delta x)$ 的泰勒级数展开式可得一阶中心差商式:

$$P'(x) = \frac{P(x + \Delta x) - P(x - \Delta x)}{2\Delta x} + o(\Delta x^2) \tag{2.81}$$

或

$$P''(x) = \frac{P(x + \Delta x) - 2P(x) + P(x - \Delta x)}{\Delta x^2} + o(\Delta x^2) \tag{2.82}$$

其中

$$O(\Delta x^2) = -\left[\frac{\Delta x^2}{3!} P'''(x) + \frac{\Delta x^4}{5!} P^{(5)}(x) + \cdots \right] \tag{2.83}$$

忽略该截断误差 $O(\Delta x^2)$,则有:

$$P'(x) = \frac{P(x + \Delta x) - P(x - \Delta x)}{2\Delta x} \tag{2.84}$$

或

$$P''(x) = \frac{P(x + \Delta x) - 2P(x) + P(x - \Delta x)}{\Delta x^2} \tag{2.85}$$

式(2.76)、式(2.80)、式(2.84)即为空间一阶导数离散化的向前、向后和中心差商格式,式(2.85)为空间二阶导数的中心差商。同理,对于第 i 个网格,当考虑时间变量时,可以用同

样的方法得到函数 $P(x,t)$ 的时间导数离散化的三种一阶差商格式：

一阶向前差商：

$$\left(\frac{\partial P}{\partial t}\right)_i = \frac{P_i^{n+1} - P_i^n}{\Delta t} \tag{2.86}$$

一阶向后差商：

$$\left(\frac{\partial P}{\partial t}\right)_i = \frac{P_i^{n-1} - P_i^n}{\Delta t} \tag{2.87}$$

一阶中心差商：

$$\left(\frac{\partial P}{\partial t}\right)_i = \frac{P_i^{n+1} - P_i^{n-1}}{2\Delta t} \tag{2.88}$$

式中，$P_i^{n+1} = P(x, t_{n+1})$，$P_i^n = P(x, t_n)$；$n$ 代表当前时刻，$n+1$ 代表下一时刻。时间导数离散化一般采用一阶向前差分格式。

（3）隐式和显示时间格式。

已知一维渗流的扩散方程为：

$$\frac{\partial^2 P}{\partial x^2} = \frac{\partial P}{\partial t} \tag{2.89}$$

对该方程的未知量 $P(x,t)$ 进行时间导数的一阶向前差商和空间导数的二阶中心差商，得到差分方程为：

$$\frac{P_{i+1} - 2P_i + P_{i-1}}{\Delta x^2} = \frac{P_i^{n+1} - P_i^n}{\Delta t} \tag{2.90}$$

任意网格节点的参数值取决于网格点位置和时间步两个方面，对于方程左边空间导数的时间选择存在两种情况。

当方程左边未知量取当前时刻的值 n 时则称为显式，其差分方程为：

$$\frac{P_{i+1}^n - 2P_i^n + P_{i-1}^n}{\Delta x^2} = \frac{P_i^{n+1} - P_i^n}{\Delta t} \tag{2.91}$$

假设 $\delta = \dfrac{\Delta t}{\Delta x^2}$，对显式差分方程进行整理后得到：

$$P_i^{n+1} = (1-2)\delta P_i^n + \delta(P_{i+1}^n + P_{i-1}^n) \tag{2.92}$$

当方程左边未知量取下一时刻的值 $n+1$ 时则称为隐式，其差分方程为：

$$\frac{P_{i+1}^{n+1} - 2P_i^{n+1} + P_{i-1}^{n+1}}{\Delta x^2} = \frac{P_i^{n+1} - P_i^n}{\Delta t} \tag{2.93}$$

同理整理得到：

$$-\delta P_{i-1}^{n+1} + (1+2\delta)P_i^{n+1} - \delta P_{i+1}^{n+1} = P_i^n \tag{2.94}$$

很明显,在求解过程中,根据空间二阶导数示意图可知(图2.43),显式差分方程只有一个未知量P_i^{n+1},任一节点的未知函数值仅与本节点及相邻节点当前时刻的已知函数值相关,可以根据当前值直接计算,因而计算过程简单、速度快。隐式差分方程则不同,它有三个未知量P_{i+1}^{n+1}、P_i^{n+1}、P_{i-1}^{n+1},任一节点的未知函数值除含有本节点外,还含有相邻节点的未知变量,这样就不能像显式差分格式一样逐节点依次求解,需要将所有节点的方程联立形成方程组同时求解,因而计算过程复杂、时间长。

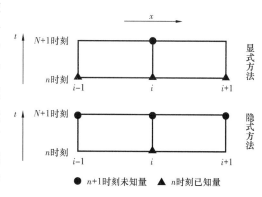

图2.43 空间二阶导数显式隐式差分格式示意图

(4)差分截断误差。

数值求解方法中,用差商代替导数产生的误差称为截断误差或局部离散误差。差分格式不同,被截断的级数的余项不同,截断误差也不同。

数值计算中存在两个截断误差,即局部截断误差和全局截断误差。局部截断误差是指某一空间点和时间点的截断误差,而全局截断误差是指所有空间点和时间点上差分方程解与微分方程解得最大绝对误差。可见,局部截断误差属于算子误差,全局截断误差属于解误差,都与时间步长和网格大小相关。不同的是局部截断误差容易估算,而全局截断误差对于复杂问题难以估计。下面简单分析一下不同差分格式产生的截断误差大小。

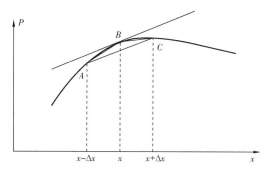

图2.44 不同差分格式关系示意图

理论上讲,用一阶向前差商、一阶向后差商及一阶中心差商来逼近一阶导数的误差不同,三者关系示意图如图2.44所示。一阶向前差商相当于BC弦的斜率,一阶向后差商相等于AB弦的斜率,一阶中心差商相当于AC弦的斜率,一阶导数相当于B点切线的斜率。对比可见,用一阶中心差商逼近一阶导数的精度最高。从基于泰勒级数展开的差商公式推导过程可知,一阶向前差商、一阶向后差商的截断误差为$O(\Delta x)$,而一阶中心差商的截断误差为$O(\Delta x^2)$,当Δx较小时,二阶无穷小误差余项小于一阶无穷小,精度更高。如前所述,由于解误差是基于整个方程组的整体误差判断,因此在实际问题中也并非总是采用一阶中心差商逼近一阶导数。

对于一个完整的渗流问题,其差分方程的截断误差既有空间离散产生的误差,也有时间离散产生的误差。以一维渗流方程的差分方程为例,空间二阶导数差分逼近误差为$O(\Delta x^2)$,时间一阶导数差分逼近误差为$O(\Delta t)$,则差分方程逼近原微分方程的截断误差为$O(\Delta x^2 + \Delta t)$。可以看出,截断误差与网格步长和时间步长紧密相关,且随步长的减小而减小。这就要求应用中尽量采用细密网格和小时间步长来提高计算精度,但这种处理带来的网格规模和时间步数的增加,对计算工作量的负面影响大大增加。因此,油藏数值模拟应用时,允许一定程度的误差在所难免,只要能满足工程精度要求即可。

(5)其他离散化方法。

有限差分法是目前理论和应用都较为成熟的离散化方法,但随着油藏模拟对象的复杂变化,有限差分离散方法应用受到一定局限。例如为增强计算稳定性采用全隐式求解方法,但模糊了油水前沿的精细刻画;另外时间步长受最小网格单元制约,计算工作量大且时间长。为此,发展了新型的离散化方法,主要有有限元法、非结构网格法和流线法等。

有限元法是目前结构分析、流体力学领域有效的科学计算方法,在油藏数值模拟中,能够精确处理边界,网格大小更加合理,已应用到前缘追踪等问题中,但没有限差分法成熟,提高计算速度方面贡献不大。

非结构网格可以更好地描述不规则油藏形态,较好地处理断层及油藏的非均质问题,并保证每口井位于网格中心,更好地描述粗、细网格之间的衔接,有效保持网格方向与流体实际流动方向的兼容,但在提高计算速度方面仍很难满足应用需求。

流线法采取不同的处理思路,根据压力场划出流线,沿流线推进饱和度,从而克服了油水前沿的模糊性问题,时间步长可以放得较大。但流线方向会随压力场的变化而不断变化,这对于流场分析造成困难。当流线形态变化剧烈时,计算效率不高,因此流线法适用于压力比较稳定的油藏。

2.4.1.4　非线性差分方程线性化

非线性偏微分方程通过有限差分处理后转化为有限差分方程组,该方程组左端和右端都是非线性的。为求解此方程组,首先要对方程组进行线性化处理。主要采用的线性化方法有IMPES法、半隐式法、全隐式法、自适应隐式法和顺序求解法。

(1)IMPES法。

IMPES法是指在求解多相流问题时,选择油相压力和油、气相两个饱和度作为自变量,先对每个网格点采用隐式方法求出压力,然后再用显式方法求出饱和度,简称为隐压显饱法。该方法属于顺序求解法的一种,其实质是对毛细管压力函数和传导系数函数以显式形式取值,压力和饱和度求解交替进行。由于该方法避免了在每个网格同时联立求解几个未知数,因而大大减少了总的计算工作量。需要说明的是,正是由于对达西项系数和饱和度作了显式处理,这就要求计算时间步不宜太大,以保证在每个时间步通过网格块的流量不超过网格块的孔隙体积,否则会产生计算的不稳定现象。鉴于此,IMPES法只适用于一般的弱非线性问题,对于气水锥进、注气等问题,会出现解的振荡或负的压力、饱和度结果。

(2)半隐式法。

为克服IMPES法的适应性问题,提出了适用半隐式流度的半隐式法,同时隐式求出压力和饱和度。该方法属于隐式压力隐式饱和度联立求解方法的一种,其实质是对毛细管压力函数和传导系数函数以隐式形式取值,把差分方程组的累积项系数以显式形式取值,再与压力和饱和度进行联立求解。该方法与IMPES法的区别在于,对方程右端项的处理完全相同,但在方程左端项的达西系数、产量项等进行泰勒级数展开时,微分变量取一阶小量,且采用 n 时刻的值。这样虽然在一定程度上克服了时间步长的限制,但其稳定性仍然较差,对于高速流问题会引起计算波动。

（3）全隐式法。

为克服半隐式对于强非线性渗流问题计算的不稳定问题，提出了全隐式方法。该方法对所有的变量（压力、饱和度及溶解油气比）都是隐式求解，其实质是对毛细管压力函数和传导系数函数以隐式形式取值，把差分方程组的累积项系数以隐式形式取值，方程系数参加迭代，再与压力和饱和度进行联立求解。求解基本原理是：在每一个 $n+1$ 时间步开始，先按第 n 时间步末所得的求解变量的值，求出方程组内各系数的值，接着解方程组，开始迭代，直至求出一组满足精度要求的值为止，然后转入下一时间步的迭代。由于在每一个时间步内要迭代多次，计算工作量及占存储量大，但稳定程度高，在时间步非常大时仍可保持稳定，对于处理锥进、气渗、裂缝及其他一些过网格流量大的问题具有优势。

（4）自适应隐式法。

为了更好地解决全隐式方法计算量大的问题，提出以一种将显式和隐式结合起来的自适应隐式方法。根据网格块保持稳定性的需要，对每一个网格和每个时间步是否采用隐式计算做出自动判断，并自动选择不同隐式程度的算法，最后联立求解方程组。该算法的计算时间和存储量比全隐式显著减小，但需要更加复杂的数据结构和处理线性方程组的特殊解法。

（5）顺序求解法。

由于 IMPES 法的稳定性受到较大限制，而全隐式方法计算及存储工作量大，为此提出了顺序求解法。该方法的思想是通过饱和度的隐式处理来改善 IMPES 方法的稳定性，但不联立求解压力和饱和度方程组。顺序求解法第一步用与 IMPES 方法相同的方法精确地得到隐式压力解，第二步采用线性化隐式传导率隐式求解饱和度。该方法的稳定性与全隐式基本相同，但计算速度比全隐式快。

2.4.1.5　线性方程组求解

非线性差分方程组线性化处理后，变成一个联立的线性方程组。求解线性方程组实质上是求解矩阵，其方法一般包括直接法和迭代法两种。选择不同的求解方法，尤其是不同迭代方法对于计算的收敛速度、计算工作量和时间具有直接的影响。

（1）线性方程组的特点。

实际油藏数值模拟区域范围大，纵向层数多，油、水井数多，尤其是随着精细化油藏描述和剩余油研究的需求程度的增加，油藏模型网格节点动辄数十万乃至上百万的规模，其线性代数方程组为大型或超大型。通过有限差分的离散化处理后，超大型线性方程组的系数矩阵为大型稀疏矩阵。当井底压力采用隐式处理时，由于井底压力要同节点的压力、饱和度等未知量联立求解，这样就形成一个加边的矩阵结构，如图 2.45 所示。

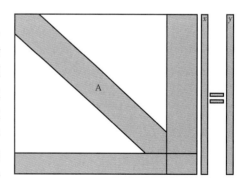

图 2.45　系数矩阵结构示意图

该加边矩阵中加边的列数与行数均与井数相同，列的元素是节点方程中涉及井底压力项的系数，行的元素为各井产量方程的系数。在规则排列情况下，矩阵的非零元素主要分布在一个十分有限的条带内。另外，系数矩阵总体结构具有对称性,即假设$a_{(i,j,k)(\alpha,\beta,\gamma)}$表示$(i,j,k)$与$(\alpha,\beta,\gamma)$两单元间流动的系数,则如$a_{(i,j,k)(\alpha,\beta,\gamma)}$为非零,则$a_{(\alpha,\beta,\gamma)(i,j,k)}$亦为非零。但由于在离散化过程中流动系数采用上游加权,且毛细管压力采用隐式展开,这会导致$a_{(i,j,k)(\alpha,\beta,\gamma)}$与$a_{(\alpha,\beta,\gamma)(i,j,k)}$两系数值不相等,造成系数矩阵的数值不具对称性。总之,油藏数值模拟线性方程组为一个大型、稀疏、非对称的矩阵方程,这给求解带来巨大的挑战。

(2)矩阵方程的解法。

直接法。线性方程组直接解法是以高斯消元法为基础的一类方法,它是通过一定的运算处理逐个消去部分变量,得到一个与原方程等价的、易于逐步求解的方程组。一般黑油模型采用的直接法有 D4 高斯消元法、稀疏高斯消元法、LU 分解法(也称带宽消去法)、克莱姆算法等。直接法的优点是可靠性大,该方法与网格排序相结合,是求解低阶稠密矩阵方程组的经济、有效方法。其缺点是存储量大,计算量随网格数的增加快速增长,且存在观测误差和舍入误差的累积效应,因此对于一维、二维小模型,可采用直接法求解;而对于大型多相三维问题,直接法的结果与真解间会产生较大差异。

迭代法。所谓迭代法就是先估计一组变量值作为线性方程组的迭代初值,然后通过一次、二次、三次等迭代过程不断修改初值以逼近满足一定误差的真值,最后一次迭代的近似值即为原方程组的解。油藏数值模拟中常用的迭代方法有高斯—赛德尔迭代、逐次线松弛迭代、超松弛迭代、强隐式迭代等。目前最主要的迭代方法为预处理类共轭梯度求解算法,这类算法的好处是通过预处理,能够有效改善系数矩阵的病态性质,加上共轭梯度算法的快速收敛性,能够实现方程组的快速求解。预处理的方式有很多,如 Jacobbi 预处理共轭梯度法、正交极小化方法、ILU 分解预处理共轭梯度法等,因此,这是一大类的算法。迭代法的优点是要求存储空间较小,适用于大模型的运算。迭代法计算工作量很大程度上取决于迭代次数的多少,由于其对与求解问题有关的迭代参数很敏感,往往存在收敛性问题,以至于选定的迭代方法无法使用。每个时间步的迭代次数与迭代方法的选择、网格块的个数、问题本身的特点以及求解所需的精度等因素相关。

(3)数值求解法选择。

数值求解法的选择包括非线性方程组差分方法(方程解法)的选择和大型线性方程组求解方法(矩阵解法)的选择两方面。

关于方程解法选择,对于典型的油藏研究,IMPES 方法是最常用、最经济的差分方法,但要求时间步长较小,以保证最大饱和度变化较小(一般小于 5%),否则会出现不稳定现象。而当渗流过程中毛细管力作用强、毛细管数很小,或者油气藏中出现反复的过泡点情况,或者进行单井锥进、裂缝存在条件下的高度非均质渗流等精细网格模型研究,或者 PVT、毛细管压力、相对渗透率等曲线存在较强非线性关系时,建议采用全隐式方法。

关于矩阵解法选择,对于一维、二维或网格数较少的三维问题,可采用直接法求解,对于三维和大型二维问题则采用迭代法求解。由于迭代法对所解问题的性质和复杂程度具有较强的依赖性,因而没有明确的最优解法原则作指导。实践经验表明,对于简单的均质问题可采用交替方向隐式迭代法,但不适于非均质强、油藏边界不规则、流体流动方向变化迅速的问题。超松弛法对各种非均质问题适应性较强,实际中应用较多的是线松弛法。目前,预处理共轭梯度型方法越来越广泛应用于各数值模拟软件。

2.4.2 数值模拟专项问题

2.4.2.1 数值弥散

按照 Buckley – Levereet 均质油藏一维水驱理论,受油水毛细管力、密度差和黏度差等因素影响,水驱油的前缘界面为非活塞式移动。从注入端到采出端,油水前缘到注入端的含水饱和度逐渐增大。注采井间划分为两个流动区,即注水井端到油水前缘界面之间的油水两相共流区,含水饱和度从 $1 - S_{or}$ 逐渐减小到前缘饱和度;油水前缘尚未推进到的油区,含水饱和度陡然有前缘饱和度降低至束缚水饱和度(图 2.46)。

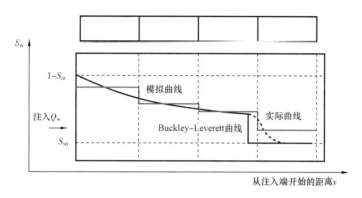

图 2.46　注采井间含水饱和度分布图

实际油藏中,与 Buckley – Leverett 曲线不同的是注水井与生产井之间的含水饱和度分布在前缘界面处呈光滑连续性快速减小。油藏数值模拟模型中由于网格化离散因素,每一个网格块饱和度为网格覆盖区域的饱和度均值,这样导致相邻网格块间的压力和饱和度可能发生突变,注采井间的饱和度分布呈阶梯状。显然,通过数值计算方法得到的饱和度与解析法相比前缘水的推进速度一般要快,且模糊了锐利的前缘突进,使得突变时的驱油效率降低,在高含水、高流度比、强非均质油藏模拟应用中会产生较大的误差。这种由于数值计算引入误差引起两相流动的真解饱和度陡峭前缘遭到坡缓的现象,称之为数值弥散。

数值弥散产生的根源是在微分方程数值求解过程中,通过离散化处理用差商代替微商时略去高阶无穷小会产生截断误差。根据一维水驱油物质平衡分析,当采用上游加权且显式饱和度处理时,数值弥散误差为:

$$d = \frac{V_t}{\delta} \frac{\mathrm{d}\delta}{\mathrm{d}S}\left(\Delta x - V_t \frac{\mathrm{d}\delta}{\mathrm{d}S}\Delta t \right)$$

$$V_t = \frac{q_t}{\phi} \tag{2.95}$$

式中　q_t——油水总流量;

　　　ϕ——孔隙度;

　　　δ——网格含油率;

　　　Δx——网格步长;

　　　Δt——时间步长。

如采用上游加权且隐式饱和度处理时,数值弥散误差为:

$$d = \frac{V_t}{\delta} \frac{\mathrm{d}\delta}{\mathrm{d}S}\left(\Delta x + V_t \frac{\mathrm{d}\delta}{\mathrm{d}S}\Delta t\right) \tag{2.96}$$

可以看出,数值弥散误差与网格块的步长和时间步长关系密切,且隐式求解方法比显示方法误差更大。对于显式求解方法,理论上可以通过网格步长 Δx 和时间步长 $?t$ 的合理选择使截断误差等于 0,从而消除数值弥散。但这种情况在实际数值模拟中很难实现,当时间步长过大,或饱和度变化剧烈时,其数值弥散误差等于负值,会产生方程和解的波动而得到不合理的模拟计算结果。对于隐式求解方法,虽然不会产生负的数值弥散结果,但仍要求选择小的网格步长和时间步长来减小数值弥散影响。

总之,数值弥散不可能消除但可以采取一定的方法尽可能地减小。最直接有效的方法是采用小尺度网格将数值弥散减小到一定程度,但由此引起的网格规模与计算成本的增大是受限的,应用中需要平衡计算精度与计算效率的关系,优化合理的网格尺寸。另外,采用拟函数修改相对渗透率曲线限制驱替相流体流动,或者通过两点上游加权计算流体流度,或者采用九点差分格式离散化处理流动方程等,都是对减小数值弥散影响的有益尝试,需要结合具体实际要求进行科学处理。

2.4.2.2　网格取向效应

网格取向性是指油藏数值模拟结果随网格系统所取的方向不同而改变的现象,在二维及三维油藏数值模拟中会存在网格取向效应。如图 2.47 所示,注水井 I 与采油井 P1 和 P2 的实际距离相等,但是流体流动路径不同,I 到 P1 沿直线箭头流动,而 I 到 P2 则沿一系列垂直相交的箭头流动。网格取向效应导致主网格方向(沿 x、y 方向)与对角网格方向计算的结果不同,两口相同注采井连线与网格方向平行时,生产井见水早,含水上升快;而当注采井连线与网格方向斜交时,生产井见水晚,含水上升慢(相对)。尤其当驱替相流体与被驱替相流体流度差别更大时,结果存在较严重的失真。

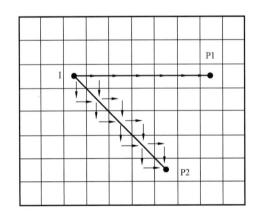

图 2.47　网格方向与流体流动路径图

产生这一现象的主要原因是与油藏数值模拟所建数学模型、网格剖分、差分方法、求解方法及简化处理方法等多种因素相关,基于目前的技术理论方法,只能较好地处理网格方向与渗流速度方向平行的情况。而实际的非均质油藏,渗流速度方向往往与油藏势梯度方向不一致,而渗流速度大小由势梯度大小和方向共同决定。

常规的水驱油藏中,由于网格取向效应的影响而导致剩余油分布结果的精确定量误差也是很明显的,尤其是表征油藏高度非均质各向异性地质现象对剩余油控制作用时,这种情况更为严重。在常规的油藏模拟研究中,一般要求尽量使网格方向与流体渗流主方向平行,但实际非均质油藏的局部主渗透方向不断变化(例如曲流河相沉积、裂缝等),显然一个大趋势的网格方向远远满足不了对这种复杂流向变化的要求,因而也制约了油藏模拟进一步精确化的发展。

在流度比有利、中性或轻微时,可以用网格加密来减小网格方向效应;在不利流度比时,采用九点差分格式可以减小网格方向效应。其原理是,如图 2.48 所示,五点差分只使用了图中所示的相邻网格,当某网格由于注入或生产导致饱和度发生变化时,在下一个时间步内,其与网格走向平行的相邻四个网格因压差作用产生流体流动,剩余体积及饱和度随之改变,但对角方向网格不受影响;而九点差分网格增加了对角方向的网格,在原有四个相邻网格流动方向基础上增加了四个对角网格的流动项,使得流体的空间扩散更加均匀,从而有效降低网格取向效应的影响。

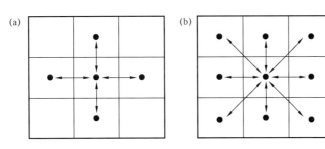

图 2.48　五点差分格式与九点差分格式

2.4.2.3　井模型处理

(1)采油(液)指数和吸水指数。

井指数是表征油井生产或水井注入能力的指标。对于采油井而言,包括采油指数和采液指数。

采油指数定义为单位压差下的日产油量,计算公式为:

$$J_o = \frac{q_o}{\overline{p}_r - p_{wf}} = \frac{q_o}{\Delta p} \qquad (2.97)$$

式中　J_o——采油指数,t/(d·MPa);

　　　q_o——日产油量,t;

　　　$\overline{p}_r$——油井泄油区内的平均压力(静压),MPa;

　　　p_{wf}——井底流压,MPa;

　　　Δp——生产压差,MPa。

采油指数代表油井生产能力大小,与油层物性、流体性质、完井条件、泄油面积等因素相关,用来判断油井工作状况或评价增产措施效果。采油指数一般通过稳定试井或系统试井求得。需要强调的是,当油井处于不稳定流动期间,采油指数随时间发生变化,而井的大多数生产时间是处于近似的拟稳态流动状态。因此,在生产测试过程中,必须注意井口压力的稳定并不代表井底压力也稳定,只有当油井处于拟稳定状态时,测得的采油指数才能反映油井的产能。要想使油井达到拟稳定状态,油井在固定的产量下需要开井生产足够的时间。

当油井见水后,用采液指数来研究油井产液能力的变化规律。采液指数定义为单位压差下的日产液量,计算公式为:

$$J_L = \frac{q_L}{p_r - p_{wf}} = \frac{q_L}{\Delta p} \tag{2.98}$$

式中　J_L——采液指数,t/(d·MPa);

　　　q_L——日产液量,t。

实际应用过程中,当缺乏产量和压力测试数据时,可以结合平面径向流产量公式计算单相流动条件下的采油指数,计算公式为:

$$J_o = \frac{2\pi K h}{\ln\left(\frac{r_e}{r_w}\right) - 0.75 + S} \cdot \frac{K_{ro}(S_{wi})}{\mu_o B_o} \tag{2.99}$$

式中　r_e——泄油半径,m;

　　　r_w——井筒半径,m;

　　　h——油层厚度,m;

　　　S——表皮系数;

　　　$K_{ro}(S_{wi})$——束缚水饱和度下油相相对渗透率;

　　　μ_o——地下原油黏度,mPa·s;

　　　B_o——地下原油体积系数,m³/m³。

同样,油井见水后油水两相流动条件下的采液指数计算公式为:

$$J_L = \frac{2\pi K h}{\ln\left(\frac{r_e}{r_w}\right) - 0.75 + S} \cdot \left(\frac{K_{ro}}{\mu_o B_o} + \frac{K_{rw}}{\mu_w B_w}\right) \tag{2.100}$$

式中　K_{ro}——油相相对渗透率;

　　　K_{rw}——水相相对渗透率;

　　　μ_w——地层水黏度,mPa·s;

　　　B_w——地层水体积系数,m³/m³。

对于注水井而言,采用吸水指数来反映注水井注入能力或油层吸水能力大小。吸水指数定义为单位注水压差下的日注水量,计算公式为:

$$I_w = \frac{q_{iw}}{p_w - p_r} \tag{2.101}$$

式中　I_w——吸水指数,m³/(d·MPa);

　　　q_{iw}——日注水量,m³;

　　　p_w——井底注水压力,MPa;

　　　p_r——地层压力,MPa。

吸水指数用来判断注水井工作状况及油层吸水能力变化。油井正常生产时不便经常关井测注水井地层压力,可用测指示曲线的方法求得不同流压下的注水量,用两种工作制度下的注水量之差与流压之差的比值计算吸水指数,计算公式为:

$$I_w = \frac{\Delta q_w}{\Delta p_w} \qquad (2.102)$$

式中　Δq_w——两种工作制度日注水量之差，m^3/d；

　　　Δp_w——两种工作制度井底流压之差，MPa。

　　矿场为计算方便，无须对注水井井底流压进行测试，采用视吸水指数表示吸水能力，用井口压力代替井底注水压力，计算公式为：

$$I'_w = \frac{q_{iw}}{p_{iwh}} \qquad (2.103)$$

式中　I'_w——视吸水指数，$m^3/(d \cdot MPa)$；

　　　p_{iwh}——注水井井口压力，MPa。

　　（2）井指数定义。

　　油藏数值模拟中，井的生产和注入等动态指标是通过井指数模型计算得到的。所不同的是，在离散化油藏模型中，井的产量依赖于所在网格的几何形状及其相关物性、压力、饱和度等参数。

　　某网格块上一口直井，把井作为源汇项处理的，即在连续性方程中增加一个产量项。因此，数值模拟中井模型的处理就是差分方程中产量项的处理问题。由于井筒半径较小，一般为 $5 \sim 10 cm$，而网格尺寸远大于井筒半径，且变化范围较大，一般为十几米到数百米不等。模拟计算中可以假设井周围的流动在径向上是一维径向流动，井的生产压差依赖于井所在的网格压力与井底流压的差。很显然，这种假设下井所在的网格面积与实际井的泄油范围并不完全一致，网格压力大小与采油（或采液）指数计算方程中的泄油区域内的平均地层压力不相等。为了确保模拟计算结果与一维径向流动的解析解相同，提出压力等效半径的概念，即用井所在网格的压力代替井泄油区内的平均地层压力，基于径向拟稳态流产量公式，定义模拟模型中的等效泄油半径和井指数。

　　数值模拟中产量计算公式为：

$$q_p = \frac{2\pi K h}{\ln\left(\dfrac{r_e}{r_w}\right) - 0.75 + S} \cdot \frac{K_{rp}}{\mu_p B_p}(p - p_w) \qquad (2.104)$$

式中　q_p——井的产量，m^3/d；

　　　p——井所在的网格块压力；

　　　p_w——井底流压；

　　　K——油层渗透率；

　　　h——油层厚度；

　　　r_e——井的等效泄油半径；

　　　r_w——井筒半径；

　　　S——表皮系数；

　　　K_{rp}——流体相对渗透率；

μ_p——流体黏度;

B_p——流体体积系数;

P——流体相下标(油、气或水)。

式(2.104)中,分离与压力、饱和度相关性不大的参数,定义井指数 PID 和相对流度M_p为:

$$PID = \frac{2\pi Kh}{\ln\left(\dfrac{r_e}{r_w}\right) - 0.75 + S}$$

$$M_P = \frac{K_{rP}}{\mu_P B_P} \tag{2.105}$$

则产量公式可写为:

$$q_P = PID \cdot M_P \cdot (p - p_w) \tag{2.106}$$

对于水平井而言,可以将穿过网格块的井轨迹投射到空间三个不同的面上(图2.49),整个水平段的综合井指数PID_H等于三个方向投射分量(PID_x、PID_y、PID_z)的矢量和。计算公式为:

$$PID_H = \sqrt{PID_x^2 + PID_y^2 + PID_z^2}$$

$$PID_x = \frac{2\pi \sqrt{K_y K_z} L_x}{\ln\left(\dfrac{r_{ex}}{r_w}\right) - 0.75 + S}$$

$$PID_y = \frac{2\pi \sqrt{K_x K_z} L_y}{\ln\left(\dfrac{r_{ey}}{r_w}\right) - 0.75 + S}$$

$$PID_z = \frac{2\pi \sqrt{K_y K_x} L_z}{\ln\left(\dfrac{r_{ez}}{r_w}\right) - 0.75 + S} \tag{2.107}$$

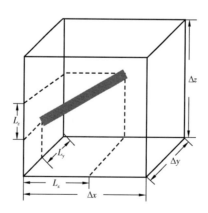

图 2.49　水平井井轨迹投射示意图

式中　K_x、K_y、K_z——三个投射面($y-z$、$x-z$、$x-y$)储层渗透率；

　　　　L_x、L_y、L_z——三个投射面($y-z$、$x-z$、$x-y$)水平井在平面上的投影长度；

　　　　r_{ex}、r_{ey}、r_{ez}——三个投射面($y-z$、$x-z$、$x-y$)等效泄油半径。

如上所述,与采油(或采液)指数计算公式对比,数值模拟中的井指数与油藏工程中的采油指数存在如下关系:把井所在网格的压力视为油藏压力,利用等效压力半径代替泄油半径。这里面油藏压力和泄油半径两个参数的概念发生了变化,应用过程中要区别对待。分析可见,井指数是由离散网格和油井的几何关系决定的无量纲参数。不同的网格尺寸和油井与网格的相对位置,等效压力半径的计算公式不同。

假设油井位于网格块中心,对于各向同性油藏($K_x = K_y$),平面 x 和 y 方向上网格步长分别为 Δx 和 Δy,则其等效压力半径为:

$$r_e = 0.14 \sqrt{\Delta x^2 + \Delta y^2} \tag{2.108}$$

正方形网格 $\Delta x = \Delta y$,则有:

$$r_e = 0.2\Delta x \tag{2.109}$$

对于各向异性油藏,其等效压力半径为:

$$r_e = 0.2 \frac{\left[\left(\frac{K_y}{K_x}\right)^{1/2} \Delta x^2 + \left(\frac{K_x}{K_y}\right)^{1/2} \Delta y^2 \right]^{1/2}}{\left(\frac{K_y}{K_x}\right)^{1/4} + \left(\frac{K_x}{K_y}\right)^{1/4}} \tag{2.110}$$

(3)定流量计算。

油井的产量(油、气、水)和井底压力是相互联系的,在已知网格块压力和饱和度情况下,通过控制以上四个指标中的任何一项,就可以计算出其他相关指标。

假设一口井纵向上穿过 N 个模拟层,井的总产量(或注入量)等于所有射孔模拟层的产量(或注入量)之和。当固定某相流体井口总产量(或注入量)时,各分层的产注量分配取决于分层网格的压力、饱和度及其地层系数。为简化说明,假定各层生产压差相同,探讨固定流量条件下分层产量的分配原则。主要有以下五种情况。

一是定产油量。当固定油井井口总产油量q_o时,第 k 射孔层位的产量分配计算公式为:

油相

$$q_{ok} = q_o \frac{\left(\text{PID} \frac{\lambda_o}{B_o} \right)_k}{\sum_{k=1}^{k} \left(\text{PID} \frac{\lambda_o}{B_o} \right)_k} \tag{2.111}$$

水相

$$q_{wk} = q_{ok} \left(\frac{\lambda_w / B_w}{\lambda_o / B_o} \right)_k \tag{2.112}$$

气相

$$q_{gk} = q_{ok} \left(\frac{\lambda_g / B_g}{\lambda_o / B_o} \right)_k + q_{ok} (R_{so})_k + q_{wk} (R_{sw})_k \tag{2.113}$$

式中 λ——流体相对流度；

B_o, B_w——油、水体积系数；

PID——每个射孔层的井指数；

R_{so}——溶解油气比；

R_{sw}——溶解水气比。

二是定产水量。当固定井口总产水量q_w时，第 k 射孔层位的产量分配计算公式为：

水相

$$q_{wk} = q_w \frac{\left(\text{PID} \frac{\lambda_w}{B_w} \right)_k}{\sum\limits_{k=1}^{k} \left(\text{PID} \frac{\lambda_w}{B_w} \right)_k} \tag{2.114}$$

油相

$$q_{ok} = q_{wk} \left(\frac{\lambda_o / B_o}{\lambda_w / B_w} \right)_k \tag{2.115}$$

气相

$$q_{gk} = q_{wk} \left(\frac{\lambda_g / B_g}{\lambda_w / B_w} \right)_k + q_{ok} (R_{so})_k + q_{wk} (R_{sw})_k \tag{2.116}$$

三是定产气量。当固定井口总产气量q_g时，对于主要产出气体为游离气的井，油和水中的溶解气可以忽略不计。第 k 射孔层位的产量分配计算公式为：

气相

$$q_{gk} = q_g \frac{\left(\text{PID} \frac{\lambda_g}{B_g} \right)_k}{\sum\limits_{k=1}^{k} \left(\text{PID} \frac{\lambda_g}{B_g} \right)_k} \tag{2.117}$$

油相

$$q_{ok} = q_{gk} \left(\frac{\lambda_o / B_o}{\lambda_g / B_g} \right)_k \tag{2.118}$$

水相

$$q_{wk} = q_{gk} \left(\frac{\lambda_w / B_w}{\lambda_g / B_g} \right)_k \tag{2.119}$$

四是定产液量。当固定井口总产液(油+水)量q_1时,首先计算油、气、水各相流动能力与总流动能力比值,然后根据比值计算各相流体产量。各相流体流动能力比值α_P及产量q_P计算公式为:

$$\alpha_P = \frac{\sum\limits_{k=1}^{N} \left(\text{PID} \cdot \frac{\lambda_P}{B_P} \right)_k}{\sum\limits_{k=1}^{N} \left(\text{PID} \cdot \frac{\lambda_o}{B_o} \right)_k + \sum\limits_{k=1}^{N} \left(\text{PID} \cdot \frac{\lambda_w}{B_w} \right)_k + \sum\limits_{k=1}^{N} \left(\text{PID} \cdot \frac{\lambda_g}{B_g} \right)_k}$$

$$q_P = \alpha_P \cdot q_1 \tag{2.120}$$

式中,P 为流体的相,分别代表油、气、水。计算出油、气、水产量后,再按照分层产量分配公式计算各射孔层的产油、产气和产水量。

五是定注入量。对于注入井而言,在给定的总注水量或总注气量情况下,各射孔层的注入量分配时按照各层段油、气、水三相总的流动能力比例来分配的,而不是单纯根据水或气的流动能力比例分配注入量。这是因为对于纯油层注水或注气,其初始的相对渗透率为零,水相或气相流动能力比值为零,模型计算无法注入,显然与实际不符。对于大多数情况来说,这种处理产生的误差仅持续时间较短,因为注入网格块流度很快将会受到注入流体控制。

当固定井口总注入量(q_{wi}或q_{gi})时,第 k 射孔层位的注入量分配计算公式为:

$$q_{wik} = q_{wi} \cdot \frac{\text{WID}_k \left(\frac{\lambda_o}{B_o} + \frac{\lambda_w}{B_w} + \frac{\lambda_g}{B_g} \right)_k}{\sum\limits_{k=1}^{N} \left[\text{WID} \left(\frac{\lambda_o}{B_o} + \frac{\lambda_w}{B_w} + \frac{\lambda_g}{B_g} \right) \right]_k} \tag{2.121}$$

$$q_{gik} = q_{gi} \cdot \frac{\text{WID}_k \left(\frac{\lambda_o}{B_o} + \frac{\lambda_w}{B_w} + \frac{\lambda_g}{B_g} \right)_k}{\sum\limits_{k=1}^{N} \left[\text{WID} \left(\frac{\lambda_o}{B_o} + \frac{\lambda_w}{B_w} + \frac{\lambda_g}{B_g} \right) \right]_k} \tag{2.122}$$

式中,WID 为注入井注入指数,计算方法同生产指数 PID。

(4)定井底流压计算。

当固定井的井底流压时,模型根据射孔段网格块的压力、流度和生产指数来计算各层段的产量或注入量。这里涉及网格块压力的取值方法问题,一种是显式处理将该时间步 n 时刻的网格压力作为供给压力,一种是隐式处理用下一步 $n+1$ 时刻的网格压力作为供给压力。这里以显式压力约束处理为例说明定井底流压条件下产注量的计算方法。

当固定井底流压时,显式处理井底网格块压力,第 k 射孔层位的产量q_{Pk}和注入量q_{Pik}分配计算公式为:

$$q_{Pk} = \left[\mathrm{PID} \frac{\lambda_P}{B_P} \right]_k^n (p^n - p_{wf})_k \qquad (2.123)$$

$$q_{Pik} = \left[\mathrm{WID} \left(\frac{\lambda_o + \lambda_g + \lambda_w}{B_P} \right) \right]_k^n (p_{wf} - p^n)_k \qquad (2.124)$$

式中,下标 P 表示流体相。对于生产井 P 代表油和水,当 $p^n > p_{wf}$ 时,根据上式计算出产油量和产水量,并代入方程计算产气量;当 $p^n < p_{wf}$ 时,生产井关停。对于注入井 P 代表水和气,当 $p^n < p_{wf}$ 时,按照总流度计算注入水量或注入气量;当 $p^n > p_{wf}$ 时,注入井关停。

隐式处理会在方程产量项中出现压力未知数,需要将压力未知数合并到其他项中,从而使差分方程式中有关压力未知量的系数和右端项系数发生变化,差分方程的矩阵形式更加复杂化。

3 数据准备与处理

3.1 关于数据处理

3.1.1 数据处理的重要性

"Rubbish in,rubbish out(垃圾进,垃圾出)"是油藏数值模拟人员牢记的一条准则。由此可见,油藏数值模拟对输入数据要求尤为严格。然而,实际应用研究中,比较容易忽视或不够重视的环节,也就是数据的准备与处理。之所以如此强调油藏数值模拟前数据准备与处理的重要性,主要原因如下。

首先,油藏数值模拟计算对基础数据的依赖性更强,所有的原始输入数据将作为油藏的初始化信息,对油藏动态指标的计算产生直接或间接的影响。一般而言,油藏数值模拟对资料信息的需求量远大于传统油藏工程分析。因此,确保基础数据的完备性与准确性,有利于降低模拟预测风险。

其次,对于数值模拟研究者而言,各种资料和信息的处理分析是油藏工程师必备的最重要的技能之一,通过基础资料的处理分析,有助于深化对油藏特征的认识,更好地把握和分析模拟计算结果。

最后,实际的研究项目,资料来源渠道多样、类型各异,各种不同来源的大量信息其正确性、协调性很难保证,需要求同存异、去伪存真。另外,受数据采集环境、目标尺度等因素的影响,从数值计算需求出发,油藏数值模拟对资料的应用有其特殊的技术要求,部分数据也需要做特殊的转化处理。

3.1.2 需要的数据信息

从油藏数值模拟研究需求出发,能够提供的数据信息越多,数值模拟预测结果的可靠性越强。一般而言,一个完整的油藏数值模型涵盖了油藏描述的几乎所有油藏相关信息,其主要的数据类型有以下十类。

(1)地球物理数据。包括油藏构造、断层、地层尖灭、不整合、储层展布等信息。

(2)地质数据。包括储层孔隙度、渗透率、有效厚度、流动屏障、岩石类型及分布等信息。

(3)常规岩心分析数据。包括通过室内实验获得的岩心孔隙度、渗透率、原始饱和度等信息。

(4)特殊岩心分析数据。包括岩石的压缩性、端点(原始及残余)饱和度、相对渗透率曲线、毛细管压力曲线等信息。

（5）裸眼井测井数据。包括通过测井解释获得的饱和度、孔隙度、储层净/总厚度、垂向压力梯度等信息。

（6）压力瞬变数据。包括通过现场监测获得的有效渗透率、地层伤害、流体 PVT、关井压力、油藏静压等信息。

（7）生产历史数据。包括油、水井在投产、注过程中的产油、水、气量、井底流压、油藏静压、射孔及完井信息等信息。

（8）套管井测井数据。包括通过生产测井获得的油藏温度、产液剖面、吸水剖面、饱和度剖面等信息。

（9）非油藏岩石描述数据。包括围岩、隔层等非产层分布及水体等信息。

（10）流体描述数据。包括油气水等流体地面及地下高压物性及相态分析等信息。

油藏模拟模型按照数值化的数据管理方式对以上数据信息集成处理，分配到构造模型、储层模型、网格模型、流体模型、岩石模型、动态模型及其他相关控制部分，构成完整的油藏数值模型（或数据文件）。也就是说，油藏描述相关信息是油藏数值模拟的主要数据来源。

首先，务必了解一个基本数值模型的数据结构内容。

（1）基础地质资料：油藏描述研究所提供的油藏地质模型三维数据体或分层二维成果图及数据表，主要包括油藏构造骨架、储层孔隙度、渗透率、有效厚度（或净毛比）、隔夹层厚度、原始含油饱和度分布以及包含砂体边界和含油气边界信息的小层平面图等。

（2）油藏特征信息：油气水系统划分、油气水界面、油气藏温度和压力特征、油气藏储量分布、储层及流体空间非均质分布特征、水体大小及分布等。

（3）特殊岩性资料：主要包括相渗曲线、毛细管压力曲线及岩石的压缩系数等，对于储层非匀质性强的油藏，应尽可能地提供具有代表性的多套相关数据。

（4）流体性质资料：油、气、水高压物性资料，油、气、水的地面密度，对于流体非均质性强的油藏，应尽可能地提供具有代表性的多套相关数据。

（5）生产动态资料：目标油藏所有井的井位、轨迹、射孔作业历史及相关动态资料，包括日产油（水、气）产量、日注水（气）量及测压、产液、吸水剖面、试井、示踪剂、饱和度等动态监测资料。

3.1.3　数据处理的内涵

资料准备与处理的内容一般包含收集、评价和处理三个环节。

资料收集就是根据研究目标收集相关数据资料信息。俗话说，巧妇难为无米之炊，完整精细的油藏数值模拟项目研究需要的数据十分庞大，但实际的资料收集要与项目研究的目标、研究的时间周期以及资料提供方具备的客观条件相融合。无论如何，必须清楚，基础数据的拥有量与研究成果的好坏并没有必然的联系，不同程度的数据拥有量，可以适用于不同目标要求的模拟研究，这一方面取决于研究目标及方案的设计与优化，一方面取决于从业者个人的经验与能力。需要强调的是，在资料收集过程中，过多地对必要的硬数据予以关注，而忽视了软数据的重要性。

例如，图形化的资料信息（如二维等值线图、剖面图、填充图等）有利于建立清晰可靠的油藏概念；实验、分析及测试等资料信息的实验（或测试）报告有助于数据的可靠性和适用性分析;目标区块的历史储量研究报告、相关技术文献及地质和地球物理研究报告等有利于模拟研究的综合把握;井的完井、作业、测井、测试、动态分析等详细的资料信息是动态历史拟合的重要依据。如此等等,也需要予以足够重视。

资料评价就是分析所采集数据的来源渠道、数据的质量、数据的有效性及数据的齐全程度。资料评价的总体原则要求是全面、有效、充足。具体操作过程中,要重点把握如下几点技术要求。

一是数据丰富但并不代表资料完备、充足。尤其是投产时间早、生产历史时间长的油田或区块,由于受早期的数据管理手段制约,许多分散的、非电子化或非表格化的数据资料,整体打包存储空间较大。但系统整理后发现,数据的重复、错误、缺失等现象严重,甚至一些必要的数据也没有,对模拟研究带来极大的困难。

二是不同来源的同类数据要确定数据品质。例如,渗透率,有来自测井解释、岩心分析、地震属性或者试井、电缆地层测试等不同渠道,由于获取渗透率的方法和手段不同,其基本原理不同,数值大小不同,存在数据的适应性条件、影响因素及其精度的差异性,需要根据模拟研究的目标需求进行相关性分析、可靠性对比、不确定性评价等。

三是动态及监测数据尤其要确定其有效性。油、水、气等生产动态资料及吸水剖面、产液剖面、油藏静压、油井流压等监测资料是动态历史拟合的目标参数,能否客观、真实地反映地下井筒及油层的实际产出及流动特征,需要从数据的获取方式、误差产生的来源、人为或技术的制约因素、数据的代表性等方面进行综合的判断与分析,以确保其有效性。

四是必要的数据要进行适合于模拟的转换。油藏数值模拟研究的目标对象是地下油藏,其温度、压力等条件与实验室测试环境不同,因此,对于来自室内实验的数据要考虑环境因素的影响,必要时进行环境校正。另外,数值模拟研究的离散化网格尺寸一般为米级甚至百米级,部分岩心测试分析或动态监测的数据尺度为厘米级或数十厘米级,两者不一致,因而存在尺度效应,需要进行尺度放大处理,转换为等效的油藏模拟参数。

五是借用或推算的数据要论证其合理性。实际油藏数值模拟研究过程中,很难获取全部的必要数据信息,经常需要通过相似区块的类比借用或应用理论、经验公式进行推算。这种因类比区块油藏条件或理论、经验公式应用条件的差异性对借用、推算参数的不确定性风险需要做提前预估,最大限度地降低对模拟计算结果准确性的影响。

六是分析数据不确定性对模拟结果的影响。理论上讲,每一项数据都存在其不确定性,数值模拟前要初步判定数据的不确定性大小,可变的范围大小,以及可能对模拟预测结果误差的影响程度。该分析无论对于动态历史拟合的可调参数选取,还是对模拟预测结果的可靠性评价都具有重要的作用。

七是数据分析要集合不同专业人的智慧。油藏数值模拟是基于一体化协同工作模式下的综合研究,基础数据内容庞杂,涉及专业面广,单一的专业很难全面把握数据来源的准确性和不同数据间的协调统一,需要各专业分工把关,协同研究,消除低级的数据错误及数据内部的逻辑矛盾,为后续的模拟计算提供可靠的基础。

资料处理是指对于被证实可靠的数据,考虑其环境因素、尺度因素、工程技术因素、数据代表性或其他研究目标需求,对数据进行适当处理,以确保它们在技术上适合油藏模拟技术的需求。下面以相对渗透率为例,简要地说明数据处理的流程及需要把握的重要环节,以对资料处理的内涵具有更加深入的理解。关于相对渗透率的具体处理方法,后续还要作更加详细的阐述。

首先,梳理一下一块小岩样从地下地层取心到油藏数值模拟相对渗透率曲线应用整个过程的主要流程,示意图如图3.1所示。

图3.1 岩心相对渗透率处理流程

可以看出,在相对渗透率的处理方面,从岩心资料的源头采集到最终数值模拟研究中相对渗透率曲线的应用,整个过程可以划分为五个主要环节,即取心(样)、测试、分析、处理及应用。各环节主要的数据信息内容简述如下。

取心(样):取心井井位、井段(层位)及取心方法(密闭取心或压力取心),取心(样)过程中流体及岩石的物理性质变化,岩心(样)的代表性等。

测试:相对渗透率曲线的测试方法(稳态或非稳态)、测试条件(温度、压力及流体介质性质等)、测试的过程缺陷(如毛细管力端点效应等)处理、测试报告中数据的格式(标准化处理)等。

分析:相对渗透率曲线的绘制、特殊曲线及错误曲线的判识,以及根据目标油藏储层润湿性、渗透性大小、流体性质等主要参数,对相对渗透率曲线形态的合理性进行初评。

处理:相对渗透率曲线特征值分析、曲线分类评价、典型曲线获取、曲线的环境校正、曲线标准化基础渗透率与模型渗透率一致性分析等。

应用:根据数值模拟研究模型化需求,对相对渗透率曲线进行数据格式转换、分区设定、端点标定设定、滞后效应设定、两(三)相相对渗透率设定等。

经过以上五个环节的数据分析与处理,基本完成了关于相对渗透率曲线在数值模拟研究中的资料准备,其他类型的数据处理流程相似。

由此可见,数据处理需要关注整个数据流过程,重点把握主要环节的关键技术要素。为了便于理解和应用,将以上提到的十类数据划分为基础地质资料、特殊岩心资料、油藏流体资料和生产动态资料四个方面,分别讨论在油藏数值模拟研究中的资料处理问题。

3.2 构造信息处理

地质构造是指地壳中的岩层地壳运动的作用发生变形与变位而遗留下来的形态。地质构造因此可依其生成时间分为原生构造与次生构造。次生构造是构造地质学研究的主要对象,有褶皱、节理、断层三种基本类型。油藏构造特征包括油藏的构造形态、断层与油气的关系、裂缝的分布与发育规律以及油藏的边界特征等。

构造信息是构建油藏骨架的基础数据,一般包括构造数据和断层数据,而裂缝数据虽然属于构造系统研究的范畴,但主要对储层渗透能力的影响显著。

3.2.1　构造深度

　　这里所说的构造是指由于岩层褶皱作用产生的油气层顶或底面的起伏或变化。构造图是在平面上用等高线反映地下某一层面形态的投影图。根据褶曲形态,可以分为背斜和向斜两类,其中背斜是良好的储油、气构造,能有效阻止油气运移并聚集形成油气藏圈闭。我国陆相盆地圈闭主要有背斜圈闭、断层圈闭、地层圈闭、岩性圈闭和水动力圈闭等几类,因此,构造形态对油气聚集及运移影响关系密切。构造形态特征要素主要包括目的层顶面或底面的构造类型、形态、轴向、长短轴比例、两翼及倾没端的倾角、闭合面积、闭合高度、含油气高度等,在构造模型建立过程中需要准确把握。

　　构造数据来源于地震解释的构造顶面深度场或测井解释的井点顶底构造深度,有二维构造数据体、构造等值线图或带有井点深度信息的测井解释小层数据表等三种形式。数值模拟前构造信息的处理主要集中在对数据逻辑合理性的评价及数据场趋势性分析。常见的构造数据问题,主要体现在以下三个方面。

　　一是小层数据表井点分层顶底深度数据矛盾。主要表现为分层顶面深度大于底面深度,或者下层顶面深度小于上层底面深度。前者导致井点处砂层厚度小于零,后者导致下层构造顶面与上层构造底面交叉,产生奇异甚至错误的地质现象。研究过程中,需要将测井解释成果曲线图与小层(或砂体)数据表、井轨迹参数三者对比分析,在保证数据协调统一的基础上,参考单井射孔简史和生产动态,消除逻辑性错误,落实修改数据的可靠性。

　　二是分层井点的构造顶深度与构造面不一致。在三维图形显示中数据点漂浮在构造面上或下(图3.2a),其主要原因是插值生成二维构造面时,没有应用井点数据校正的约束功能。当数据点较多、分布比较均匀时,应用井点硬约束插值,可以较好地反映局部构造特征,分层井点数据"镶嵌"在构造面上(图3.2b),保证井点分层数据与层面构造完全一致。

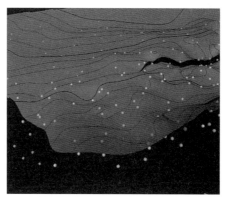

(a) 井点"漂浮"　　　　　　　　　　　　　　　　(b) 井点"镶嵌"

图3.2　分层井点数据与构造面位置关系图

　　三是分层构造面趋势失真。当已知的分层构造面数据点较少时,数据插值产生的构造容易失控而产生逻辑上的矛盾或者是地质上的失真。例如,在主体油藏边部或水体区域,分层井点数据较少甚至缺失,造成插值后油藏边部或水体区域构造非正常起伏,从而产生上、下层交叉重叠,抑或是边部水域构造抬升到油水界面之上,导致油水分布矛盾。因此,可以通过添加虚拟点、应用趋势面约束法或逻辑判断法,确保分层构造趋势和层间构造深度关系合理。另外,断裂系统对构造的控制作用十分显著,在利用分层井点构造深度数据生成构造面时要考虑断层线约束控制,否则会产生断层附近构造趋势的失真。

对于精细油藏研究而言,构造数据的逻辑性检查和构造面的趋势性控制还不能满足技术需求。

3.2.2 断层信息

断层是指地壳受力发生断裂,沿破裂面两侧岩块发生显著相对位移的构造。断层的断裂作用,破坏了岩层的连续性和完整性,可能使地下油气溢损或富集,取决于地质历史时期断层的开启或封闭性质。一般而言,形成早、落差大的断层控制生、储油岩层的沉积,次级断层构成二级构造带,控制油气的聚集与成带分布,而更次级断层切割二级构造带形成断块区,控制油气富集,同时也对油气聚集起到复杂化作用。因此,正确认识断层性质,精确描述断层形态及其复杂断裂系统的空间配置关系,对于科学预测断层控制下的流体渗流及油气分布规律具有十分重要的意义。

从地质角度上讲,断层要素主要包括断层性质、走向、倾向、落差、延伸长度、形成时期、钻遇井数等。根据断层线上原来相邻接的两点在断层运动中的相对运动状况,可以将断层分为三类,即上盘相对下降的正断层,上盘相对上升的逆断层,两盘沿断层走向作相对水平运动的平移断层。

根据断层控制作用、形成序次和规模大小,可以将断层分为五级。一级断层为盆地或坳陷的边界断层,控制沉积发育及早期断裂伴生构造带及断裂断阶构造带的形成,延伸长度 50 ~ 100km 以上,落差可达数千米;二级断层为凹陷或洼陷与凸起的边界断层,控制构造带形成及发育的主断裂,延伸长度 20 ~ 30km,落差可达 1km 以上;三级断层是在一、二级断层活动过程中形成的纵向、横向调节断层,控制洼陷内的次级构造发育,延伸长度 3 ~ 10km,落差 100 ~ 500m;四级断层属于沉积盖层中发育的小断层;五级断层属于四级断层的派生小断层,对断块及沉积基本没有控制作用,起着复杂断块及油水关系的作用。四、五级及其以下断层为低序级断层,延伸长度一般小于 2km,落差小于 30m。

实际油藏研究中,复杂的断裂系统是由不同级次、不同性质、不同规模的断层组合而成的,断层的几何形态、主次断层的组合与切割关系、局部与区域断层的性质、展布内在关系等是断层模型建立中需要特别考虑的要素。

断层数据来源主要有两种形式,一是二维的层面断层线数据,包括坐标 X、Y 和断层名称;一是三维的断点数据或地震解释断层 Stick 数据,包括坐标 X、Y 和深度数据。数值模拟前断层信息的处理主要集中在简单断层数据的矢量化和复杂断裂系统数据的逻辑梳理。

首先是简单断层数据的矢量化处理。对于常规的垂直断层,顶底层面断层线重合,可以通过一条矢量化断层线,获取断层平面坐标信息 X、Y 及断层名称即可。在网格化离散处理时,断层作为相邻网格的交界面。对于倾角较小的倾斜断层,当储层较薄、断层切深较小,断层平面位置对两侧油气分布及渗流关系影响较小时,也可以简单处理成垂直断层,只需要矢量化顶面或底面的断层线即可。然而,对于倾角较大的断层,储层顶底面断层线位置差异较大,则必须应用断层多变形矢量化处理,正确区分顶面及底面断层线的关系,在断层线深度赋值过程中要注意断层倾向的正确性,防止断层面反转。

由于一套网格系统只能处理斜面断层,对于区域性一级、二级大断层,活动期长,形成的大位移、弯曲断面的断层(图3.3),简单的斜面处理误差较大,可能造成断层两侧小层储量计算的误差及断层附近井钻遇层位的失真,则需要采用分砂层组或小层的建模方法,把整条大位移曲面断层沿断面拆分为多个不同名称的断层,拆分后的断层多边形根据分砂层组或小层的顶底面断层线分别处理。或者采用多油藏描述技术,每一油藏分别建立一套网格模型,各油藏根据断层性质及其对流体渗流的影响,处理成垂直或倾斜断层。

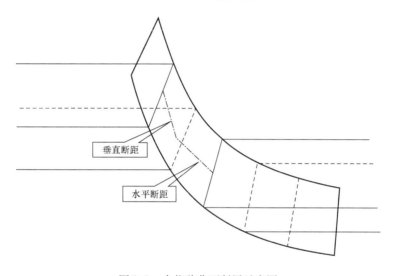

图3.3 大位移曲面断层示意图

其次是复杂断层数据的逻辑关系处理。这里主要是指多级断层之间受断层发育关系影响而产生的主断层与次级断层之间的削截关系,其中被主断层截断的次级断层称之为削截断层。削截断层的发育方向与规模主要受控于上一级主断层的断距与方向,同时地层的岩石力学特征对其也具有一定的影响。主要的削截模式有以下四种类型(图3.4)。

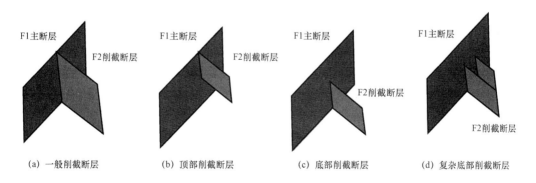

图3.4 削截断层典型削截模式

其主要特点是:一般削截断层,类似于 Y 形断层,整套地层断层发育;顶部削截断层,下面地层断层不发育;底部削截断层,上面地层断层不发育;复杂底部削截断层,上面地层断层部分发育。

复杂的断裂系统是由多组多类型削截关系组成的断层群,但都可以简化拆分为每两条断层之间的削截。因此,如何正确区分并判断断层间的削截关系十分关键。一是要将所有具有主次关系的断层分开编号与描述,以利于断层性质的独立编辑与处理;二是判断两两相交断层的主次关系,次级断层定义为削截断层。至于削截断层与其他相交断层的逻辑关系,其判断原则一致。在实际的模拟应用研究中,除了精确描述断层的几何特征外,断层的封堵性表征也十分重要。有时为了更加准确表征断层局部封堵性特征或局部区域的特殊削截关系,还需要把一条独立的断层剪切为两条或者更多条,以满足更加精细的油藏数值模拟研究需求。

3.3 储层信息处理

储层(储集层)是指具有连通孔隙、能使流体储存,并在其中渗滤的岩层。按照岩石性质,可分为碎屑岩储层(如砾岩、砂岩、粉砂岩等)、碳酸盐岩储层(如石灰岩、白云岩、生物灰岩等)和特殊岩性储层(如岩浆岩、变质岩等)。按照储集空间性质,可分为孔隙性储层、裂缝性储层和洞穴性储层。绝大多数油气藏的含油气层是沉积岩(主要是砂岩、石灰岩、白云岩),只有少数油气藏的含油气层是岩浆岩和变质岩。其中,世界上有 40% 的油气储集在碎屑岩中,50%储量和 60% 的产量来自于碳酸盐岩。

储层不仅具有储存油气的能力,而且是油气流动的通道,是控制油气分布、储量、产能以及油水运动、驱油效率和原油采收率的主要因素。流体在储层中的聚集、分布和渗流不仅受限于储层的宏观几何形态,还受储层的微观孔隙特性影响。因此,正确认识和评价储层性质,准确刻画和描述储层特征,对于油藏数值模拟储层模型建立十分重要。储层信息主要包括储层结构和储层属性参数两部分。

3.3.1 储层结构

储层结构是指储集砂体的几何形态及其在三维空间的展布,是砂体连通性及砂体与渗流屏障空间组合分布的表征。储层结构是储层地质模型的骨架,对油藏数值模拟网格化剖分的规模和尺寸具有直接的指导作用。

储层的形成受控于沉积、成岩和构造的作用,其作用的时空差异性导致储层分布的不均一性,作用环境的层次性导致储层内部构成单元空间分布的多层次性。根据储层结构对油藏流场非均质性的影响,储层结构层次规模可划分为油藏(层系)级(100m)、砂体(砂组)级(10m)、层理级(1~10m)、纹层级(10~100mm)和孔隙级(10~100μm)。一套储层可包含多个层次,不同层次具有不同的构成单元,较高一级层次的构成单元包含多个低级层次的构成单元,同一层次的不同构成单元在空间上表现为不均一的变化。

准确描述不同成因、不同级次构成单元与渗流屏障(隔夹层)的空间配置及分布的差异性,对于精确刻画储层特征,合理反映储层非均质及其对流体流动规律的影响及其关键。不同的开发阶段,不同的模拟目的和精度要求,需要建立相应规模层次、反映流体流动控制要素的储层结构模型。

对于油藏评价阶段的开发可行性研究,主要是在地层对比和构造研究基础上,确定储层的沉积体系及沉积相(大相、亚相)及其空间展布,绘制油层或砂组级别的储层厚度分布图。对于开发早期阶段的开发方案实施跟踪与调整研究,主要确定岩石相及其沉积微相类型,以及在微相约束下各小层油砂体、层间隔层的分布。对于开发中后期阶段的提高采收率研究,要在沉积微相研究基础上,进行油砂体内部构型单元的解剖,研究不同级次储层构型单元的规模、分布、连通性、构成单元界面特征以及渗流屏障的空间展布特征。在准确认识和描述储层结构特征的基础上,充分结合和利用灵活的网格化技术手段,实现对储层结构空间几何特征的准确刻画。而到了油藏特高含水开发阶段,为深化岩心和孔隙尺度条件下的微观油水运动规律研究,还需要进一步细化研究纹层及孔隙网络结构特征,建立反映储层沉积纹理结构和岩石骨架结构特征的储层框架模型。

无论是任何一层级的储层结构模型建立,关键要识别出不同层级构成单元间的界面特征及性质,构建综合考虑网格规模和储层连通性刻画精度要求的离散化网格模型。一般而言,储层构成单元层级序级越低,其规模越小,界面越复杂,需要的网格尺寸越小,网格规模也越大,对数值计算时间和效率要求越高。实际矿场应用中,并非储层结构层次越复杂,网格尺寸越小,储层表征越精细。往往由于资料的不完备性和主观地质认识的不确定性,难以确定任一尺度下储层结构的真实特征,因而采用过细的确定性储层结构模型有时可能会导致更多的错误。必要的时候,可以在满足油田生产要求的前提下,选择合理的储层表征层次,或者采取适当的简化,以达到理论精度与实际需求之间的合理性平衡。

3.3.2 储层孔隙度

储层参数是指微观孔隙结构和宏观岩石物理参数,是表征储层储集和渗流能力的重要指标。其中,微观孔隙结构指岩石内的孔隙和喉道类型、大小、分布及相互连通关系,主要基于岩心分析获得,对于孔隙尺度下的微观油水运动机理研究以及宏观岩石性质的形成机制分析具有重要作用。一般意义上的储层参数是指宏观岩石物理参数,主要为孔隙度、渗透率、厚度等,对于裂缝性油藏,还包括裂缝参数,这类参数的空间分布和差异程度反映了储层质量在空间上的非均质性,对油气储集丰度、流动规律及开发过程中的油气采收率具有很大的影响。由于孔隙度、渗透率及储层厚度等参数的来源渠道多样,且数据量大,在数值模拟应用过程中存在普遍的逻辑及概念混淆,需要在储层模型建立前予以处理校正。

3.3.2.1 三种孔隙度的释义

孔隙度是岩石孔隙空间体积与储层岩石体积之比,为无量纲参数,一般用小数或百分数表达。这只是孔隙度的基本定义,实际油层物理分析和油藏工程研究中,岩石孔隙度的概念又衍生出绝对孔隙度、有效孔隙度和流动孔隙度三类。

绝对孔隙度又称为总孔隙度 ϕ_t,是岩石的总孔隙体积(连通和不连通孔隙之和)与岩石表观总体积的比值;其中,岩石中相互连通孔隙体积与岩石表观总体积的比值称为有效孔隙度 ϕ_e,而流体能在岩石孔隙中流动的孔隙体积与岩石表观总体积的比值称为流动孔隙度 ϕ_f,也叫运动孔隙度。

由以上定义可知,三种孔隙度大小关系为:总孔隙度 ϕ_t > 有效孔隙体积 ϕ_e > 流动孔隙度

ϕ_f。流动孔隙为有效孔隙的一部分,且不包括岩石颗粒表面液体薄膜的体积,流动孔隙度大小随着驱替压力梯度和流体性质的变化而变化。实际油气田开发中常用的是有效孔隙度和流动孔隙度。通常而言,砂岩的有效孔隙度在 10% ~40% 之间,碳酸盐岩的有效孔隙度在 5% ~25% 之间。

3.3.2.2 孔隙度的获取

孔隙度的获取方法主要是岩心分析和测井解释。

(1)岩心分析孔隙度。

基于岩心分析的孔隙度测定方法主要有液体饱和度法和气体注入法两种。

液体饱和法。基本原理是在洁净、干燥的岩样中充满已知密度的液体(多使用煤油),称量饱和后岩样与干燥岩样的质量差除以液体密度就可以计算出岩样的有效孔隙体积,从而计算其有效孔隙度。该方法要求饱和岩样的液体必须是不使岩样膨胀且不溶蚀岩样,如果岩样致密,单靠抽真空饱和煤油很难完全饱和,需要在抽真空饱和之后,继续加压饱和煤油。使用液体饱和法测定孔隙度对岩样外形要求不严格。

气体注入法。基本原理是利用波尔定律,使用不被岩石表面吸收的气体,如氮气或氦气,通过测定标准岩样室在装入岩样与不装岩样情况下不同平衡压力下的体积,计算得到岩样骨架体积,从而计算其有效孔隙度。该方法适用于形状较规则的圆柱状岩样,且岩样大小应尽量与岩样室大小相近,以提高岩样骨架测量的精度。对于含有裂缝、大孔洞或岩性极不均匀的砾岩、碳酸盐岩等岩心,应该采用全直径岩心进行孔隙度测定,以降低小岩样代表性差产生的测量误差。

岩心分析得到的岩样孔隙度由于尺度小,很难从少量的分析结果中获取到能够代表油藏储层的孔隙度大小,因而,测井解释是评价储层孔隙度的有效方法。

(2)测井解释孔隙度。

测井孔隙度是通过测试储层的某些物理性质间接计算求出储层孔隙度。传统的孔隙度测井有声波测井、密度测井和中子测井。一般而言,孔隙度测井提供的孔隙度是总孔隙度(ϕ_t)。

声波测井。基本原理是根据压缩波的传播速度与传播介质的刚性和密度关系(刚性越强、密度越小,传播速度越大),储层孔隙空间的存在降低了岩石刚性,从而使声波传播速度降低。其经验关系式如下:

$$\phi_s = \frac{t - t_{ma}}{t_f - t_{ma}} \tag{3.1}$$

式中 t——实测声波传播时间;

t_f——声波在流体中的传播时间;

t_{ma}——声波在骨架中的传播时间。

在已知储层中岩性和饱和流体性质的情况下,可以根据其固有的声学性质,计算声波测井孔隙度(ϕ_s)。当埋藏较浅、储层岩石压实程度低、固结程度差时,或者存在气层及轻烃富集层段,会降低声波传播速度,导致计算测井孔隙度偏高。由于声波总是沿着岩石中最短连通路径传播,当岩石中存在次生的孤立孔洞和裂缝时,声波检测就容易忽视。利用声波测井的这一特性,可以结合中子—密度测井结果,根据两者测井孔隙度之差来评价储层中次生孔隙的发育状况。

密度测井。基本原理是从放射源定向向地层发射伽马射线被地层吸收,散射伽马射线强度与电子密度有关,而电子密度与岩石体积密度紧密相关,因而岩石孔隙度与密度具有如下关系:

$$\phi_D = (\rho_{ma} - \rho_b) / (\rho_{ma} - \rho_f) \tag{3.2}$$

式中　ρ_{ma}——岩石骨架密度;

　　　ρ_b——地层体积密度;

　　　ρ_f——地层流体密度。

与声波测井不同,由于岩石体积密度反映的是所有孔隙的平均值,密度测井孔隙度(ϕ_D)计算得到的是岩石的总孔隙度。当地层为气层或轻烃富集层,所测岩石体积密度会偏低,计算测井孔隙度误差会增大。

中子测井。测量的是由电子源持续射入地层的快速中子流被地层吸收的速率。中子流穿过地层与原子核碰撞时会减速,达到某一低能量水平时被吸收。由于氢元素与中子质量相等,减速中子流最有效的元素为氢,而氢主要富集在孔隙流体中,因而,地层中的中子密度与孔隙度成反比。由于岩石骨架可以使中子流速度减慢并吸收中子,因而中子测井对地层岩性敏感。此外,测试环境、气体等会使氢密度大大降低,影响测井孔隙度计算。与密度测井一样,中子测井孔隙度(ϕ_N)也为岩石的总孔隙度。为了消除黏土层或含气层的影响,可以将密度测井与中子测井结合起来,通过两者相互校验来提高岩石孔隙度计算精度。

此外,近年来发展并得到广泛应用的核磁共振测井(NMR)可以区分出孔隙中的可动流体和束缚水(包括黏土中束缚水和毛细管束缚水),为不同岩性的孔隙度分析提供了可能。

3.3.2.3　孔隙度的处理

孔隙度的处理就是获取油藏环境下的有效孔隙度值,并实现油藏尺度孔隙度参数的模型化表征。主要包括测井孔隙度校正、平均孔隙度计算、孔隙度分布预测等方面的内容。

(1)测井孔隙度校正。

如前所述,岩心分析和测井解释是储层岩石孔隙度的主要数据来源。岩心分析数据属于直接测量结果,孔隙度值相对准确可靠,但由于受取心井位置、取心井段长度、岩心取样数量等多重因素影响,其结果的代表性及可能覆盖的范围存在局限性。而利用测井方法获取的孔隙度虽然属于间接测量结果,精度取决于岩石电学性质、声学性质及放射性等基础参数,但由于其在油藏平面不同位置、纵向不同层位可提供相对丰富的孔隙度解释信息,对于模型孔隙度空间分布规律的控制至关重要。因此,应用岩心分析孔隙度校正测井孔隙度,建立基于校正后的测井孔隙度分布场,可以大大提高油藏孔隙度宏观非均质的描述精度。

岩心分析孔隙度校正测井孔隙度就是利用岩心分析资料刻度测井资料建立测井解释模型,不考虑测井信息与物性参数间的内在规律,通过数理统计方法建立岩心分析物性参数与测井信息回归统计关系式。主要步骤如下。

第一步:测井资料的环境校正和数据标准化。测井资料由于受测井系列、仪器刻度、测井操作和测井方法等多种因素的影响,使得测井资料存在一定的误差,为了更好地利用测井资料量化地质参数,需对测井资料进行标准化,使测井资料有一个统一的标定,目的在于剔除由于井眼本身的不规则以及仪器和操作引起的测井误差。

第二步:岩心分析数据深度归位,确定目的层段深度归位值。为确保用取心井岩心分析资料和测井资料制作的物性参数图版的精度,在目的层中选取的标准层,必须满足储层岩心取心收获率高(大于80%)、岩心分析样品密度大(大于5块/m)、储层厚度大(大于1m)、储层内样品物性参数之间对应关系良好等原则。

第三步:按深度整理岩心与测井数据,并划分研究层段。根据测井曲线和岩心分析物性资料在岩性、物性和沉积相带的变化规律,确定是否进行分层段回归统计,进一步提高参数解释精度。

第四步:孔隙度参数解释模型建立。在层段划分基础上,根据读层规则,读取不同深度测井资料与分析数据的平均值,分段建立回归统计关系式及解释图版。

第五步:多井参数解释。利用上述解释模型,对工区内所有孔隙度测井曲线进行全井段孔隙度解释,形成8点/m的储层参数解释库,为储层建模提供了"三维"密资料点数据。

图3.5为利用岩心分析刻度声波时差测井孔隙度关系曲线图版。

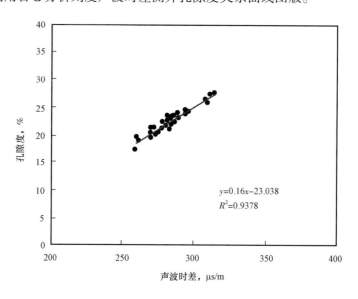

图3.5 声波时差与孔隙度关系图

(2)平均孔隙度计算。

基于岩心分析或测井解释的孔隙度数据由于其非均质大小及尺度的差异,在用于油藏模型建立之前需要根据网格大小对等尺度范围内的多个样品或解释参数值进行平均化处理。平均孔隙度的求取主要有算术平均和中值两种方法。

对于没有明显分类特征的孔隙度数据,算术平均值计算公式为:

$$\overline{\phi} = \frac{1}{n} \sum_{i=1}^{n} \phi_i \qquad (3.3)$$

式中 ϕ_i——尺度范围内的孔隙度值;

n——尺度范围内的数据点。

当数据点较多,可以按照孔隙度数值大小顺序排序,根据孔隙度分段计算频率大小并绘制频率柱状图和累积频率分布曲线,利用频率分布计算孔隙度算术平均值,公式为:

$$\overline{\phi} = \sum_{i=1}^{n} \phi_i f_i \tag{3.4}$$

式中　ϕ_i——孔隙度分段范围之内的孔隙度值;

　　　f_i——孔隙度分段范围的频率;

　　　n——孔隙度分段数。

算术平均法求平均孔隙度的缺点是受单个样品误差的影响较大,为此提出"中值"法求平均孔隙度,即孔隙度累积频率曲线上频率为50%时对应的孔隙度值。中值法求得的平均孔隙度值对样品的极端值不敏感,通常情况下,孔隙度算术平均值与中值大小并不一致。

3.3.3　储层渗透率

3.3.3.1　三种渗透率的释义

渗透率是指在一定压差条件下,岩石能使流体通过的性能。渗透率的单位为 D,基于达西定律原理,其物理意义是:黏度为 1mPa · s 的流体在 0.1MPa 的压差作用下,通过截面积为 1cm^2,长度为 1cm 的岩石,当流量为 1cm^3/s 时,该岩石的渗透率为 1D。由于 1D 表示的渗透率较高,石油工业中应用次一级的单位 mD,即 1D 等于 1000mD。在油藏开发实践中,当岩石中存在不同的流体介质类型或多个流体相时,渗透率的大小不同,据此衍生出绝对渗透率、有效渗透率、相对渗透率等三种不同的渗透率概念。

绝对渗透率指岩石中只有一种流体(油、气或水)通过时,测得的渗透率值称绝对渗透率。由于测量值与流体的黏度有关,而液体和气体的黏度差别较大,因此绝对渗透率又分为气测绝对渗透率和液测绝对渗透率。液测绝对渗透率在测量时会受到诸如岩石中黏土含量、岩石孔隙表面吸附等因素影响,导致测量时误差变化较大,而气体受到的影响相对较小,因此建立和发展了以气体为渗流介质来测定岩石渗透率的方法和技术。不同气体测量绝对渗透率值差别不大,体现了绝对渗透率是岩石自身性质,与流体性质无关的认识。但当对比气测绝对渗透率和液测绝对渗透率时发现,用气体测得的渗透率总比用液体测得的要高。

Klinkenberg 较好地解释了气测渗透率与液测渗透率差异的原因,主要是气体在岩石孔道中流动时靠近岩石壁面的流体流速与孔道中心的流速接近,而液体由于吸附作用等导致靠近壁面的流体流速低于孔道中心的流速。Klinkenberg 把气体在岩石中的这种渗流特性称为气体滑脱效应,亦称 Klinkenberg 效应。由于滑脱效应的影响,用气体测得的岩石渗透率总比用液体测得的要高。

有效渗透率是岩石中有两种或三种流体,岩石对其中每一相的渗透率称有效渗透率或相渗透率。油、气、水各相的有效渗透率分别记为 K_o、K_g、K_w,岩石中各相的有效渗透率之和总是小于该岩石的绝对渗透率。岩石的有效渗透率既与岩石自身属性有关,又与流体饱和度及其在孔隙中的分布有关,因此多相流体在岩石孔隙中的饱和度不同,岩石对流体各相的有效渗透率也不同。为了方便描述流体饱和度对有效渗透率的影响,建立了以绝对渗透率为基准的相对渗透率的概念。

相对渗透率是指岩石孔隙中饱和多相流体时,岩石对每一相流体的有效渗透率与岩石绝对渗透率的比值。关于相对渗透率的理解与应用在3.4节将做更详细的介绍。

3.3.3.2 渗透率获取

渗透率的获取方法主要是实验测定方法(直接法)和测井解释、油藏工程方法(间接法)。

(1)岩心分析渗透率。

实验测定方法是获取岩石绝对渗透率的最直接方法。考虑从分析样品的尺度上,可分为常规岩心分析和全直径岩心分析,从流动方向上可分为水平、垂直、径向渗透率测定。常规岩心分析是指按一定要求在全直径岩心上钻取直径为2.5cm的标准岩心柱,根据石油行业标准SY/T 5336—2006用气测法根据达西定律测定常规岩心渗透率。全直径岩心分析是指在钻井取出的岩心上截取一段柱状岩心,其直径一般为10~12cm,大尺寸的岩心测得的岩石物性参数受地层非均质性影响小,因此比小岩柱更有代表性。全直径岩心渗透率测量仪器的岩心夹持器可用于测定岩石水平方向和垂直方向的渗透率。径向渗透率测定时在岩心中心钻一个圆孔,岩心两端用胶垫密封,测定流体从中心孔进入岩样向四周呈放射状流动,形成径向流,并以径向流的计算公式进行参数计算。

(2)测井解释渗透率。

测井渗透率是一种间接获取渗透率的方法。当岩心分析资料有限时,可以充分利用大量测井解释成果资料来间接求取储层绝对渗透率。最常用的方法是利用孔隙度—渗透率关系预测渗透率。研究表明,岩石孔隙度与渗透率之间具有内在的关联关系,可以用Carman – Kozeny方程表示:

$$K = \frac{\phi^3}{C_o A_v^2 \tau} \tag{3.5}$$

式中 A_v——单位体积的孔隙介质的比表面积;

τ ——迂曲度;

C_o——系数。

对于某一具体的沉积单元,储层岩石的孔隙度与渗透率在半对数坐标上表现出较好的线性关系。当获取到该单元一口或多口关键井大量的岩心分析资料,利用岩心分析资料建立孔隙度与渗透率关系曲线或经验关系式,结合测井孔隙度资料,以此来预测该单元其他井点位置处的渗透率。一般而言,同一个沉积单元孔隙度与渗透率在半对数坐标上具有较好的线性关系,而不同的沉积单元曲线关系不同。因此,当孔隙度与渗透率数据点离散度比较高时,可以分别建立不同层系或不同区域的关系曲线,这样一般会获得较高的预测精度。

(3)试井解释渗透率。

不稳定试井分析法是获取地层有效渗透率的重要手段。由于油(水)井的压力、产量响应特征与储层的流动能力相关,因此可以利用基于压力、产量变化的近井渗流模型来解释地层参数的不稳定试井方法计算储层渗透率。不稳定试井一般分为压力恢复、压力降落、注入井压力降落和多井干扰与脉冲测试等类型。压力恢复试井与压降试井相比,具有在测试过程中产量不变的优点,是矿场应用最广泛的油藏监测技术。

应用Horner分析,绘制关井压力数据与叠加时间$[(t_p + \Delta t)/\Delta t]$半对数关系曲线。对于

油井应用径向流动段的直线斜率 m,结合公式(3.6)计算地层有效渗透率 K:

$$K = \frac{2.121 \times 10^{-3} q\mu B}{mH} \qquad (3.6)$$

式中　K——地层有效渗透率,mD;

　　　q——日产油量,m^3;

　　　μ——地层原油黏度,mPa·s;

　　　B——地层原油体积系数,$\mathrm{m}^3/\mathrm{m}^3$;

　　　m——油井压力恢复曲线直线段斜率,MPa/周期;

　　　H——地层厚度,m。

另外,将相对于经过的时间 Δt 的压力与压力导数绘制成双对数判别曲线,用压力导数的稳定值 $\Delta p'_{\mathrm{st}}$ 推算出地层有效渗透率,公式为:

$$K = \frac{141.2 q\mu B}{\Delta p'_{\mathrm{st}} H} \qquad (3.7)$$

式中参数物理含义同前式。

基于试井解释原理,可以认识到在实际矿场应用中,试井解释结果的准确性直接依赖于直线段的确定或导数稳定段的确定,间接依赖于压力及产量数据质量的可靠性,在排除数据质量问题的基础上,要重点考虑流动阶段判识、测试时间长短、压力测量精度以及多相流体共存等因素的影响。此外,试井解释的渗透率为井区周围探测范围内(几十米至数百米)非均质油藏的平均有效渗透率。当油藏处于束缚水饱和度条件下时,油的有效渗透率是绝对渗透率的一个分数,对应于油的相对渗透率的最大值。当油藏中水的饱和度大于束缚水饱和度时,试井解释的油的有效渗透率是油藏中油相饱和度的函数,其值大小要明显低于绝对渗透率。

3.3.3.3　渗透率数据处理

渗透率数据处理就是获取油藏环境下的绝对孔隙度值,并实现油藏尺度渗透率参数的模型化表征。主要包括平均渗透率计算、方向渗透率处理、渗透率分布预测等方面的内容。

(1)平均渗透率计算。

如何将实验室岩心分析的渗透率或测井解释的纵向密间距点渗透率参数合理应用于油藏模型研究,这就涉及储层渗透率的均质计算问题。无论纵向还是平面,储层均具有非均质特性,求取油藏模拟模型网格尺度下的渗透率需要基于等效渗流能力原理,结合流体的渗流方向,用平均渗透率求得的流量描述地层的实际流量。有三种渗透率平均技术用以确定等效的均质系统的平均渗透率。

① 加权平均渗透率。该方法用于确定具有不同渗透率的平行层状储层的平均渗透率。对于纵向非均质储层(图3.6a),假设油藏模拟模型纵向网格尺度为 H,对应位置的岩心分析或测井解释数据点纵向间隔为 h_i,水平渗透率参数为 K_i,则网格的平均水平渗透率满足厚度加权的算术平均,即:

$$K = \frac{\displaystyle\sum_{i=1}^{n} k_i h_i}{\displaystyle\sum_{i=1}^{n} h_i} \qquad (3.8)$$

② 调和平均渗透率。当渗透率的变化发生在水平方向或井眼附近,如图 3.6b 所示的横向非均质储层,假设油藏模拟模型平面网格尺度为 h,对应位置的岩心分析或测井解释数据点横向间隔为 L_i,水平渗透率参数为 K_i,则网格的平均水平渗透率满足厚度加权的调和平均,即:

$$K = \frac{\sum\limits_{i=1}^{n} L_i}{\sum\limits_{i=1}^{n} \dfrac{L_i}{K_i}} \qquad (3.9)$$

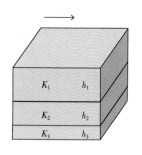

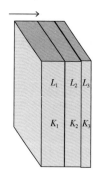

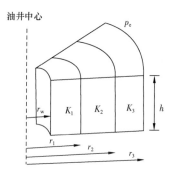

油井中心

(a) 纵向非均质储层　　　　(b) 横向非均质储层　　　　(c) 径向非均质储层

图 3.6　平均渗透率计算示意图

对于径向非均质储层,如图 3.6c 所示。可用上述平均方法得到径向系统的调和平均渗透率计算公式:

$$K = \frac{\ln(r_e / r_w)}{\sum\limits_{i=1}^{n} \left[\dfrac{\ln(r_i / r_{i-1})}{K_i} \right]} \qquad (3.10)$$

③ 几何平均渗透率。对于非均质且各向异性地层,Warren 和 Price 认为几何平均渗透率最能代表相同大小均质块的渗透率,即:

$$K = \exp\left[\frac{\sum\limits_{i=1}^{n} (h_i \ln K_i)}{\sum\limits_{i=1}^{n} h_i} \right] \qquad (3.11)$$

实践表明,对于由各均质小层构建的复合连续非均质地层系统,等效平均渗透率的求取依赖于非均质性的分布及流体流动方向。当流体顺层流动时,等效平均渗透率采用算术平均法;当流体垂直岩层方向流动时,等效平均渗透率采用调和平均法。

（2）方向渗透率处理。

非均质油藏中,水平渗透率与垂直渗透率一般有很大差异,这种渗透率的方向性变化对油藏开采效果的影响非常重要。无论是测井解释还是岩心测试分析,得到的一般为水平渗透率,垂直渗透率的求取需要借助两者之间的相关性分析。

对于纯净砂岩,受沉积环境和后期地层沉积压实作用的影响,水平渗透率与垂直渗透率之间的关系与岩石颗粒大小、形状及其方向性相关,Tiab 等人建立了平均水力半径和垂直渗透率之间的经验关系模型:

$$K_v = 0.0429 \left(\sqrt{\frac{K_H}{\phi_e}} \right)^{2.4855} \tag{3.12}$$

式中　K_v——垂直渗透率,mD;

　　　K_H——水平渗透率,mD;

　　　ϕ_e——有效孔隙度。

根据 Coates 和 Denoo 模型关于水平渗透率与孔隙度、束缚水饱和度关系,可以得到基于测井解释孔隙度和束缚水饱和度计算垂直渗透率的计算公式:

$$K_v = 4.012 \times 10^3 \, \phi_e^{3.728} \left(\frac{1 - S_{wi}}{S_{wi}} \right)^{2.4855} \tag{3.13}$$

对于含泥砂岩,岩石中泥页岩的分布对非均质地层的渗透率影响很大。Tiab 和 Zahah 提出了三种考虑不同因素的垂直渗透率与水平渗透率相关式:

$$K_v = A_1 \left(\sqrt{\frac{K_H}{\phi_e}} \right)^{B_1} \tag{3.14}$$

$$K_v = A_2 (1 - V_{sh}) \left(\sqrt{\frac{K_H}{\phi_e}} \right)^{B_2} \tag{3.15}$$

$$K_v = A_3 \, d_{gr} \left(\sqrt{\frac{K_H}{\phi_e}} \right)^{B_3} \tag{3.16}$$

式中　A_1、A_2、A_3、B_1、B_2、B_3——特定地层曲线拟合系数;

　　　V_{sh}——泥质含量;

　　　d_{gr}——平均颗粒直径。

此外,对于块状均质厚油层,水平渗透率与垂直渗透率的比值可以通过平行或垂直大岩心轴向钻取的岩心柱测试得到;对于存在垂直裂缝的油藏,干扰测试可以获得较为精确的垂直与水平渗透率大小;对于层状砂岩油藏,必须应用调和平均方法求取纵向单层网格块垂向渗透率大小,尤其是要考虑内部泥岩夹层的影响。

(3)渗透率分布预测。

应用已知的井点解释的散点状的渗透率预测整个层面渗透率的分布需要应用数学插值方法,包括数理统计插值方法和地质统计学方法。实践表明,克里金方法优于三角网插值法、距离反比加权法等传统插值方法,它不仅考虑被估点位置与已知数据位置的相互关系,还考虑到已知点位置之间的相互关系,更能客观反映储层参数的地质分布规律,是一种实用有效的插值方法。

不同的克里金方法原理不同,因此在渗透率插值时,需要根据地质数据的分布特点进行优化选择。简单克里金和普通克里金法都是基于平稳假设,对于地质参数变化不大的插值计算可以给出比较满意的光滑结果。泛克里金考虑了区域化变量的空间漂移性,能突出局部异常,并给出光滑且符合地质特点的结果。协同克里金方法能利用空间变量的相关性,应用多种信息协同进行估计,但过程非常繁琐。指示克里金法是一种基于指示变换值的克里金方法,即对连续的数据按照各数据区间段的门槛值进行指示变换,然后对指示值进行克里金插值。指示克里金法可用于沉积相等离散变量的插值,也可用于变异性较大的连续参数的插值,即对渗透率进行分段离散化处理,还可以充分应用地震、动态或个人经验等多种信息。

虽然克里金方法具有诸多的优势,但实际应用中仍要注意其局限性。当已知数据点太少,抑或观测点的距离大于实际变程时,很难求准变差函数,从而使得基于变差函数的克里金方法插值结果不可靠。另外,由于克里金插值为局部估值方法,对估计值的整体空间相关性考虑不够,这样当井点数据较少且分布不均匀时,可能会出现较大的计算误差,尤其是井点之外的无井区域。第三是克里金插值法为光滑内插方法,虽然插值结果光滑且美观,但仍存在一些有意义的异常点被"光滑"掉了的情况。因此,在应用克里金方法进行渗透率场预测时,要根据已知资料情况进行适应性分析,必要时考虑增加虚拟数据点或综合应用地震资料进行约束处理。

3.3.4 储层厚度

精细的地层对比研究,将储层按照沉积的次序依次划分为层系、油层组、砂层组、小层、油砂体(单油层)等,并得到由砂体厚度分布、有效厚度分布、砂体尖灭线、井点纵向连通性、油水边界线等要素组成的小层平面图,以及相应的小层基本数据表。基于地层对比的研究成果,对与储层厚度相关的数据进行必要的处理,对于获取并建立反映储层空间连通关系和流动能力的油藏骨架模型十分重要。

3.3.4.1 有效厚度及净毛比

油层有效厚度指在现代开采工艺条件下,油气层中具有产油气能力部分的厚度,即在油(气)层厚度中扣除夹层及不出油气部分的厚度。油层有效厚度与有效厚度所对应的油层井段总厚度之比,称之为纯总比,又叫作净毛比。在油藏数值模拟模型中,净毛比的处理主要注意两方面的问题。

(1)净毛比的定义。

从油藏地质研究角度分析,净毛比指的是纯油层段内有效厚度与总厚度的比值,也就是在计算总厚度时不考虑水层段厚度。对比以下两种情况(图 3.7),图 3.7a 为纯油层,厚度 H,内部存在厚度 h_1 的夹层;图 3.7b 为油水同层,储层总厚度 H,其中下部水层厚度 h_2,上部油层内存在厚度 h_1 的夹层。两种情况下的净毛比计算分别为:

$$\mathrm{ntg_a} = \frac{H - h_1}{H} \tag{3.17}$$

$$\mathrm{ntg_b} = \frac{H - h_1}{H - h_2} \tag{3.18}$$

对比可见,当存在水层段时,地质定义上的净毛比计算结果大于纯油层情况。但在数值模拟模型中,无论是油层还是水层,只要具有渗透能力,都视为有效储层,故其有效厚度为 $H - h_1$,总厚度为油、水层厚度之和 H,这样一来,图 3.7(b)情况下模拟模型中计算的净毛比与

图 3.7(a)情况相等。这里虽然计算结果相等,但物理含义不同。因此,在砂体总厚度、有效厚度、净毛比参数的处理过程中要注意区分以下三方面:模拟模型中的砂体厚度为油、水层的总厚度,而不仅仅为油层厚度,因此在处理油水界面之外的砂体厚度时要考虑水层的影响;模型中的有效厚度为砂体总厚度扣除内部夹层厚度之后的结果,包括油层、水层及其内部的夹层;模型中的净毛比是针对整个储层而言的,而不仅仅是油层的净毛比,因此,地质意义上的净毛比在油水过渡带及其水层内的计算结果偏小,需要进行物理还原。

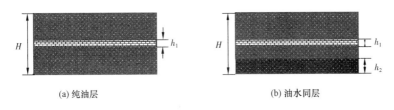

(a) 纯油层　　　　　　　　　　　　(b) 油水同层

图 3.7　不同情况净毛比计算示意图

(2)产层的门槛取值。

油层有效厚度的确定需要综合应用取心、试油、试采、分析化验及测井等多方面的资料,采用多种方法综合分析及相互验证。也就是说,有效厚度的门槛值并不是岩性、物性、含油性及电性等固定的静态参数,而是与油藏驱替介质、开采条件、开发方式等因素相关的动态参数。因此,用基于有效厚度的净毛比参数门槛值来取定产层和非产层,需要根据不同情况区别对待。这里提供几种在确定产层门槛值时需要考虑的参数,希望能引起大家的注意。

一是流度,渗透率和流体黏度的比值,反映了储层物性与流体性质综合影响下的流动能力,比单纯的依据渗透率参数更加合理。例如稠油油藏原油黏度大,可流动的储层渗透率界限比稀油油藏高得多;低渗透油层注水困难,转换为注气开发后,一些原来无法吸水的干层开始吸气,有效储层渗透率门槛下降。

二是储层有效渗透率,即与驱替流体介质相关的相渗透率。模型中常常应用储层的绝对渗透率来描述其渗透性,但实际油藏中流动的介质是液相的油或水,其有效渗透率往往比绝对渗透率小。研究表明,相同的绝对渗透率,由于微观孔隙及喉道的大小和分布不同,有效渗流能力也不同。因此,储层渗透率的门槛值采用有效渗透率更为科学。

三是驱替压差,门槛值的确定与驱替压差的大小相关。例如,在高低渗透互层的油藏中,当油藏压降较小时,低渗透储层基本不产油,而当持续增大压降后,部分低渗透储层又开始生产。

3.3.4.2　隔夹层

隔夹层是油水渗流的重要屏障,一般存在三种情况(图 3.8):稳定的隔层、不稳定的隔层和夹层。油藏数值模拟模型对于隔夹层的处理有直接和间接两种处理方法。

(1)直接处理方法:是把隔、夹层视为一个实际的地质小层,按照与储层相同的描述方法,获取隔夹层的构造深度、厚度及渗透率参数分布,建立网格化的离散数值模型。这种处理方法比较直观且模型刻画相对精确,但缺点是隔夹层的精细描述需要花费更多的地质研究时间,往往很难得到关于隔夹层物性参数,尤其是垂向渗透率大小的分布结果。而垂向渗透率是反映隔夹层渗流阻挡作用的重要参数,为此,一般依据隔夹层厚度与纵向阻挡作用的关系,对隔夹

(a) 稳定隔层   (b) 不稳定隔层   (c) 夹层

图 3.8　隔夹层示意图

层的垂直渗透率分布进行参数赋值。如果无法提供关于隔夹层垂直渗透率分布的定量结果，简单的方法是用一个假定的渗透率值乘以隔夹层厚度的倒数，形成一个与厚度负相关的垂直渗透率分布初值，然后通过动态历史拟合进行调整修正。或者是确定隔夹层封堵能力的最小厚度门槛值，按照厚度门槛值分区设定其垂向渗透率大小。

无论如何，这种直接描述方法会显著增大模型的网格规模，尤其当对发育频繁且不稳定的夹层进行精确描述时，还会产生大量的无效网格节点，以及极小孔隙体积或渗流能力的有效网格节点，引起模拟计算的收敛稳定性。因此，建议只有存在稳定发育的隔层时才宜采用直接处理方法。

（2）间接处理方法：是不对隔夹层进行独立的网格化描述，而是应用等效的方法进行近似描述。

一是通过属性粗化合并等效处理，即把隔夹层与相邻的油层合并为一个纵向网格层，合并后的网格孔隙体积参数通过新的净毛比参数进行修正，其净毛比大小等于隔夹层厚度与合并后总厚度的比值。合并后的垂向渗透率值按照调和平均法进行计算处理。

二是通过虚拟网格技术等效处理，即在模型建立过程中不考虑隔夹层几何属性，只对有效的储层进行网格化描述，与隔夹层相邻的纵向模拟层在空间上被虚拟网格分开，但逻辑上是相邻的，相邻网格之间的传导能力按照隔夹层的垂向渗透率分别赋予相邻的网格面。这种虚拟网格处理方法的优点在于大大减小了网格的规模，提高了计算速度。

3.3.4.3　砂体边界

油藏中控制含油范围的边界线有三种情况：砂体边界线、有效厚度零线和油水界面线。其中砂体边界线为储层与非储层的分界线，有效厚度零线是油层与干层的分界线，而油水界面线是油、水接触面分界线。

对于某岩性油藏地质小层，在叠合小层平面图上，砂体边界线为储层砂体尖灭线，尖灭线以外区域一般不予考虑。有效厚度零线在砂体尖灭线以内，受油藏有效厚度界限标准（岩性、物性、含油性及电性）影响，有效厚度零线与砂体尖灭线之间区域，一般视为没有产油能力的差储层，在模拟模型中可处理为死网格节点。

但需要注意的是，当该区域存在注水井注水时，可根据有效厚度零线附近的注采井的动态分析确定是否具有单相水流动能力，通过历史拟合适时激活区域内死网格节点，并赋予一定的物性参数值。油水界面线受油藏构造形态和油柱闭合高度的影响，在部分岩性油藏中，有效厚度零线与油水界面线组合控制油藏含油面积。

3.3.5 流体饱和度

3.3.5.1 饱和度的获取

饱和度是指储层岩石孔隙体积中流体体积与孔隙体积的比值,常用百分数或小数表示。通常储层岩石孔隙中含有两种或两种以上流体,如油水、水气或油水气,因此饱和度也有含油饱和度、含水饱和度、含气饱和度等区分。饱和度的获取方法主要是实验室岩心分析方法和矿场测试方法。

(1)岩心分析方法。

基于岩心分析的饱和度测定方法主要有常规岩心分析、特殊岩心分析、流动实验分析方法等。

① 常规岩心分析方法。包括蒸馏抽提法和常压干馏法两种方法。

蒸馏抽提法。测定原理是利用密度小于水、沸点高于水且溶解洗油能力强的溶剂(如甲苯,相对密度0.897,沸点110℃)抽提和蒸馏出岩心样品中的油和水,然后将岩样烘干,称其质量,并比较该岩样抽提前后的质量差,获得岩心中油水的质量,再根据水体积求出油的体积,即可以获得岩心的含油和含水饱和度。此方法优点是精度高,缺点是测试时间长。因此此方法常作为基准来对比和校正其他方法。

常压干馏法。测定原理是在电炉高温(50~650℃)处理下,岩心中的油、水被加热,变为油、水蒸气,后经冷凝管冷凝为液体,流入收集量筒中,由此得到油、水体积,再由其他方法测出岩石孔隙体积,就可算出岩心的含油和含水饱和度。此方法优点是测量速度快,缺点一是干馏过程中由于蒸发结焦或裂解等原因,会导致原油体积减小;二是高温将引起岩石矿物中结晶水的析出,造成水饱和度的升高。在实际工作中可以通过绘制干馏出水量与时间、温度的关系曲线和原油体积校正曲线来校正测试数据。

② 特殊岩心分析方法。主要用来测量束缚水饱和度,从而获得原始含油饱和度。测量束缚水饱和度的方法主要有半渗透隔板法和离心机法。测量原理都是基于油气必须克服岩石的毛细管阻力才能进入并占据岩心的孔隙空间。不同的是半渗透隔板法采用外加压力来克服毛细管阻力,离心机法采用离心机所产生的离心力来克服毛细管阻力。它们在某种程度上模拟了油气饱和度的形成过程,是比较理想的测定油气饱和度方法。

流动实验方法。其原理是在一定的压力、温度和流量条件下,用油或气体驱替100%饱和水的岩心,将从岩心中驱出的水收集起来,用以计算岩心中的束缚水饱和度。该方法测得的束缚水饱和度主要取决于驱替压力、速度和流量。由于该方法近似地模拟了地层中油气的运移过程,而且流动过程基本发生在连通孔隙,故该方法测得的束缚水饱和度有较高的参考价值。其缺点是实验条件要求较高,耗时较长。

(2)矿场测试方法。

矿场分析方法主要有以测井技术为基础的饱和度测定方法、试井方法、井下示踪剂方法。

① 饱和度测井法。包括电阻率测井方法、脉冲中子测井方法(PNC)等方法。电阻率测井结果与岩石的次生特征——流体组成有关。流体饱和度的测量依赖于对岩石孔隙度、泥质含量、胶结指数、地层水电阻率和黏土电导的认识与了解。1942年G. E. Archie发表了含水饱和度、岩石及流体特征和电阻率的关系式,即阿尔奇公式:

$$S_w = \left(\frac{R_w \phi^{-m}}{R_t} \right)^{\frac{1}{n}} \tag{3.19}$$

式中　S_w——含水饱和度,%;

　　　R_w——地层水电阻率,$\Omega \cdot$ m;

　　　R_t——实测含水岩石的电阻率,$\Omega \cdot$ m;

　　　m——岩性指数,$m \leqslant 1$;

　　　n——饱和度指数,$n > 1$;

　　　ϕ—孔隙度。

脉冲中子测井(PNC)可用于下套管井,因此可用来测定残余油饱和度。该技术由 Dresser Atlas 于 1963 年研究成功,并得到了广泛应用。Dresser Atlas 称脉冲中子俘获测井为中子寿命测井(NLL),斯伦贝谢公司称它为热中子衰减时间测井(TDT)。该方法利用中子发射器重复地发射高能中子脉冲,当这些高能中子减速到热中子态后,就被该仪器周围不同原子的原子核所俘获,每次俘获都放射出相应的伽马射线,这些射线可以由距中子源较近的仪器记录,热衰减时间基本上与原子核周围的俘获截面积成反比。该方法求取储层流体饱和度的公式为:

$$\sum_t \phi = \sum_{ma} (1 - \phi) + \sum_{wl} S_w \phi + \sum_h (1 - S_w) \phi \tag{3.20}$$

式中　$\sum_t \phi$——总俘获面积;

　　　$\sum_{ma} (1 - \phi)$——岩石骨架俘获面积;

　　　$\sum_{wl} S_w \phi$——原始地层水俘获面积;

　　　$\sum_h (1 - S_w) \phi$——烃俘获面积。

脉冲中子测井技术的主要优点是用测—注—测技术得到套管周围的残余油饱和度,是一种极有前途的技术。另外,核磁测井、碳/氧测井、伽马辐射测井和介电常数测井等技术都能用于测量储层流体饱和度,而且这些技术的发展潜力大,测试精度也在逐步提高。

② 试井方法。目前用于分析储层流体饱和度的试井方法主要有压力降落试井、压力恢复试井和(多井)干扰试井等。试井方法估算储层流体饱和度的基本原理是根据不稳定试井资料估算储层有效渗透率,建立储层有效渗透率与含油饱和度关系,利用油藏系统的压缩系数建立压缩系数与含油饱和度的关系。

③示踪剂方法。示踪剂是指能随流体流动,指示流体的存在、运动方向和运动速度的化学剂。示踪剂方法是通过注入和采出分配示踪剂的方法测量储层流体饱和度。示踪剂在油水中充分扩散,并达到局部平衡,确定分配系数。油水两相在孔隙中是相对运动的,示踪剂的运动速度与油水运动速度、分配系数、油水饱和度有关,通过实验确定分配系数,再在矿场测得油水运动速度,可以计算得到储层中含油饱和度。

3.3.5.2　饱和度处理

根据油藏饱和度非均质分布状况及其生产动态特征,存在以下不同的饱和度处理方式。

沉积条件相对单一,储层物性相对均一,根据研究需要可以定义油藏统一的原始含油饱和度,即油藏形成后油水界面以上各区域含油饱和度都一致,油水过渡带上饱和度按照毛细管力计算得到其分布。

当储层物性变化较大时,不同区域分布的饱和度有差异,主要是油藏形成过程中油驱水时驱替程度不同而形成了饱和度与物性相关的分布状况,物性好的区域含油饱和度高,物性差的区域含油饱和度稍低,即初始含油饱和度呈现非均质分布。此时需要根据测井解释饱和度与物性等参数相关性关系式,建立原始含油饱和度计算公式,再根据不同位置网格物性计算得到原始含油饱和度的非均质分布形式。

在低渗透油藏成藏过程中油驱水程度低,原始含水饱和度一般较大,原始含油饱和度相对较小,在开发初期油井已投产即产水,主要是含油饱和度低,含水饱和度超过了可动水饱和度,因此一投产就有水产出。

3.4　相对渗透率曲线

3.4.1　相对渗透率曲线的获取

获得相对渗透率曲线的方法很多,大体上分为直接测定和间接计算两大类。

3.4.1.1　实验室测定法

(1)稳态法。

获取相对渗透率最基本的方法,其基本原理是当多相流体在多孔介质中共同渗流且处于稳定状态时,各相流体按照自己选定的渠道流动,各相流体的渗流过程可以认为是彼此无关的。在某一个含水饱和度下,当流量与流压稳定时,各相在多孔介质中的相态分布达到平衡。在该相态分布状况下,多孔介质对任一相的渗流能力为常数,可由达西定律计算出相渗透率。稳态法测试相对渗透率结果相对可靠,适合于理论研究和复杂岩性(非均质严重)、油水黏度比低用非稳态难以测定的情况,但操作复杂,周期长,数据稳定性影响因素多,低渗透的微小流量情况下精度不够。

(2)非稳态法。

基于外部注水或注气驱油动态确定岩样相对渗透率的方法,其基本原理是以一维两相水驱油基本理论为基础,在水驱过程中,假设水油饱和度在多孔介质中的分布是距离和时间的函数。在定压差时,流量随时间而变化。在水驱油过程中,准确地计量不同时间对应的油、水流量及压差,即可利用一维二相水驱油基本理论,求出相对渗透率随饱和度的变化关系。非稳态法测试相对渗透率操作方便,测量速度快,数据统一性好,但计算复杂,实验中要施加足够大的压力梯度以减小毛细管力的作用。

(3)相对渗透率曲线实验条件。

必须特别强调的是,要获取能够代表油藏条件下的相对渗透率曲线,需要建立与油藏环境相似的实验条件。

① 润湿性。实验所用岩样均根据润湿性的测定结果选择合适的溶剂进行洗油,确保润湿性的一致性。

② 孔隙结构。要求选取目的层有代表性的天然岩心进行相渗曲线测定,确保孔隙结构的

一致性。

③ 油水黏度。根据油水黏度比相似的原则配制实验模拟油。

④ 流体性质。根据地层水和注入水的成分分析资料配制地层水和注入水或等矿化度的盐水。

⑤ 温度。尽可能模拟地层温度,在实验条件不具备的情况下,按相应温度下的油水黏度比选择流体。

⑥ 上覆压力。根据资料进行地层条件下上覆压力的模拟。

(4)常见的异常相对渗透率曲线。

相对渗透率曲线测试流程复杂,受实验过程中操作方法、测试条件等多种因素的影响,室内测试相对渗透率曲线会产生不符合实际岩样的异常情况,主要表现为以下五种。

① "S"形曲线:水相渗透率和油相渗透率均呈现"S"形,这类曲线经常会表现为相关岩样曲线的一致性异常。

② "驼背"曲线:曲线表现为在水驱替前期,油相渗透率下降缓慢,水相渗透率则快速上升,驱替一段时间(一般在见水点附近)油相渗透率迅速下降,水相渗透率则上升缓慢甚至呈下降趋势。

③ 曲线末端点突变:曲线主体形态正常,只是在最后一点(主要是水相)明显偏离主体曲线趋势,突然变大或变小。

④ 曲线"低爬":在整个驱替过程中,油水两相渗透率都很低,水相渗透率呈微弱的上升趋势;束缚水状态下的油相渗透率就很低,水驱后又迅速下降。此类异常现象一般常见于低渗透岩样试验中。

⑤ 无实验曲线:驱替过程中见水后再无油或极少有油产出,只能计算端点相对渗透率,没有过程点,无法绘制相渗曲线。当油水黏度比太低时极易出现这种情况。

为正确区分非常规的相对渗透率曲线是否属于实验测试异常还是实际储层类型曲线特点,需要充分结合实验过程开展原因分析。通常情况下产生曲线异常的实验问题是:计算方法的适应性问题,如试验数据的计算处理存在一定的缺陷,主要是计算过程中对边界值的处理不太合理;测试条件不满足,超出了试验流程设计的测试范围,如超出了达西定律的使用范围或油水黏度比过低等;测试过程中产生岩石孔道阻塞,如外部侵入的微粒、内部分散脱落微粒、矿物沉淀、微小液珠等颗粒随流体运移阻塞孔道,造成渗透率下降等。

3.4.1.2 其他计算方法

实际应用过程中,能够获取的相对渗透率资料十分有限,经常存在目标区块内无实测相对渗透率曲线的情况,必须通过间接计算方法得到。间接计算方法有相似区块借用法、经验公式法和矿场资料法等。

(1)相似区块借用法。

相似区块借用的关键是要把握油藏储层岩石、流体的相似性,从影响相对渗透率曲线的主要因素方面进行借用区块与目标区块的一致性(或相似性)对比,包括岩性、沉积类型、渗透性和孔隙结构、流体性质(黏度)、油藏埋深、润湿性、油藏温度等。相似的因素越多,借用的可靠性越大。

（2）经验公式法。

基于大量实验数据的统计处理与分析,建立相对渗透率的预测经验公式。不同的学者提出了适合不同条件的经验方程,这里推荐一种比较实用的 M. R. J. Wyllie 关系式。首先定义有效相饱和度公式:

$$S_o^* = \frac{S_o}{1 - S_{wc}}$$

$$S_w^* = \frac{S_w - S_{wc}}{1 - S_{wc}} \tag{3.21}$$

$$S_g^* = \frac{S_g}{1 - S_{wc}}$$

式中　S_o^*、S_g^*、S_w^*——油、气、水有效饱和度;

　　　S_o、S_g、S_w——油、气、水饱和度;

　　　S_{wc}——束缚水饱和度。

对于油水系统,排驱条件下油相相对渗透率(K_{ro})及水相相对渗透率(K_{rw})计算公式见表 3.1。

表 3.1　排驱条件下油水相对渗透率计算公式

储层类型	油相渗透率K_{ro}	水相渗透率K_{rw}
分选好的非胶结砂岩	$(1 - S_w^*)^3$	$(S_w^*)^3$
分选差的非胶结砂岩	$(1 - S_w^*)^2(1 - S_w^{*1.5})$	$(S_w^*)^{3.5}$
胶结砂岩、鲕状灰岩	$(1 - S_w^*)^2(1 - S_w^{*2})$	$(S_w^*)^4$

对于油气系统,排驱条件下油相相对渗透率(K_{ro})及气相相对渗透率(K_{rg})计算公式见表 3.2。

表 3.2　排驱条件下油气相对渗透率计算公式

储层类型	油相渗透率K_{ro}	气相渗透率K_{rg}
分选好的非胶结砂岩	$(S_o^*)^3$	$(1 - S_o^*)^3$
分选差的非胶结砂岩	$(S_o^*)^{3.5}$	$(1 - S_o^*)^2(1 - S_o^{*1.5})$
胶结砂岩、鲕状灰岩	$(S_o^*)^4$	$(1 - S_o^*)^2(1 - S_o^{*2})$

（3）矿场资料法。

在已知储量、基础数据(表 3.3)及实验室确定的相渗端点值条件下,可以利用油水生产动态资料计算相对渗透率曲线。具体方法如下。

表 3.3　基础数据表

残余油饱和度	束缚水饱和度	油黏度 mPa·s	水黏度 mPa·s	油密度 g/cm³	油体积系数	水体积系数
0.22	0.25	2.94	0.45	0.74	1.3	1.0

第一步,将整个油藏看作一个系统,利用公式(3.22)计算含水率,并建立含水率与相渗比值的关系。

$$f_{\mathrm{w}} = \frac{q_{\mathrm{w}}}{q_{\mathrm{o}} + q_{\mathrm{w}}} = \frac{\rho_{\mathrm{w}} K_{\mathrm{rw}}/(\mu_{\mathrm{w}} B_{\mathrm{w}})}{\rho_{\mathrm{o}} K_{\mathrm{ro}}/(\mu_{\mathrm{o}} B_{\mathrm{o}})} \tag{3.22}$$

第二步,应用物质平衡原理,利用公式(3.23)计算油藏平均含水饱和度,并建立含水率f_{w}与平均含水饱和度S_{w}(或采出程度R)关系。

$$S_{\mathrm{w}} = 1 - \overline{S}_{\mathrm{o}} = 1 - (1 - R)(1 - S_{\mathrm{wi}})$$
$$= R(1 - S_{\mathrm{wi}}) + S_{\mathrm{wi}} \tag{3.23}$$

第三步,利用相对渗透率解析公式[简单解析式(3.24)和式(3.25)],根据相对渗透率端点值求得系数a_{o}和a_{w},然后应用优化算法(非线性参数识别方法)拟合确定系数b_{o}和b_{w}(拟合目标为含水率与平均含水饱和度/或采出程度关系曲线),最后应用解析式计算得到相对渗透率曲线。

$$K_{\mathrm{rw}}(S_{\mathrm{w}}) = a_{\mathrm{w}} \left[\frac{S_{\mathrm{w}} - S_{\mathrm{wi}}}{1 - S_{\mathrm{wi}} - S_{\mathrm{or}}} \right]^{b_{\mathrm{w}}} \tag{3.24}$$

$$K_{\mathrm{ro}}(S_{\mathrm{w}}) = a_{\mathrm{o}} \left[\frac{1 - S_{\mathrm{or}} - S_{\mathrm{w}}}{1 - S_{\mathrm{wi}} - S_{\mathrm{or}}} \right]^{b_{\mathrm{o}}} \tag{3.25}$$

该方法的优点在于基于区块动态规律,反映了整个油藏渗流特征,具有较强的代表性;曲线笼统包含了油藏非均质性的影响,预测结果符合油藏特征;获得的相对渗透率曲线还反映出了其长期注水动态变化的因素。因此,该方法弥补了没有试验数据条件下的相对渗透率获取途径。但具体操作过程中其非线性参数识别方法的应用比较复杂,需要借助软件实现。

3.4.2 相对渗透率曲线的处理

受相对渗透率曲线室内测试数量、环境条件、尺度变化、数值计算等因素的影响,要获取代表性的油藏数值模拟输入相对渗透率曲线,需要对相对渗透率测试结果进行必要的处理。

3.4.2.1 单条曲线处理

(1)曲线的常见形式。

常见提供的相对渗透率曲线存在三种不同的表达形式,如图3.9所示。三种曲线本质上都是岩心样品两相渗流规律的客观反映,但其表现形式和目的要求不同,且曲线数值存在差异,应用过程中要加以区别。

对比三种曲线的差别,图3.9a为实验报告曲线,按照行业标准进行数据处理后,其最大油相相对渗透率等于1,水相相对渗透率进行了相应的系数放大;图3.9b是对实验报告曲线进行还原校正后的结果,最大油相相对渗透率小于1,符合岩心实际流动能力;图3.9c是在还原曲线的基础上按照曲线变化趋势进行延长后的结果,从理论上给出了单相油和单相水在饱和度变化过程中的渗流能力变化。为满足不同方面分析与研究的需要,通常要将获得的相对渗

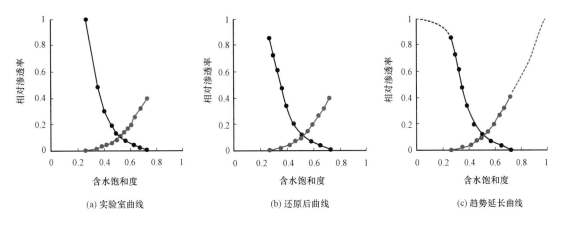

(a) 实验室曲线　　　　　(b) 还原后曲线　　　　　(c) 趋势延长曲线

图 3.9　三种常见的相对渗透率曲线形式

透率曲线进行必要的形式转换。

（2）还原基准渗透率。

如前所述，基于油水相对渗透率的定义式绘制的相对渗透率曲线与行业试验标准测定报告结果存在差异。表 3.4 为实验室给出的油水相对渗透率测定报告，在实验结果数据中，根据行业标准要求，将实测的相渗曲线进行了标准化处理，即用实测的相渗透率除以最大油相渗透率，使得油相相对渗透率曲线的左端点值为 1。很显然，对于非润湿相的原油，在束缚水条件下，有效渗流能力要小于基准（绝对）气测渗透率值，其相对渗透率要略小于 1。

表 3.4　油水相对渗透率测定报告

一、基础数据

井号	—	实验日期	2005 – 07 – 15
岩样号	Xkl	空气渗透率,mD	33.9
井段,m	—	束缚水时油相渗透率,mD	18.7
距顶,m	—	残余油时水相渗透率,mD	1.46
层位	—	注入水名称	3% KCl 水
岩样长度,cm	5.89	注入水黏度,mPa·s	0.9522
岩样直径,cm	2.44	注入水矿化度,mg/L	30000
孔隙度,%	15.8	模拟油名称	自配油
束缚水饱和度,%	34.9	模拟油黏度,mPa·s	2.121
残余油饱和度,%	33.4	实验温度,℃	50.0

二、实验数据

含水饱和度 S_w	油相相对渗透率 K_{ro}	水相相对渗透率 K_{rw}	水分流量 f_w
0.349	1.0000	0.0000	0.000
0.443	0.3574	0.0108	0.100
0.489	0.1734	0.0195	0.200
0.515	0.1146	0.0257	0.333

续表

含水饱和度 S_w	油相相对渗透率 K_{ro}	水相相对渗透率 K_{rw}	水分流量 f_w
0.553	0.0587	0.0385	0.667
0.616	0.0187	0.0546	0.867
0.666	0.0000	0.0780	1.000

因此,在建立油藏数值模拟岩石—流体模型时,应将实验提供的油、水相对渗透率数据分别乘以一个校正系数,系数大小等于最大油相渗透率(束缚水时的油相渗透率)与岩样的绝对渗透率(或空气渗透率)之比,这个过程称之为相对渗透曲线的复原。

以表3.4实验报告数据为例,从基础数据栏中可以得到岩样的最大油相渗透率为18.7mD,绝对渗透率为33.9mD,相对渗透率校正系数为0.5516。因此,曲线还原时分别将实验报告中的油、水相对渗透率值乘以该校正系数,得到校正后的曲线,结果对比如图3.10所示。

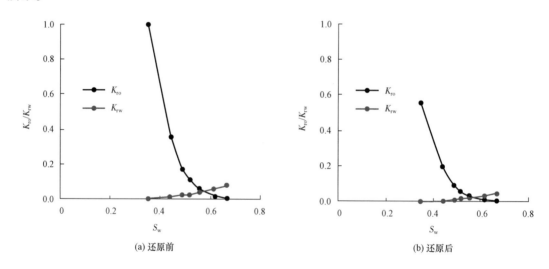

图 3.10　相对渗透率曲线还原前后对比

相对渗透率曲线复原的意义在于,还原了油、水在多孔介质中实际的渗流能力,对于油、水生产指数或能力的计算更加合理。如果未进行相对渗透率曲线的还原处理,虽然没有改变油水流度比的大小,对含水的计算不产生影响,但在定产量控制模式下模型中计算的油井生产压差、水井注水压差会比实际偏小。因此,在进行油藏数值模拟之前需要对实验室提供的相对渗透率曲线进行还原处理。

(3)还原饱和度端点值。

由于实验室环境与油藏环境的不同,通过岩心相对渗透率测试可以获得曲线端点流体饱和度,如束缚水饱和度 S_{wi}、残余油饱和度 S_{orw} 等,其大小与高温高压油藏环境存在差异,必须进行适合于油藏条件下的数据转换。

测井解释的原始含油饱和度是在基于油藏环境下得到的,进而可根据原始含油饱和度与束缚水饱和度的关系,计算得到油藏束缚水饱和度值,但无法获得油藏条件下的残余油饱和度。据此,根据驱替效率相等的原则,结合测井所得的束缚水饱和度S_{wi},将岩心测量得到的端点残余油饱和度放大到油藏。

假设油藏尺度下的微观驱替效率与岩心尺度下的微观驱替效率相同,利用岩心相对渗透率曲线的束缚水饱和度S_{wi}、残余油饱和度S_{orw},计算水驱油效率E_{Dw},计算公式为:

$$E_{Dw} = \frac{1 - S_{wi} - S_{orw}}{1 - S_{wi}} \qquad (3.26)$$

利用以上E_{Dw},结合在油藏尺度下测井解释得到的原始含油饱和度S_{oi},计算出束缚水饱和度S_{wi}(即$1 - S_{oi}$),再利用公式(3.27)计算得到油藏环境下的残余油饱和度S_{orw}:

$$S_{orw} = (1 - S_{wi})(1 - E_{Dw}) \qquad (3.27)$$

同理,对于油气系统,采用相同的方法可以基于油气相对渗透率曲线上的气驱油残余油饱和度,结合测井解释的束缚水饱和度,按照驱替效率相等原则,计算出油藏环境下的气驱残余油饱和度S_{org}:

$$E_{Dg} = \frac{1 - S_{wi} - S_{org}}{1 - S_{wi}} \qquad (3.28)$$

$$S_{org} = (1 - S_{wi})(1 - E_{Dg}) \qquad (3.29)$$

式中　E_{Dg}——气驱油效率。

需要说明的是,以上计算方法只能得到油藏条件下的近似值,更准确的结果仍然来源于油藏尺度下的测量值。

3.4.2.2　多条曲线处理

(1)曲线分类。

当提供了多条相对渗透率曲线资料后,建立与油藏非均质认识相一致的岩石—流体渗流特征曲线是非均质油藏模拟研究的重要基础。理论上讲,岩石类型相似或相同的储层具有相近的相对渗透率曲线规律。因此,对相对渗透率曲线进行合理的分类和处理,获取能代表不同类型岩石渗流特征的典型相对渗透率曲线,可以更精细地描述复杂非均质油藏的岩石—流体渗流特征。

根据所获取的相对渗透率曲线资料信息情况,可以选择以下四种分类方式之一进行分类处理。

一是按照岩心渗透率或孔隙度大小分类。

即根据相渗曲线测试岩样基础数据表中的渗透率或孔隙度值的大小情况,按照一定的数据分区原则(例如,按渗透率大小划分为低渗透、中渗透、高渗透三个区间)进行曲线分类,落入相同区间的相渗曲线归为一类。该分类方式比较简单,对于储层沉积、成因相近,非均质程度较小的油藏比较适用。

二是建立储层物性指数(FZI)与岩样相渗饱和度端点关系曲线,根据曲线分段情况分类。

具体步骤如下:

首先,根据测试岩样孔隙度ϕ、渗透率K参数计算储层物性指数(FZI):

$$FZI = \frac{1 - \phi}{\phi} \sqrt{\frac{K}{\phi}} \tag{3.30}$$

其次,根据所有岩心测试资料,建立物性指数(FZI)与曲线端点饱和度(束缚水饱和度或残余油饱和度)之间的关系曲线,并且根据对物性指数的分段确定各段所对应的束缚水饱和度;

最后,利用分段的束缚水饱和度区间对所有的相对渗透率曲线进行归类。

储层物性指数综合体现了岩石流体的渗流特性,采用该方法进行相渗曲线的分类符合地质成因规律,更加科学合理。

三是按照(标准化)相对渗透率曲线(或半对数)形态分类。

检验数据确保曲线能够代表所属类型的特征,要求对同类曲线进行标准化,以消除端点饱和度(临界流动饱和度)的影响,同时排除不具备该类型代表性的任何曲线。

$$S_w^* = \frac{S_w - S_{wi}}{1 - S_{wi} - S_{or}} \tag{3.31}$$

$$K_{ro}^*(S_w^*) = \frac{K_{ro}(S_w)}{K_{romax}} \tag{3.32}$$

$$K_{rw}^*(S_w^*) = \frac{K_{rw}(S_w)}{K_{rwmax}} \tag{3.33}$$

式中　S_w——含水饱和度(相渗曲线);

S_{wi}——束缚水饱和度(相渗曲线);

S_{or}——残余油饱和度(相渗曲线);

$K_{ro}(S_w)$——油相渗透率(相渗曲线);

$K_{rw}(S_w)$——水相渗透率(相渗曲线);

K_{romax}——最大油相渗透率(相渗曲线);

K_{rwmax}——最大水相渗透率(相渗曲线);

S_w^*、$K_{ro}^*(S_w^*)$、$K_{rw}^*(S_w^*)$——标准化后的含水饱和度、油相渗透率和水相渗透率。

对于油气系统,油气两相相对渗透率曲线中的含气饱和度标准化计算公式为:

$$S_{go}^* = \frac{S_g}{1 - S_{wi} - S_{org}} \tag{3.34}$$

式中　S_{go}^*——标准气相饱和度;

S_g——气相饱和度;

S_{org}——油气体系中的残余油饱和度。

以及

$$S_{gg}^* = \frac{S_g - S_{gc}}{1 - S_{wi} - S_{org} - S_{gc}} \tag{3.35}$$

式中　S_{gg}^*——标准气相饱和度;

S_{gc}——临界气饱和度。

可以看出,对于油气体系,标准化的气相饱和度存在两种不同的定义。这是因为当存在残余水时,油在 $0 < S_g < 1 - S_{wi} - S_{org}$ 的范围内是可流动的,而气体在 $S_{gc} < S_g < 1 - S_{wi} - S_{org}$ 的范围内可以流动。

对所有测试相对渗透率曲线进行标准化处理之后,绘制处理前、标准化后直角坐标和半对数坐标曲线,如图 3.11 所示,观察同类相对渗透率曲线的一致性变化。

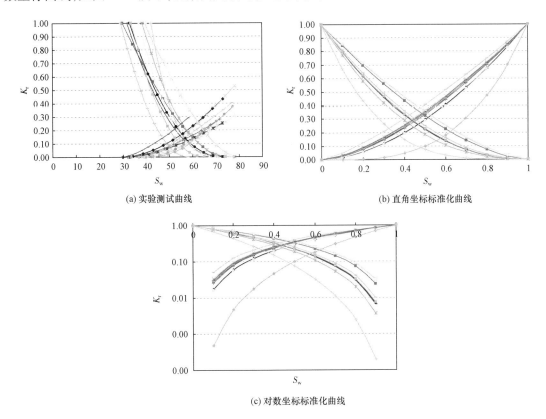

(a) 实验测试曲线　　　　　　　　(b) 直角坐标标准化曲线

(c) 对数坐标标准化曲线

图 3.11　相对渗透率曲线标准化处理与分类

由图 3.11 可以看出,原始的实验室测试曲线受饱和度端点值影响,曲线形态的规律性特征比较杂乱,进行标准化处理后其聚类特征显现,半对数处理后各类之间的差异更加明显。根据曲线分布特征,将规律相同且位置紧邻或重合的曲线归类划分,对于个别存在显著差异且数据量较少的曲线,进一步落实其可靠性和代表性后,决定曲线的取舍和分类。

四是按照(标准化)相对渗透率比值曲线(或半对数)形态分类。

与上述方法不同,该方法用一条相渗比值曲线代替两条相对渗透率曲线。由于相渗比值曲线所代表的物理意义不同,其曲线的聚类特征略有差异,如图 3.12 所示。

以油水系统为例,油相相渗和水相相渗数值大小会直接影响井的计算产能,而水油相渗比值影响井的计算含水。因此,建议在曲线分类中同时考虑两种类型的曲线,满足产能和含水变化都一致性的分类原则,即分别按照两种分类方法进行归类处理,如果两者结果一致最为理想,否则需要分析不同分类对预测结果的影响程度。

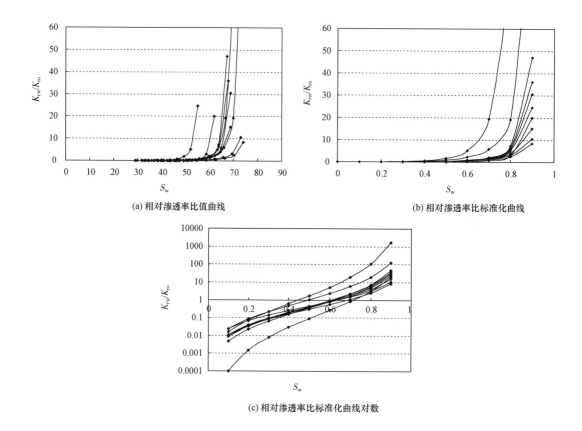

(a) 相对渗透率比值曲线 (b) 相对渗透率比标准化曲线

(c) 相对渗透率比标准化曲线对数

图 3.12　相对渗透率比值曲线标准化处理与分类

（2）同类相对渗透率曲线的平均化。

相对渗透率曲线分类后，如何获得多条同一类曲线的代表性结果，需要对同类曲线进行平均化处理。

首先进行同类曲线特征值求取。

同类别的相对渗透率曲线，其曲线特征值（如束缚水饱和度、残余油饱和度、最大油相渗透率、最大水相渗透率等）存在差异，需要平均化处理，可以选择以下三种处理方法。

方法一是简单算术平均，即对同类不同条相渗曲线的特征端点值进行算术平均计算。

方法二是特征值频率直方图法，即绘制特征参数频率直方图，根据参数频率分布情况看图选值。

方法三是建立特征值与储层渗透率（或孔隙度，或物性指数 FZI）之间的关系式，根据储层物性参数平均值结合回归关系式求取相渗曲线平均特征值。

接下来进行同类曲线的平均化，存在两种曲线平均化方法。

方法一是基于原始相渗曲线的平均化。按照前面相渗曲线分类的方法分类处理后，根据样品编号将同类别的非标准化的相渗曲线数据筛选汇总整理，绘制一张包含同类所有相渗资料的饱和度与相对渗透率散点图，并对散点数据进行多项式回归，以此作为平均相对渗透率计算的基础模型。利用该回归公式，结合同类曲线平均特征值，计算得到代表同类曲线的平均化典型曲线。

方法二是基于标准化相渗曲线的平均化。在标准化曲线上,将饱和度从 0~1 按照一定间隔等分,读取不同饱和度值下的相对渗透率值,并按照公式(3.36)、公式(3.37)分别求取各饱和度点处的平均油、水相对渗透率值。

$$K_{ro}^{*}(S_{w}^{*})_{k} = \frac{\sum\limits_{i=1}^{n}\left[K_{ro}^{*}(S_{w}^{*})_{k}\right]_{i}}{n} \tag{3.36}$$

$$K_{rw}^{*}(S_{w}^{*})_{k} = \frac{\sum\limits_{i=1}^{n}\left[K_{rw}^{*}(S_{w}^{*})_{k}\right]_{i}}{n} \tag{3.37}$$

式中　n——同类相渗曲线数;

　　　k——饱和度分段数。

方法一获得的平均相渗曲线代表了油藏条件下的结果,而方法二是同类标准化曲线的平均值,还需要进行平均化曲线的还原。

(3)平均化曲线的还原。

利用求得的油藏条件下相渗曲线的平均特征值,按照标准化相反的思路,对平均标准化相对渗透率曲线进行非标准化处理,形成油藏条件下的相对渗透率曲线。

$$S_{w} = S_{w}^{*} \cdot (\overline{S}_{wmax} - \overline{S}_{wi}) + \overline{S}_{wi} \tag{3.38}$$

$$K_{ro}(S_{w}) = \overline{K}_{ro}^{*}(S_{w}^{*}) \cdot \overline{K}_{romax} \tag{3.39}$$

$$K_{rw}(S_{w}) = \overline{K}_{rw}^{*}(S_{w}^{*}) \cdot \overline{K}_{rwmax} \tag{3.40}$$

式中　S_{w}^{*}——标准化含水饱和度;

　　　$\overline{K}_{ro}^{*}(S_{w}^{*})$，$\overline{K}_{rw}^{*}(S_{w}^{*})$——标准化油相、水相相渗平均值;

　　　$\overline{K}_{romax}$，$\overline{K}_{rwmax}$——平均最大油相、水相渗透率;

　　　$\overline{S}_{wmax}$——平均最大水饱和度;

　　　$\overline{S}_{wi}$——平均束缚水饱和度;

　　　S_{w}——还原后含水饱和度;

　　　$K_{ro}(S_{w})$，$K_{rw}(S_{w})$——还原后油相、水相渗透率。

3.4.2.3　三相相对渗透率

三相相渗实验室难以测试,只有通过油水和油气(+束缚水)的两相相渗来求三相相渗。

三相渗流实验研究表明(图3.13),润湿相(水)的相对渗透率只是(近似)润湿相(水)饱和度的函数,非润湿相(气)的相对渗透率只是(近似)非润湿相(气)饱和度的函数,而中间润湿相(油)的相对渗透率最复杂,是各相(油、气、水)饱和度的函数。因此,三相流动下润湿相(水)和非润湿相(气)的相对渗透率与其饱和度的函数关系与两相(油水、油气+束缚水)时的相同,关键是求中间润湿相(油)的相对渗透率与各相饱和度的关系。Stone 给出了三相相对渗透率的概率计算模型。

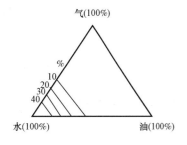
(a) 水的三相相对渗透率

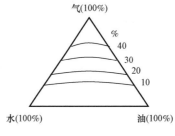
(b) 气的三相相对渗透率

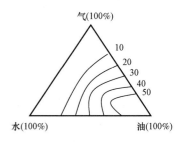
(c) 油的三相相对渗透率

图 3.13　油、气、水三相相对渗透率关系

假设已知油水、油气两相系统下的相对渗透率关系,对三相饱和度进行标准化处理:

$$S_o^* = \frac{S_o - S_{om}}{1 - S_{wc} - S_{om}} \qquad (当 S_o \geqslant S_{om} 时) \tag{3.41}$$

$$S_w^* = \frac{S_w - S_{wc}}{1 - S_{wc} - S_{om}} \qquad (当 S_w \geqslant S_{wc} 时) \tag{3.42}$$

$$S_g^* = \frac{S_g}{1 - S_{wc} - S_{om}} \tag{3.43}$$

式中　S_o^*,S_w^*,S_g^*——标准化含油、含水、含气饱和度;

S_o,S_w,S_g——两相系统含油、含水、含气饱和度;

S_{wc}——束缚水饱和度;

S_{om}——三相系统非零残余油饱和度。

三相系统非零残余油饱和度 S_{om} 不同于任意两相系统下的残余油饱和度:

$$S_{om} = \alpha S_{orw} + (1 - \alpha) S_{org} \tag{3.44}$$

其中

$$\alpha = 1 - \frac{S_g}{1 - S_{wc} - S_{org}}$$

式中　S_{orw}、S_{org}——油水和油气两相系统下的残余油饱和度。

则三相系统中油相相对渗透率计算公式为:

$$K_{ro} = S_o^* \beta_w \beta_g \tag{3.45}$$

其中

$$\beta_w = \frac{K_{row}}{1 - S_w^*}$$

$$\beta_g = \frac{K_{rog}}{1 - S_g^*}$$

式中 K_{row}、K_{rog}——油水和油气两相系统下的油相对渗透率。

以上公式为三相相对渗透率计算 Stone1 模型,其修正公式为:

$$K_{ro} = \frac{S_o^*}{(1 - S_w^*)(1 - S_g^*)}\left[\frac{K_{row} K_{rog}}{(K_{ro})_{S_{wc}}}\right] \tag{3.46}$$

为避免三相系统残余油计算的困难,提出了另一种计算三相系统中油相相对渗透率计算公式,即 Stone2 模型:

$$K_{ro} = (K_{ro})_{S_{wc}}\left\{\left[\frac{K_{row}}{(K_{ro})_{S_{wc}}} + K_{rw}\right]\left[\frac{K_{rog}}{(K_{ro})_{S_{wc}}} + K_{rg}\right] - (K_{rw} + K_{rg})\right\} \tag{3.47}$$

实际应用过程中,可以采用以下两种更为简化的模型:

$$K_{ro} = K_{row} K_{rog} \tag{3.48}$$

$$K_{ro} = K_{rog}\left[\frac{S_g}{S_w + S_g - S_{wc}}\right] + K_{row}\left[\frac{S_w - S_{wc}}{S_w + S_g - S_{wc}}\right] \tag{3.49}$$

3.4.3 相对渗透率曲线的模型化输入

处理后的相对渗透率曲线在输入油藏模拟数据文件时,要根据数值模拟的计算需求,进行必要的数据检查与处理,满足模型流体平衡及流动计算的客观要求。

3.4.3.1 饱和度函数表生成

相对渗透率曲线通常是以饱和度函数表的形式输入模型文件中。从一条实验室提供的相对渗透率曲线到油藏数值模拟饱和度函数表的生成,期间经过如下几个环节。下面以表 3.5 数据为例进行举例说明。

第一步,还原基准渗透率处理。对实验报告表中的油、水相对渗透率进行校正,得到如图 3.9 所示的校正曲线,校正前后的数据对比见表 3.5。

表 3.5 实验相对渗透率曲线校正对比表

实验数据			校正数据		
含水饱和度 S_w	油相相对渗透率 K_{ro}	水相相对渗透率 K_{rw}	含水饱和度 S_w	油相相对渗透率 K_{ro}	水相相对渗透率 K_{rw}
0.349	1.000	0.000	0.349	0.5516	0.0000
0.443	0.3574	0.0108	0.443	0.1971	0.0060
0.489	0.1734	0.0195	0.489	0.0956	0.0108
0.515	0.1146	0.0257	0.515	0.0632	0.0142
0.553	0.0587	0.0385	0.553	0.0324	0.0212
0.616	0.0187	0.0546	0.616	0.0103	0.0301
0.666	0.000	0.0780	0.666	0.0000	0.0430

备注:最大油相渗透率 18.7mD,绝对渗透率 33.9mD,校正系数 0.5516。

第二步,进行油藏条件下的饱和度端点校正。由相对渗透率曲线实验测试结果可知,岩心束缚水饱和度为0.349,残余油饱和度为0.334。根据公式(3.26),计算微观驱油效率:

$$E_{\text{Dw}} = \frac{1 - 0.349 - 0.334}{1 - 0.349} = 0.487$$

假设已知油藏条件下束缚术饱和度为0.320,则按照公式(3.27),计算油藏条件下的残余油饱和度:

$$S_{\text{orw}} = (1 - 0.487)(1 - 0.320) = 0.349$$

因此,油藏条件下的最大含水饱和度即为0.651。

第三步,进行油藏条件下的相对渗透率曲线还原。先对实验室相对渗透率曲线的饱和度数据按照公式(3.31)进行标准化处理,得到表3.6中含水饱和度归一化数据列。接下来依据第二步计算得到的油藏条件下的饱和度端点值(束缚水饱和度0.32,最大水饱和度0.651),通过公式(3.38)进行饱和度还原,结果见表3.6含水饱和度还原数据列。

表3.6　油藏条件下相对渗透率曲线还原处理

含水 饱和度 S_{w}	含水饱和度 归一化 $S_{\text{w}}{}^{*}$	含水饱和度 还原 S'_{w}	油相相对 渗透率 K_{ro}	水相相对 渗透率 K_{rw}
0.349	0.000	0.320	0.5516	0.0000
0.443	0.297	0.418	0.1971	0.0060
0.489	0.442	0.466	0.0956	0.0108
0.515	0.524	0.493	0.0632	0.0142
0.553	0.644	0.533	0.0324	0.0212
0.616	0.842	0.599	0.0103	0.0301
0.666	1.000	0.651	0.0000	0.0430

表3.6中还原后的含水饱和度和校正后的油、水相对渗透率等三列数据构成油藏条件下相对渗透率曲线的基础数据。

第四步,饱和度函数表的模型化处理。在油藏数值模拟中,相对渗透率曲线数据是以饱和度函数表格的形式输入的。由于饱和度函数表的端点值对模型初始化平衡的饱和度分布具有重要影响(具体计算过程可参见本书第四章相关内容),为此需要在已有的相对渗透率曲线数据表基础上,对饱和度表的端点数值进行适合于油藏数值计算的模型化处理(表3.7)。即延长补充最大含水饱和度之后的相对渗透率数据表,保证含水饱和度最大值为1.0,油、水相对渗透率按照曲线趋势进行拓展,一般油相相对渗透率为0,最大水相相对渗透率接近1.0,中间数据点平稳光滑处理,满足过渡带及纯水区域(含水饱和度大于最大水饱和度0.651)的流体流动能力计算的需要。

表 3.7 饱和度函数表模型化处理

数据类别	含水饱和度还原 S_w'	油相相对渗透率 K_{ro}	水相相对渗透率 K_{rw}
基础数据	0.320	0.5516	0.0000
	0.418	0.1971	0.0060
	0.466	0.0956	0.0108
	0.493	0.0632	0.0142
	0.533	0.0324	0.0212
	0.599	0.0103	0.0301
	0.651	0.0000	0.0430
补充数据	0.800	0.0000	0.2500
	1.000	0.0000	1.0000

以上是一个完整的油水相对渗透率饱和度函数表。多个饱和度函数表的处理方式基本相同,只是需要对多条相对渗透率曲线分类、平均和还原后,建立多个分区的典型相对渗透率饱和度函数表。

3.4.3.2 饱和度一致性检查

不同的模拟软件定义饱和度函数表的形式不同,但都遵循饱和度一致的原则。不同的润湿系统,不同的流体相组合,对饱和度函数表的端点值的定义和要求不同。

(1)饱和度端点值定义。

饱和度函数表中,存在 8 个常用的饱和度端点值,其定义取值以及与油藏工程意义上的内涵关系需要深入理解和甄别。

束缚水饱和度 S_{wco},即水饱和度表中的最小含水饱和度值,一般通过测井解释获得。

临界水饱和度 S_{wcr},即水不能流动的最大含水饱和度值,一般设置与束缚水饱和度相等。

最大水饱和度 S_{wmax},即水饱和度表中的最大水饱和度值,一般设置为 1.0。

束缚气饱和度 S_{gco},即气饱和度表中的最小含气饱和度值,一般很小(接近于 0),也可以根据脱气井的产气拟合修改确定。

临界气饱和度 S_{gcr},即气不能流动的最大含气饱和度值,一般设置与束缚气饱和度值相等或稍大。

最大气饱和度 S_{gmax},即气饱和度表中的最大气饱和度值,一般小于等于 $(1 - S_{wco})$。

油水系统中的残余(临界)油饱和度 S_{ower},即油水系统中油不能流动的最大含油饱和度值,可以通过多条相渗端点与岩石物性的关系求取。

油—束缚水—气系统中的残余(临界)油饱和度 S_{ogcr},即油—束缚水—气系统中油不能流动的最大含油饱和度值,资料很少,可以根据油气相渗资料取值或按照饱和度归一化方法计算得到。

实际上对于任一相流体,根据其在多相体系中的润湿性关系,理论上都存在束缚、临界、最大、残余等不同状态及其对应的饱和度值,其饱和度函数表中的定义和取值具有一定的规则要求。

（2）含水饱和度函数。

对于纯水层或油水、气水系统，存在以下三个含水饱和度端点值：

束缚水饱和度S_{wco}，含水饱和度函数表中的最小含水饱和度，也是网格平衡后的水界面以上油区内的含水饱和度，满足$S_{wco} \leq S_{wcr}$；

临界水饱和度S_{wcr}，水相相对渗透率为0时的最大含水饱和度，一般稍大于束缚水饱和度，也可以等于束缚水饱和度；

最大水饱和度S_{wmax}，饱和度函数表中的最大含水饱和度，也是网格平衡后的水区内的含水饱和度，该值决定水区内含水饱和度大小。在油湿系统中，运用润湿滞后模型后，最大水饱和度等于（1 − 束缚油饱和度S_{oco}）。

（3）含气饱和度函数。

对于气水或油气（束缚水）系统，存在以下3个含气饱和度端点值：

临界气饱和度S_{gcr}，气相相对渗透率为0时的最大含气饱和度，一般稍大于束缚气饱和度，也可以等于束缚气饱和度；

束缚气饱和度S_{gco}，饱和度函数表中的最小含气饱和度，也是网格平衡后的气界面以下区内的含气饱和度，满足$S_{gco} \leq S_{gcr}$；

最大气饱和度S_{gmax}，饱和度函数表中的最大含气饱和度，也是网格平衡后的气区内的含气饱和度，通常等于1 − S_{wco}。在油湿系统中，运用润湿滞后模型后，最大气饱和度等于（1 − 束缚油饱和度S_{oco}）。

（4）含油饱和度函数。

网格中原始含油饱和度不是通过油饱和度函数表计算得到的，而是通过公式1 − S_w − S_g计算得到。对于油水或油气（束缚水）系统，存在以下6个油饱和度端点值：

束缚油饱和度S_{oco}，饱和度函数表中的最小含油饱和度，通常为0。在油湿系统中，运用润湿滞后模型后，通常利用该值计算最大气饱和度和最大水饱和度，这时束缚油饱和度不为0；

临界油饱和度S_{ocr}，油—水及油—气—束缚水系统中油相相对渗透率都为0时的最大含油饱和度；

残余油饱和度S_{owcr}，油—水系统中的残余油饱和度，即油相相对渗透率K_{row}为0时的含油饱和度；

残余油饱和度S_{ogcr}，油—气系统中的残余油饱和度，即油相相对渗透率K_{rog}为0时的含油饱和度；

最大油饱和度S_{omax}，饱和度函数表中的最大含油饱和度，该值等于（1 − S_{wco}）。在S_{omax}处，即$S_o = S_{omax}$，$S_w = S_{wco}$，$S_g = 0$，K_{row}和K_{rog}应相等。在油湿系统中，通常$S_{omax} = 1.0$。

（5）三相流体一致性关系。

油、气、水的不同流体组合系统，各相的饱和度函数都必须满足归一化的原则，即在任何条件下任一网格内的油、气、水饱和度之和等于1，任何两相流体的饱和度之和小于或等于1。

对于水湿系统，饱和度的一致性要求为：

$$S_{gmax} \leq 1 - S_{wco}$$

$$S_{gco} \leq 1 - S_{wmax}$$

$$S_{\text{omax}} \leqslant 1 - S_{\text{wco}}$$

$$K_{\text{row}}(S_{\text{omax}}) = K_{\text{rog}}(S_{\text{omax}})$$

$$K_{\text{rw}}(S_{\text{w}} = 0) = K_{\text{rg}}(S_{\text{g}} = 0) = K_{\text{row}}(S_{\text{o}} = 0) = K_{\text{rog}}(S_{\text{o}} = 0) = 0 \qquad (3.50)$$

对于油湿系统,考虑润湿滞后,饱和度的一致性要求调整为:

$$S_{\text{gmax}} = 1 - S_{\text{oco}}$$

$$S_{\text{omax}} = 1.0$$

$$S_{\text{wmax}} = 1 - S_{\text{oco}} \qquad (3.51)$$

任意网格中,流体可流动的条件必须满足:在油水系统中,$S_{\text{ocrw}} + S_{\text{wcr}} < 1$;在油—气—束缚水系统中,$S_{\text{ocrg}} + S_{\text{gcr}} + S_{\text{wco}} < 1$。三者关系图如图 3.14 所示。

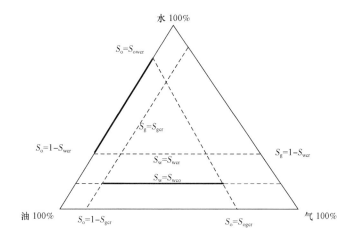

图 3.14　油、气、水一致性关系图

3.4.3.3　相对渗透率滞后效应

受饱和历程影响,相对渗透率具有滞后效应。注水油田开发后期的井网调整、气驱开发等,都存在驱替流体的反向流动现象,如水气交替注入问题、脱气油藏的注水恢复压力、油气界面的上下波动、减产或关井后的水锥消失、井网调整后的水动力方向变化等。因此,精确描述油水的流动规律必须考虑相对渗透率的滞后影响。由于实际开采过程中驱替相与被驱替相流体的反复运动,非湿相流体与湿相流体的滞后效应遵循不同的规律。

非湿相流体饱和度的增大或减小对相对渗透率的影响较大,把非湿相流体饱和度增大的过程称为排驱,反之称为渗吸。完全排驱与完全渗吸其非湿相相对渗透率曲线路径不同,两者不重合(图 3.15)。

图 3.15 为非湿相流体的滞后效应示意图。随着非湿相饱和度增大,从位置 1 临界非湿相饱和度持续到位置 2 最大非湿相饱和度整个路径为完全排驱;反之随着湿相饱和度减小,从位置 2 最大非湿相饱和度持续到位置 3 残余非湿相饱和度整个路径为完全渗吸。可以看出,由于饱和度变化的过程不同,渗吸条件下的非湿相流体相对渗透率低于排驱条件,且渗吸后的非

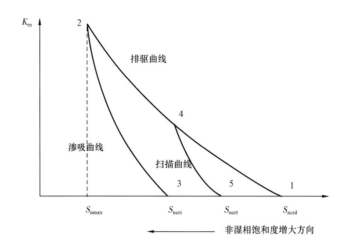

图 3.15　非湿相流体的滞后效应

湿相残余饱和度大于其排驱临界饱和度,表明有大量原油被捕集在小孔隙中难以采出。

以上是一个完整的排驱和渗吸过程,实际油藏中非湿相饱和度的增大和减小会发生在两个完全驱替过程当中。如果在排驱过程中,非湿相饱和度从位置 1 增大到位置 4 时,发生了方向反转,即湿相流体开始驱替非湿相流体的中途反向渗吸现象。在反向渗吸过程中,非湿相流体的相对渗透率变化不再沿着完全排驱曲线返回到位置 1,而是按照新的路径到达位置 5,位置 4 到位置 5 之间的曲线称之为扫描曲线。对比可见,中途反向渗吸后的非湿相残余饱和度不同于完全渗吸,这也进一步表明滞后效应的准确描述不仅影响流体流动能力的大小计算,还会对原油采收率的预测产生大的偏差。

3.5　毛细管压力曲线

3.5.1　毛细管压力曲线获取

3.5.1.1　实验室测定法

(1)测试方法原理。

岩心中湿相饱和度与毛细管压力之间存在着某种函数关系,这种函数关系无法用代数表达式来表示,只有通过室内实验用曲线的形式来描述,这种曲线就是毛细管压力曲线。主要的实验原理是岩心饱和湿相流体后,当外加压力克服某毛细管喉道的毛细管力时,非湿相进入该孔隙,将其中的湿相驱出。测定岩石毛细管力的方法有半渗隔板法、压汞法、离心法等。

半渗隔板法的原理是在小于突破压力下,只有润湿相能通过半渗透隔板,通过抽真空或加压方法在岩样两端建立驱替压差。该方法的优点在于比较接近油藏实际情况,测量精度高,可以作为其他方法的对比标准。但测试时间长、测定压力范围小,要求岩心形状规则,不适合于低渗透岩石。

压汞法的原理基于汞对岩石固体的润湿角基本恒定(一般取 140°),不润湿岩石,当注入

压力高于某孔隙喉道的毛细管力时,汞即进入与该喉道相连通的孔隙中。测试毛细管压力计算公式为:

$$p_c = \frac{2\sigma\cos\theta}{r} \approx \frac{0.735}{r} \qquad (3.52)$$

该方法的优点是测定压力范围大(20~30MPa)、测定速度快,对样品形状、大小无特殊要求,适合于高、中、低渗透率岩石,主要用于岩石孔隙结构特征分析。但由于非湿相是水银,与油藏实际流体相差较大,无法反映流体性质对毛细管力的影响,且汞有毒,岩样不能重复使用。

离心法的原理是将饱和润湿流体的岩样放置在非润湿相中,使其在一系列的转速下旋转,借助两相流体的离心压力差,克服岩样的毛细管压力,使非润湿相流体进入岩样排出润湿流体。测试毛细管压力计算公式为:

$$p_c = \Delta p = \Delta\rho\,\omega^2 r\Delta r \qquad (3.53)$$

式中 $\Delta\rho$——油水密度差;

  ω——旋转转速;

  r——毛细管半径。

该方法兼有半渗隔板法和压汞法两者的优点,测定速度快,所采用流体接近油藏实际,可以用于确定油藏过渡带高度、过渡带内流体饱和度的分布、判断岩石润湿性等。但设备较复杂昂贵,数据处理量大,且测试压力受限(离心机转速受限),一般只有几个兆帕。

(2)需要注意的问题。

从实验室获取毛细管压力测试结果时,首先要确定测试报告的完整性,不仅关注毛细管压力数据内容,还要关注试验报告(图3.16)中其他与测试相关的样品的取样井位、层段、孔隙度、渗透率和试验的流体性质、温度等基础参数信息,甚至包括孔隙半径平均值、结构系数、均质系数等岩心特征参数,为毛细管压力曲线分类及代表性分析提供重要参考。

其次,在理解各种测试方法原理基础上,要结合实际模拟应用需求,明确测试方法的适应性条件及合理的应用场景。

半渗隔板法用空气(或油)驱替岩心中的饱和水,即用非湿相驱替湿相,加之测试时间较长,消除了润湿滞后的影响,因而较好地模拟地层条件,但由于其测试时间长,一般很少采用。

离心法较好地模拟了地层的驱替条件,但由于高速离心运动难以彻底消除润湿滞后的影响,因此稍逊于半渗隔板法,但测试速度快,成为重要的运用方法。

压汞法对样品要求不苛刻,且测试简单,矿场大量运用,但由于测试时要对岩心抽真空,导致压汞过程变为汞驱替汞蒸汽,即为湿相驱替非湿相。因此,用压汞曲线确定的最小不可入孔隙体积百分数不是地层束缚水饱和度,而是残余油饱和度。由此产生压汞法和半渗隔板法确定的束缚水饱和度存在差异的现象。

鉴于此,在油藏模拟应用中需要注意:一般用非湿相驱替湿相所测得的毛细管压力曲线确定束缚水饱和度,用湿相驱替非湿相所测得的毛细管压力曲线来确定残余油饱和度。对于水湿油藏,由于束缚水饱和度一般大于残余油饱和度,因此,相同岩心的压汞法确定的最小不可入孔隙体积百分数小于半渗隔板法确定的束缚水饱和度。如要把压汞法确定的最小不可入孔隙体积百分数变为束缚水饱和度,需要乘以一个校正系数,该值为半渗隔板法确定的最小湿相

井号：/ 　　　　　　　　　　　　　　　　　　　　　试验日期 2006-11-29

一、基础资料

油　田：	/	样品号：	7s-g
井深，m:	/	距　顶，m:	/
层　位：	/	渗透率，mo:	3.2
孔隙度，%:	7.3		

二、毛细管压力数据

序号	压　汞				退　汞			
	压力 MPa	孔喉半径 μm	J函数	汞饱和度 %	压力 MPa	孔喉半径 μm	J函数	汞饱和度 %
1	0.0042	174.70	0.0002	0.00	29.528	0.0249	1.6664	61.96
2	0.0083	88.615	0.0005	0.00	19.825	0.0371	1.1188	60.86
3	0.0134	54.806	0.0008	0.00	15.091	0.0487	0.8516	59.76
4	0.0234	31.418	0.0013	0.00	11.459	0.0642	0.6467	58.66
5	0.0334	22.008	0.0019	0.00	9.9735	0.0737	0.5628	57.56
6	0.0434	16.939	0.0025	0.00	8.1409	0.0903	0.4594	56.18
7	0.0533	13.792	0.0030	0.00	4.7041	0.1564	0.2655	51.78
8	0.0735	10.010	0.0041	0.00	1.9825	0.3710	0.1119	44.98
9	0.1088	6.7576	0.0061	0.00	1.5108	0.4868	0.0853	43.32
10	0.1258	5.8457	0.0071	0.00	0.9635	0.7634	0.0544	42.66
11	0.1521	4.8347	0.0086	0.00	0.4962	1.4824	0.0280	42.33
12	0.2059	3.5716	0.0116	0.00	0.3051	2.4104	0.0172	42.33
13	0.3012	2.4423	0.0170	0.00	0.1967	3.7386	0.0111	41.88
14	0.5092	1.4444	0.0287	0.00	0.1459	5.0422	0.0082	41.67
15	0.9961	0.7384	0.0562	0.00	0.1136	6.4773	0.0064	41.67
16	1.4808	0.4967	0.0836	0.00	0.0863	8.5226	0.0049	41.34
17	1.9995	0.3678	0.1128	0.00	0.0706	10.416	0.0040	41.34
18	5.1251	0.1435	0.2892	2.83	0.0512	14.360	0.0029	41.34
19	8.4324	0.0872	0.4759	11.35	0.0411	17.917	0.0023	41.34
20	10.214	0.0720	0.5764	20.84	0.0312	23.574	0.0018	41.01
21	11.888	0.0619	0.6109	32.74	0.0213	34.482	0.0012	40.68
22	15.717	0.0468	0.8870	47.63	0.0113	65.146	0.0006	40.68
23	19.627	0.0375	1.1076	54.90	0.0063	116.19	0.0004	40.68
24	29.528	0.0249	1.6664	61.95				

三、特征参数：

排驱压力，MPa	1.99952	最大孔喉半径，μm	0.03678
汞饱和度50%时压力，MPa	17.22431	汞饱和度50%时孔喉半径，μm	0.0427
孔喉半径平均值，μm	0.0710	均质系数	0.1898
变异系数	0.5965	岩性系数	0.9533
最大汞饱和度，%	61.96	退汞效率，%	34.346
结构系数	1.4379	特征结构系数	1.1660

图 3.16　毛细管压力曲线(压汞法)试验报告

饱和度与压汞法确定的最小不可入孔隙体积百分数的比值。

此外，由于不同测定方法使用的流体性质不同，导致界面张力和润湿性的差异，因而测得的毛细管力大小不同，应用过程中需要考虑不同测定方法的相互转换。两种不同测定方法的转换公式为：

$$p_{c2} = \frac{\sigma_2 \cos \theta_2}{\sigma_1 \cos \theta_1} p_{c1} \tag{3.54}$$

式中　1,2——表示两种测定方法。

通常情况下，压汞法测试的毛细管压力是半渗隔板法的 5 倍左右。

3.5.1.2　其他计算方法

当试验室测试资料较少或代表性曲线缺乏时,可以采取其他间接方法计算得到。这里主要介绍测井饱和度计算法、分形几何法、J 函数法、经验统计法等。

(1)测井饱和度计算法。

油藏中油水过渡带内流体饱和度分布受控于毛细管压力大小。以亲水油藏为例,任一自由水面以上的水柱高度 h 与油藏条件下的毛细管压力 p_{cR} 满足如下关系:

$$h = \frac{p_{cR}}{(\rho_w - \rho_o)g} \tag{3.55}$$

则有:

$$p_{cR} = (\rho_w - \rho_o)gh = \Delta\rho gh \tag{3.56}$$

由于油藏中油、水密度已知,当能够获取到不同水柱高度 h 与饱和度 S_w 分布关系时,就可以建立毛细管压力 p_{cR} 与饱和度 S_w 关系曲线,即油藏条件下的毛细管力曲线。

如图 3.17 所示,图 3.17(a)为过渡带饱和度测井得到的 Ⅰ + Ⅱ、Ⅲ + Ⅳ、Ⅴ 三个层位的饱和度与深度关系图。可以根据识别的过渡带顶、底界面深度,分别对每个层段建立水柱高度与饱和度散点图,并对散点图进行回归处理,形成 $h—S_w$ 关系曲线,然后按照式(3.56)计算得到毛细管压力 $p_{cR}—S_w$ 关系曲线,如图 3.17(b)所示。

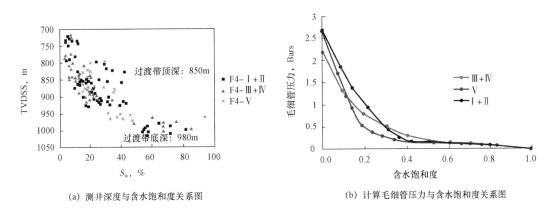

(a) 测井深度与含水饱和度关系图　　　　(b) 计算毛细管压力与含水饱和度关系图

图 3.17　测井饱和度计算油藏毛细管压力应用实例

利用该方法计算得到的毛细管压力曲线更加符合油藏实际,代表性更强,关键是能够取得大量的覆盖过渡带的测井饱和度解释资料。

(2)分形几何法。

根据岩心孔隙结构分形维数和其他相关参数计算毛细管压力,公式为:

$$p_c = (3 - D)\lambda\phi(\sigma\cos\theta)^2/2KS^{3-D} \tag{3.57}$$

$$S = (p_c/p_{min})^{D-3} \tag{3.58}$$

$$K = \frac{(\sigma\cos\theta)^2}{2}\lambda\phi\int_0^1\frac{dS}{p_c^2} \tag{3.59}$$

式中　D——孔隙结构的分形维数；

　　　K——岩石的绝对渗透率；

　　　p_c——孔径 r 相应的毛细管压力；

　　　p_{min}——最大孔径 r_{max} 相应的毛细管压力；

　　　S——毛细管压力 p_c 时岩石中润湿相饱和度；

　　　ϕ——岩石的孔隙度；

　　　λ——岩性系数。

该方法的难点在于确定岩石的孔隙结构分形维数和岩性系数。

（3）J 函数法。

根据同类岩石 J 函数曲线形态相似的认识，利用相似区块已有的 J 函数，结合研究区块的孔、渗及流体界面参数，反算毛细管压力曲线。计算公式为：

$$p_c(S_w) = \sigma \cos(\theta) J(S_w) \left(\frac{\phi}{K} \right)^{1/2} \tag{3.60}$$

该方法适合于储层相对比较均匀岩石的毛细管压力计算。

3.5.2　毛细管压力曲线的处理

3.5.2.1　毛细管压力曲线校正

实验室测试得到的毛细管压力曲线应用于油藏数值模拟，需要进行环境校正和孔渗校正。

基于实验室和油藏环境条件下岩石的 $J(S_w)$ 函数不变的原理，考虑不同环境流体界面张力、润湿性的不同，建立实验室测试毛细管压力与油藏环境下毛细管压力转换关系式：

$$p_{cR}(S_w) = p_{cL} \frac{\sigma_R \cos(\theta_R)}{\sigma_L \cos(\theta_L)} \tag{3.61}$$

式中　R，L——分别代表油藏和实验室条件。

表3.8 为实验室和油藏环境不同流体系统界面张力和润湿角参数取值表，可以应用于不同流体情况下毛细管力计算的参考值。

表3.8　实验室和油藏环境下不同流体系统参数值

环境	流体系统	界面张力 dyn/cm	润湿角 (°)
实验室	空气/水	72	0
	油/水	48	30
	空气/汞	480	140
油藏	空气/油	24	0
	水/油	30	30
	水/气	50	0

由于非均质油藏岩石的孔隙度、渗透率与室内测试样品大小不同，考虑到两者差异的影

响,并基于在一定的孔隙度、渗透率变化区间内岩石的 $J(S_w)$ 函数不变的原理,建立油藏条件下毛细管压力的孔隙度、渗透率校正公式:

$$p_{cR}(S_w) = p_{cL} \frac{\sigma_R \cos(\theta_R)}{\sigma_L \cos(\theta_L)} \sqrt{(\phi_R K_c)/(\phi_c K_R)} \tag{3.62}$$

式中 R,c——分别代表油藏和室内岩心。

3.5.2.2 毛细管压力曲线平均

天然多孔介质的毛细管压力 p_c——饱和度 S_w 曲线存在许多相同的特征,可以用通用的公式 $J(S_w)$ 函数来描述。由于 $J(S_w)$ 函数的无量纲性,可以在很多情况下有效消除 $P_c \sim S_w$ 曲线的差异,使其不依赖于孔隙大小、界面张力等参数,而只与孔隙结构相关。因此,利用 $J(S_w)$ 函数可以对不同孔隙结构的毛细管压力进行分类,同类储层的毛细管压力进行平均。

$J(S_w)$ 函数的表达式为:

$$J(S_w) = \frac{p_c(S_w)}{\sigma \cos(\theta)} \sigma \cos(\theta) \left(\frac{K}{\phi}\right)^{1/2} \tag{3.63}$$

基于 $J(S_w)$ 函数对多条毛细管压力曲线进行平均化处理,其过程与相对渗透率曲线处理方式相似,主要步骤如下:

第一步,曲线饱和度标准化处理。根据实测毛细管压力测试结果,首先把饱和度 S_w 数据进行标准化处理为 $S_{wn}(0 \sim 1)$,计算公式为:

$$S_{wn} = \frac{S_w - S_{wi}}{1 - S_{wi}} \tag{3.64}$$

式中 S_{wi}——束缚水饱和度。

第二步,计算 $J(S_{wn})$ 函数曲线。把实测岩心的毛细管压力曲线处理成 $J(S_{wn})$ 函数曲线,并绘制标准化的 $J(S_{wn})$—S_{wn} 函数曲线。

第三步,$J(S_{wn})$ 函数曲线分类。根据多条标准化的 $J(S_{wn})$—S_{wn} 函数曲线形态特征,按照曲线形态相似性分布规律进行分类。

第四步,同类曲线回归拟合。对于同一类 $J(S_{wn})$ 函数曲线,应用如下形式的幂函数拟合每一条曲线,确定每一块岩心的 $J(S_{wn})$ 函数参数 α 和 n。

$$J(S_{wn}) = \alpha S_{wn}^n \tag{3.65}$$

式中 α、n——回归拟合公式参数。

第五步,同类曲线的平均与还原。求同一类 $J(S_{wn})$ 函数曲线拟合幂函数参数(α、n)的平均值,得到平均 $J(S_{wn})$ 函数曲线拟合函数参数,通过式(3.66)反求油藏平均毛细管压力曲线。

$$p_c(S_w) = \frac{\sigma \cos(\theta)}{\sqrt{K/\phi}} \overline{J(S_{wn})}$$

$$S_w = S_{wi} + (1 - S_{wi}) S_{wn} \tag{3.66}$$

在水驱油藏开发过程中通常使用吸入毛细管压力曲线反映水湿油藏的驱油机理,对于这种处理所产生的模型原始流体与实际原始流体之间的差异,需要利用孔隙度因子进行校正。对于储层非均质较强的油藏,可以应用不同的饱和度分区使用不同的毛细管压力曲线来描述不同部位流体流动特征的差异。

3.5.3 毛细管压力曲线模型化输入

3.5.3.1 饱和度函数表生成

油藏数值模拟模型中,毛细管压力数据是与相对渗透率数据一起合并输入到饱和度函数表。由于毛细管压力曲线与相对渗透率曲线测试样品的不同,抑或两者在数据分类处理等过程中得到的典型曲线所对应的测试岩样不一致,因此两者在生成饱和度函数表的数据合并时,需要重点注意以下两方面。

对于相对均质的油藏,如只需要采用一套典型的毛细管压力与相对渗透率曲线时,首先需要分别对处理后的毛细管压力曲线和相对渗透率曲线的饱和度进行标准化处理,然后再按照饱和度相同等间隔取值进行曲线还原,以获得两类曲线相同的饱和度与毛细管压力、相对渗透率对应关系,便于饱和度函数表的合并处理。

对于非均质性强的油藏,需要建立多套饱和度函数表来进行分区描述,这里面就涉及毛细管压力曲线分区与相对渗透率曲线分区的一致性问题。为避免两者之间的冲突,建议在分类原则上两者尽可能相互兼顾以保持一致;如两类数据资料的样品数量相差悬殊,例如相对渗透率曲线测试样品较多,且可以划分为 3 个不同的储层岩石类型,而毛细管压力曲线只能获得一条典型曲线,此时可以按照相对渗透率曲线的分类结果,把毛细管压力曲线也处理成 3 类相同的结果,合并到不同的相对渗透率数据表中,得到 3 个不同的饱和度函数表,这样更好地满足岩石渗流特征差异化的精细描述需求。

3.5.3.2 过渡带饱和度描述

油气藏中,油水或油气过渡带的流体饱和度分布受控于毛细管力大小。任意位置毛细管力的大小可以通过该深度处相间的静压力差计算得到,计算公式为:

$$p_{cow} = p_o - p_w$$

$$p_{cgo} = p_g - p_o \tag{3.67}$$

式中　p_{cow}——油水毛细管压力,dyn❶$/cm$;

　　　p_{cgo}——气油毛细管压力,dyn/cm;

　　　p_o、p_w、p_g——油、水、气相静压力,MPa。

模拟器在平衡计算中会反查输入的饱和度函数中的毛细管压力曲线来确定过渡区的含水和含气饱和度。理论上,在 $S_w = 0$ 时,水相的毛细管力曲线 p_{cow} 趋于无穷大。而实际上,毛细管力曲线应该在束缚水 S_{wco} 处终止,以保证不会在饱和度函数的最低含水饱和度处出现不连续的情况。图 3.18 为给定平衡区深度和对应毛细管力资料计算得到的油水过渡带分布图。

---

❶ $1dyn = 10^{-5}N$(准确值)。

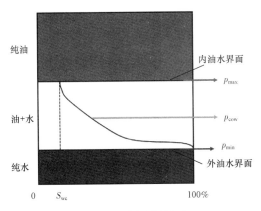

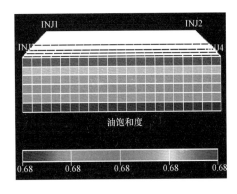

（a）毛细管力与过渡带位置关系　　　　　　　（b）油水过渡带饱和度分布图

图 3.18　毛细管力与重力平衡作用下的油水过渡带分布

根据以上平衡原理,可以描述某些特殊条件下的过渡带流体分布现象。如图 3.19 所示,假设 A 为油水界面处的参考点,B 为过渡带中某点,A、B 高差为 h,A 点参考压力为 p,则按照相压力的计算方法。

B 点油相压力为:

$$p_{Bo} = p - \rho_o gh \tag{3.68}$$

式中　ρ_o——地层油密度,g/cm^3。

B 点水相压力为:

$$p_{Bw} = p - \rho_w gh \tag{3.69}$$

式中　ρ_w——地层水密度,g/cm^3。

B 点油水毛细管压力为:

$$p_{Bcow} = p_{Bo} - p_{Bw} = (\rho_w - \rho_o)gh \tag{3.70}$$

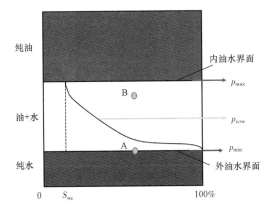

图 3.19　毛细管压力与油水过渡带位置关系

因为水的密度大,故 B 点毛细管压力为正,利用该值查毛细管压力函数表得到该点处水的饱和度值。

可以设想,如果油的密度比水大,则 B 点的毛细管压力小于 0,根据毛细管压力表可知 B 点含水饱和度一定大于或等于毛细管压力为 0 点所对应的含水饱和度 100%。反而 A 点深度以下某点的毛细管压力大于 0,其含水饱和度介于束缚水饱和度和最大水饱和度之间,从而出现油水倒置的现象(图 3.20)。

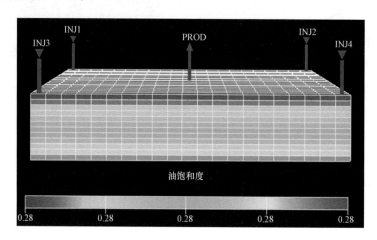

图 3.20 油水密度大小变换后过渡带油水倒置现象

同理,假设用户给定的毛细管压力值是负值(即随含水饱和度从束缚水饱和度 S_{wco} 到最大水饱和度 S_{wmax} 逐渐增大,毛细管压力从 0 逐渐减小为某一负值),而油的密度比水小,这样按照相压力计算 B 点的毛细管压力大于 0。根据毛细管压力表可知 B 点含水饱和度一定小于等于毛细管压力为 0 点所对应的含水饱和度 S_{wco},为纯油区。反而 A 点以下某点的毛细管压力小于 0,其含水饱和度介于束缚水饱和度和最大水饱和度之间,这样油水过渡带在 A 点以下,A 为内油水界面深度。

3.5.3.3 毛细管压力曲线的标定

对于非均质性较强的油藏,可以采用毛细管力标定实现任意不同网格毛细管力曲线的差异化描述。根据具体油藏岩石微观结构的研究认识,对毛细管压力进行垂向和水平标定,以改变毛细管压力曲线形态,实现精细的模型刻画。

毛细管压力垂向标定是给定一个最大的油水或油气毛细管压力值,计算给定值与饱和度函数表中的毛细管压力最大值的比值,利用该比值修正模型输入的毛细管压力曲线,实现毛细管压力的调整。垂向标定实质上是纵向压缩或扩大了毛细管压力的大小,以油水系统为例,垂向标定的计算公式为:

$$p_{cow} = p_{cow}^{t} \frac{p_{cw}}{p_{cow}^{tmax}} \tag{3.71}$$

式中 p_{cow} ——修正后的毛细管压力;

  p_{cow}^{t} ——饱和度函数表中的毛细管力;

$p_{\text{cow}}^{\text{tmax}}$——饱和度函数表中的毛细管力最大值;

p_{cw}——用户给定的最大毛细管力。

毛细管压力水平标定是给定一个待标定的饱和度端点值(如束缚水饱和度和最大水饱和度值),利用给定的饱和度区间与饱和度函数表中毛细管压力曲线对应的饱和度端点值建立映射关系,通过如下线性变化实现毛细管压力曲线标定。水平标定实质上是横向压缩或扩大了毛细管压力的大小,饱和度线性变化关系式为:

$$\frac{S_u^s - S^s}{S_u^s - S_l^s} = \frac{S_u^t - S^t}{S_u^t - S_l^t} \qquad (3.72)$$

式中 s,t——分别表示用户定义标定值和原始饱和度函数数据表值;

u,l——分别表示上(UP)下(LOW)饱和度端点值。

J 函数是毛细管力与孔隙度和渗透率的函数关系,无量纲的 J 函数可以代替饱和度函数实现毛细管压力曲线的输入和描述,同时为不同孔渗储层的非均质储层的非均质毛细管力的计算提供可能。J 函数标定为毛细管压力曲线的调整提供了另一种途径,其标定计算公式为:

$$p_c = J(S_w) \cdot \sigma \left(\frac{\phi}{K} \right)^{\frac{1}{2}} \cdot U_{\text{const}} \qquad (3.73)$$

式中 $J(S_w)$——用户输入的毛细管压力与饱和度函数表;

ϕ——模型中网格的孔隙度;

K——模型中网格的渗透率;

σ——给定的流体界面张力;

U_{const}——给定的 J 函数标定系数。

如果考虑到油藏压力对界面张力的影响,可以通过用户定义压力与界面张力的关系,模拟器根据不同网格的油相压力大小,通过压力与界面张力函数表插值得到该压力下的界面张力,并利用该值与参考压力处的界面张力比值修正 J 函数值,从而得到新的标定毛细管压力。

3.5.3.4 毛细管压力滞后效应

受饱和历程影响,毛细管压力具有滞后效应。油藏数值模拟中毛细管压力的滞后效应与相对渗透率滞后效应一致,数值模拟中一般采用驱替毛细管压力曲线建立初始平衡饱和度分布,当生产机理包括渗吸时,需要考虑毛细管压力滞后效应:如亲水油藏的水驱油、油或水侵入气区等。

考虑毛细管压力滞后的模型首先要建立排驱和渗吸两条毛细管压力曲线,一个完整的排驱与渗吸闭合过程如图 3.21 所示。首先进行非湿相流体的排驱,随着非湿相流体饱和度 S_{wn} 由 0 逐渐增大至最大饱和度时,排驱过程结束(路径 a,b);之后开始湿相流体的渗吸,即湿相流体从束缚态饱和度 S_{wc} 逐渐增大至最大饱和度 S_{wmax} 时,渗吸过程结束(路径 c),此时的非湿相饱

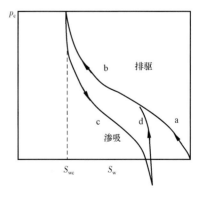

图 3.21 排驱与渗吸毛细管压力曲线

和度为渗吸后的残余饱和度S_{ocr}；当渗吸结束后再次排驱时，毛细管压力的路径将按照曲线 d 进行。实际油藏中，水驱油和油驱水的过程经常反复发生，且都发生在不完全驱替或渗吸的中途，这就涉及如何计算这种复杂驱替过程中的毛细管力问题。

3.6 岩石压缩系数

3.6.1 关于岩石压缩

油藏岩石所承受的压力来自两个方面：一是岩石孔隙内液体传递的地下流体系统压力，称之为孔隙压力或内压力，该压力作用于岩石孔隙内壁或内表面；二是储层上覆岩层的外部压力，称之为上覆压力。油藏中流体的开采会导致岩石内部孔隙压力发生变化，有效应力增加，从而引起岩石骨架压缩、孔隙体积改变等。虽然储层岩石和储层流体的弹性或压缩性很小，但当地层水动力系统范围较大，而储层压力很高时，由于孔隙压力下降后引起孔隙内流体的膨胀及孔隙体积的缩小，就可以从油层中把相当数量的液体排驱到油井中去。因此，岩石的压缩系数在油藏模拟研究中具有十分重要的作用。

把等温条件下，单位体积岩石中孔隙体积随有效压力的变化率称之为岩石的压缩系数，计算公式为：

$$C_f = -\frac{1}{V_f}\left(\frac{dV_p}{dp}\right) \tag{3.74}$$

式中 C_f——岩石的压缩系数，MPa^{-1}；

V_f——岩石的外表体积，cm^3；

V_p——岩石的孔隙体积，cm^3；

p——有效压力，指上覆压力于孔隙压力的差值，MPa。

油藏工程师关心的是孔隙压缩系数，它定义为等温条件下，岩石孔隙体积随有效压力的变化率，公式为：

$$C_p = -\frac{1}{V_p}\left(\frac{dV_p}{dp}\right) \tag{3.75}$$

式中 C_p——岩石孔隙压缩系数，MPa^{-1}。

岩石压缩系数与孔隙压缩系数的关系为：

$$C_f = \phi C_p \tag{3.76}$$

式中 ϕ——岩石孔隙度。

岩石的综合压缩系数，是指油藏有效压力每降低 1MPa 时，单位体积油藏岩石由于岩石孔隙体积缩小、储层流体膨胀而从岩石孔隙中排出的油的总体积，用公式表示为：

$$C_t = C_f + \phi(S_o C_o + S_w C_w + S_g C_g) \tag{3.77}$$

式中 C_t——岩石综合压缩系数，MPa^{-1}；

C_o、C_w、C_g——油、水、气的等温压缩系数，MPa^{-1}；

S_o、S_w、S_g——含油、水、气饱和度。

3.6.2 岩石压缩系数获取

3.6.2.1 实验室测定法

岩石孔隙压缩系数的测定原理是在模拟地层条件下，改变净上覆压力以测定岩石孔隙体积的变化。

实验室模拟净上覆压力有三种不同的方法，一是保持岩石内压(孔隙压力)不变，逐渐增加外部围压至上覆压力；二是先保持内外压差不变(1.4MPa)，同时升高内外压直到内压达到油藏压力，之后内压不变，外压不断升至上覆压力，然后降低内压；三是先保持内外压差不变(1.4MPa)，同时升高内外压直到外压达到上覆压力，然后降低内压至油藏压力。三种不同的升降压方式会对岩石骨架及孔隙内流体的膨胀作用产生不同影响。

Geertsma 推导出岩石孔隙体积变化与压力的关系：

$$\frac{dV_p}{V_p} = C_r dp_p + \frac{1}{\phi}(C_f - C_r)d(\sigma - p_p) \tag{3.78}$$

式中 V_p——孔隙体积；

C_r——岩石骨架压缩系数；

C_f——岩石总体压缩系数；

p_p——孔隙压力(内压)；

σ——围压(外压)。

研究表明，在油藏中，当静水压力的垂直分量为常数时，水平应力分量由边界条件决定。对于这类边界条件，Geertsma 给出了适合砂岩的近似表达式：

$$C_p = \frac{2}{V_p}\left(\frac{dV_p}{dp_p}\right) \tag{3.79}$$

由此可见，用静水力学加载法测得的岩石孔隙压缩系数大约是单轴实验的 2 倍。由于实验时加在岩样周围的力是静水力学加载，它比油藏实际多了一个轴向上的力。因此，必须对实验结果加以修正，一般将求得的孔隙压缩系数 C_p 乘以 0.61。

静水力学加载法假设压力在各个方向是相同的，在测量孔隙体系压缩系数相对容易，且适合于深部油层，但这个条件并不能够代表油藏边界条件。例如浅层或构造活跃地区，当油藏孔隙压力下降时，净上覆压力上升，从而引起地层压缩和岩石骨架膨胀。由于这种孔隙体积的改变只发生在垂直方向上，而侧向周围的岩石的应变条件保持不变。为此，实验室设计单轴加载法来模拟这类似一维的应变实验，测定浅层油藏的岩石孔隙压缩系数。静水力学加载法 C_{ph} 与单轴加载法 C_{pu} 测试结果可以应用以下关系式进行换算：

$$C_{pu} = \frac{1}{3}\left(\frac{1+\nu}{1-\nu}\right)C_{ph} \tag{3.80}$$

式中 C_{pu}——静水力学加载法岩石孔隙压缩系数；

C_{ph}——单轴加载法岩石孔隙压缩系数;

ν——油藏岩石泊松比,$0.15 \sim 0.35$。

3.6.2.2 经验公式法

当缺乏实验室测试数据时,可以应用 Hall 图版数据(表3.9),即岩石孔隙压缩系数与孔隙度关系,查表求得不同岩石的孔隙压缩系数。

表 3.9 岩石孔隙压缩系数 Hall 图版数据

孔隙度	岩石孔隙压缩系数,$10^{-4}\mathrm{MPa}^{-1}$	孔隙度	岩石孔隙压缩系数,$10^{-4}\mathrm{MPa}^{-1}$
0.02	14.5	0.08	7.69
0.03	11.89	0.1	6.96
0.04	10.44	0.12	6.38
0.05	9.57	0.16	5.8
0.06	8.84	0.2	5.22

为简便应用,利用表中数据,回归建立孔隙度 ϕ 与岩石孔隙压缩系数C_p经验关系式:

$$C_p = \frac{2.587 \times 10^{-4}}{\phi^{0.4358}} \tag{3.81}$$

式中　C_p——岩石孔隙压缩系数,MPa^{-1};

ϕ——岩石孔隙度。

在已知岩石孔隙度的情况下,可以利用式(3.81)估算其孔隙压缩系数。对于异常高压油(气)藏,可以用如下经验公式计算:

$$C_p = (8.7045 \times 10^{-3} L - 2.4747) \times 10^{-4} \tag{3.82}$$

式中　L——异常高压油(气)藏埋藏深度,m。

3.6.3 岩石压缩系数模型化输入

一般情况下,固体物质的压缩系数在$(0 \sim 1) \times 10^{-4}\mathrm{MPa}^{-1}$之间,液体的压缩系数在$(1 \sim 100) \times 10^{-4}\mathrm{MPa}^{-1}$之间,气体的压缩系数在$(100 \sim \infty) \times 10^{-4}\mathrm{MPa}^{-1}$之间。

油藏数值模拟中,岩石压缩系数的影响体现在油藏孔隙体积的计算方面,进而影响油藏初始化的原油储量。当给定某参考压力p_{ref}下的岩石压缩系数C_p时,模型按照如下公式计算不同深度对应地层压力 p 下的孔隙体积$V_{pore}(p)$:

$$V_{pore}(p) = V_{pore}(p_{ref})\left\{1 + C_p(p - p_{ref}) + \frac{[C_p(p - p_{ref})]^2}{2}\right\} \tag{3.83}$$

因此,在油藏储量拟合核实时,岩石孔隙压缩系数也是一个重要的影响因素。油藏数值模拟计算中如果油藏储层面积较小,顶底构造落差较小,岩石孔隙压缩系数可取一个固定值。如果考虑岩石随上覆压力变化导致压缩性改变,需要建立岩石压缩表格,给出不同压力条件下岩石的变形因子,从而模拟岩石的压缩性变化特征。

3.7 油藏流体性质

通常把容易流动的液体和气体统称为流体。在油藏中储存和运移的流体称为油藏流体，油藏流体具体指储层中所含的天然气、原油及地层水。三者互相依存，形成一个统一的地下流体系统。油藏流体物性指在油气藏高温高压条件下，油、气、水的物理性质。

3.7.1 地层原油

通常把处在油层条件高温高压下的原油叫地层原油。它是一种复杂的烃类混合物，且溶解有大量的气体，因此与地面原油的性质有很大的差别。从原因上分析，化学组成是烃类物质物性复杂多变的内因，高温高压是烃类物质物性变化的外因。地层原油的高压物性主要包括黏度、体积系数及溶解气油比与压力（及温度）的变化关系。

3.7.1.1 地层油黏度

（1）地层油黏度的影响因素。

地层原油黏度反映了流体在多孔介质流动过程中内部的摩擦阻力作用，黏度大小影响其在地下的运移、流动及其在孔喉中的流动能力，当原油黏度过大时，将导致油井无法正常生产。地层原油黏度受其化学组成、压力、温度等因素影响。

原油的化学组成是影响原油黏度的内在因素。原油中重烃、非烃类物质（胶质 – 沥青质）等对原油黏度有较大的影响，其含量增多会增大液体分子的内摩擦力，从而导致原油黏度增大。

随着温度的增加，液体分子运动速度增大，液体分子间引力减小，原油黏度降低。实验表明，在一定的温度范围内，温度每升高 10℃，原油黏度降低一半。热力采油方法提高原油采收率的主要机理就是通过提高温度来大幅度降低原油黏度。

地层原油黏度对压力也十分敏感，因为原油中溶解有大量的天然气，当压力低于饱和压力时，随压力降低气体从原油中析出，原油黏度迅速增加。当压力高于饱和压力时，随压力降低原油体积膨胀，原油黏度降低。饱和压力时原油体积最大，原油黏度最低。

地层原油黏度与温度关系曲线、地层原油黏度与压力关系曲线（图 3.22）是油藏工程分析及油藏数值模拟研究的重要参数。

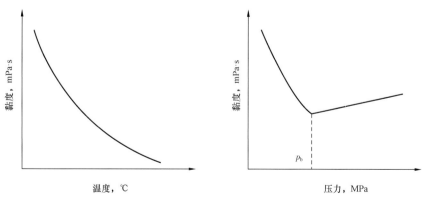

图 3.22 地层油黏度与温度、压力变化示意图

(2)地层油黏度参数的获取。

地层油黏度与温度、压力的关系可以通过常规 PVT 实验测量,也可以应用相关图版或经验公式计算求取。这里介绍几个比较实用的经验公式。

首先,利用 GLASO 公式计算地层温度下脱气原油的黏度:

$$\mu_{OD} = C \left[\left(\frac{1.076}{\gamma_o} - 1 \right) + 2.1189 \right]^d$$

$$C = 20.5735 \times (5.625 \times 10^{-2} T + 1)^{-3.444}$$

$$d = 10.313 \times (\lg(5.625 \times 10^{-2} T + 1) + 1.5051) - 36.44 \tag{3.84}$$

式中　μ_{OD}——地层温度下脱气油黏度,mPa·s;

　　　γ_o——地层温度下脱气油的相对密度;

　　　T——地层温度,℃。

然后,利用 Beggs 和 Robinson 公式计算饱和压力及其以下压力条件下的地层油黏度:

$$\mu_{Oi} = A \mu_{OD}^B$$

$$A = (5.615 \times 10^{-2} R_s + 1)^{-0.515}$$

$$B = (3.7433 \times 10^{-2} R_s + 1)^{-0.338} \tag{3.85}$$

式中　μ_{oi}——地层油黏度,mPa·s;

　　　R_s——溶解气油比。

最后,利用 Vazques 和 Beggs 公式计算饱和压力以上地层油黏度:

$$\mu_o = \mu_{ob} \left(\frac{p}{p_b} \right)^m$$

$$m = 956.4295 \, p^{1.187} \exp[-(11.513 + 1.3024 \times 10^{-2} p)] \tag{3.86}$$

式中　μ_o——压力 p 下地层油黏度,mPa·s;

　　　μ_{ob}——饱和压力 p_b 下地层油黏度,mPa·s。

3.7.1.2　地层油体积系数

(1)体积系数影响因素。

地层原油体积系数定义为原油在地下的体积与其在地面脱气后的体积之比。影响地层油体积的三个因素:溶解气、热膨胀和压缩性。由于溶解气和热膨胀对原油体积的影响(使之变大)大于弹性压缩对原油体积的影响(使之变小),因此地层原油的体积总是大于其在地面脱气后的体积,即地层油体积系数大于1。

图 3.23 为地层原油体积系数随压力的变化关系曲线,当地层压力小于泡点压力时,地层油体积系数随压力增加而增加,这是由于随压力上升原油中溶解气量增加,原油体积膨胀;当地层压力大于泡点压力时,地层油体积系数随压力增加而减小,这是由于原油体积弹性收缩;当地层压力等于泡点压力时,原油体积系数最大。

两相体积系数定义为当油藏压力低于泡点压力时,在给定压力下地层油和气释放出气体的总体积与它在地面脱气后的体积之比。当地层压力小于泡点压力时,存在两相体积系数,且随压力的降低而迅速增加;当压力等于泡点压力时,两相体积系数等于泡点压力下体积系数;当压力为大气压时,两相体积系数等于油相体积系数与原始溶解气油比之和(图3.24)。

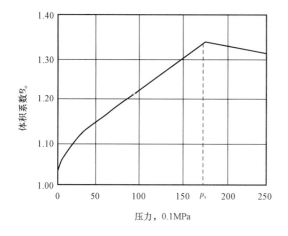

图3.23　地层油体积系数与压力关系曲线

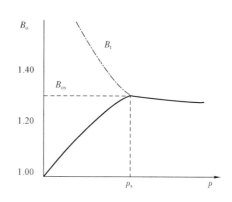

图3.24　地层原油两相体积系数与压力关系曲线

(2)体积系数参数获取。

地层油体积系数一般通过实验室高压物性仪器或分离实验测定,这里存在两种不同的油气分离实验方法,闪蒸分离和差异分离。

闪蒸分离是指使油藏原油从初始状态瞬时转变到某一特定温度、压力,引起油气分离并迅速达到相平衡的过程。这种分离的特点是在油气分离过程中,分离出的油和气始终保持接触,体系组成不变。油藏开采过程中,闪蒸分离通常发生在以下几种情况:压力略低于饱和压力且气饱和度仍低于临界值的油藏,抑或是油藏流体进入生产套管并直接输送到单一的一级分离储罐系统。因此,闪蒸分离又称接触分离或一次脱气,在实际的油藏开采过程中严格意义上的闪蒸分离很少出现。

差异分离是指在脱气过程中,通过多次降压,但压力每一次降到一定值时,把前一阶段中释放的所有气体从体系中排出,从而导致每一降压实验阶段,体系中的组成不同,随着实验的进程,重烃成分逐渐相对增多。对于差异分离与闪蒸分离,在压力降至饱和压力前,差异分离与闪蒸分离相同。差异分离中的每一级分离过程与闪蒸分离相同,但整个多级分离过程其系统组成发生变化,导致最终分离出的气量少,获得的地面原油多,且轻质油含量高。油藏开采过程中,差异分离发生在以下情况:压力低于饱和压力且气饱和度超过临界值的油藏,抑或是采用多级分离器流程的原油生产系统。因此,差异分离又称多级分离或多次脱气,是实际油藏开采过程中大多数油藏的主要油气分离方式。

由于两种油气分离方式的物理过程不同,导致两者实验测定的原油体积系数存在差异,差异分离的原油体积系数大于闪蒸分离(图3.25)。

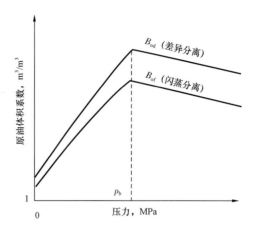

图 3.25 差异分离与闪蒸分离原油体积系数特征示意图

此外,原油体积系数还可以通过图版或经验公式求得。下面介绍两种经验公式计算方法。

首先,利用 Standing 经验公式计算饱和压力下的原油体积系数:

$$B_{ob} = 0.97 + 1.1175 \times 10^{-3} \left[7.1174 + R_s \left(\gamma_o \gamma_g \right)^{0.5} + 0.4003T \right]^{1.175} \tag{3.87}$$

式中 B_{ob}——饱和压力下的原油体积系数;

R_s——溶解油气比,m^3/m^3;

γ_o——原油的相对密度;

γ_g——天然气的相对密度;

T——油藏温度,℃。

然后,利用 Vazques 和 Beggs 公式计算不同压力下原油体积系数:

当 $p \geqslant p_b$ 时,

$$B_o = B_{ob} \left[1 - C_0(p - p_b) \right] \tag{3.88}$$

当 $p < p_b$ 时,

$$B_o = 1 + C_1 R_s + \frac{1}{\gamma_{gs}} (C_2 + C_3 R_s)(6.4286 \times 10^{-2} T - 1) \left(\frac{1.076}{\gamma_o} - 1 \right) \tag{3.89}$$

$$\gamma_{gs} = \gamma_{gp} \left[1 + 0.2488 \left(\frac{1.076}{\gamma_o} - 1 \right) (5.625 \times 10^{-2} T_{sep} + 1) \times (\lg p_{sep} + 0.1019) \right] \tag{3.90}$$

式中 γ_{gs}——分离器压力 0.6895MPa 下分离器的相对密度;

γ_{gp}——实际分离器压力下分离器的相对密度;

T_{sep}——实际分离温度,℃;

P_{sep}——实际分离压力,MPa;

C_1、C_2、C_3——系数,不同原油密度,取值不同。当 $\gamma_o \geqslant 0.876$ 时,分别为 2.626×10^{-3},6.447×10^{-2},-3.744×10^{-4};当 $\gamma_o < 0.876$ 时,分别为 2.622×10^{-3},4.05×10^{-2},2.7642×10^{-5}。

3.7.1.3 溶解气油比

(1)溶解气油比的影响因素。

溶解气油比是衡量地层原油中溶解天然气多少的物理参数。通常把地层油在地面进行一次脱气,将分离出来的气体标准(20℃,0.101MPa)体积与地面脱气原油体积的比值称为溶解气油比。

地层油的溶解气油比与天然气在原油中的溶解度的概念是一致的。在油藏原始温度和原始压力下,地层油的溶解气油比称为原始溶解气油比。油藏原始压力下的原始溶解气油比与泡点压力时的溶解气油比相等。

地层油的溶解气油比受压力、温度及流体性质影响。当温度恒定时,溶解气油比随着压力的增大而增大,在饱和压力处达到最大,高于饱和压力则保持不变(图3.26);随着温度的升高,由于烃类组分的饱和蒸汽压随之升高,则溶解气油比下降;相同的温度和压力下,根据相似相溶原理,轻质油的溶解气油比大于重质油。

(2)溶解气油比参数获取。

溶解气油比一般可通过 PVT 测试或分离实验得到。如前所述,由于原油分离方式的不同,从原油中脱出的气量不同,计算得到的气油比不同(图3.27)。为便于统一对比,一般把一次脱气的闪蒸分离测定气油比作为基准。

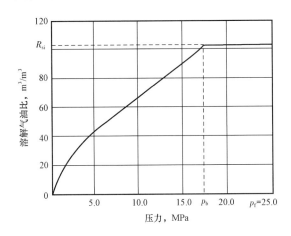

图3.26 地层油溶解气油比曲线

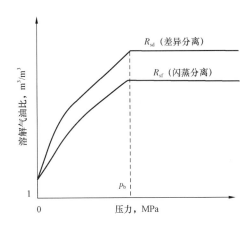

图3.27 闪蒸分离与差异分离溶解气油比
特征示意图

在缺乏实验测试数据时,可以采用经验公式计算溶解气油比。这里推荐一种应用较为广泛的 Standing 公式。

$$R_{sf} = 6.931 \gamma_g (p + 0.176)^{1.205} \times 10^{0.01506°API - 0.001973T} \tag{3.91}$$

式中 γ_g——气体相对密度。

3.7.1.4 实验数据修正

(1)考虑分离器对实验数据的影响。

如前所述,由于差异分离和闪蒸分离过程的不同,考虑到实际油藏开发中分离器级数及操作条件的变化,及其对实验数据的影响,需要通过闪蒸分离与差异分离过程中的泡点性质比来修正差异分离数据。

溶解气油比的修正公式为:

$$R_{\rm s} = R_{\rm sbf} - (R_{\rm sbd} - R_{\rm sd})\left(\frac{B_{\rm obf}}{B_{\rm obd}}\right) \tag{3.92}$$

式中　$R_{\rm s}$——修正后的溶解气油比;

　　　$R_{\rm sbf}$——饱和压力下闪蒸分离溶解气油比;

　　　$R_{\rm sbd}$——饱和压力下差异分离溶解气油比;

　　　$R_{\rm sd}$——差异分离实验溶解气油比;

　　　$B_{\rm obf}$——饱和压力下闪蒸分离体积系数;

　　　$B_{\rm obd}$——饱和压力下差异分离体积系数。

同样,对原油体积系数也需要修正,修正公式为:

$$B_{\rm o} = \left(\frac{B_{\rm obf}}{B_{\rm obd}}\right)B_{\rm od} \tag{3.93}$$

式中　$R_{\rm o}$——修正后的原油体积系数;

　　　$B_{\rm od}$——差异分离实验原油体积系数。

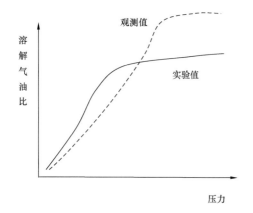

图 3.28　实验与矿场气油比对比校正

(2)考虑流体动态非平衡的影响。

对于已开发油藏,在连续生产过程中取样或生产很长一段时间后取样流体实验结果与实际 PVT 关系存在区别,需要对实验数据进行校正(图 3.28)。一般通过分离器监测的油气比等矿场生产数据来拟合校正。

动态观察是判断油藏压力是否在饱和压力以下的有效方法,如原油密度或黏度增大,油井产能突然下降等。生产气油比的变化可以提供与油藏饱和压力相关的许多重要信息:如果生产气油比保持稳定,一则可以据此推测油藏处于欠饱和状态,二则其气油比值应等于或接近原始溶解气油比,可作为室内测试结果的参考值;如果生产气油比快速增加,表明油藏压力达到流体泡点压力,此时的油藏压力大小可作为流体饱和压力的重要参考;如果油藏不同区域气油比变化情况不同,则需要考虑流体性质的空间区域变化。

(3)挥发性油藏的数据校正。

对于易挥发原油,饱和压力点以下时溶解气在油藏中释放,在地面冷凝产生大量的凝析油,并流入出口油流中。这与中低挥发性的黑油 PVT 测定情况不同,常规情况下地层原油采出到地面后分离出稳定的原油和溶解气。因此,挥发性油藏要用考虑额外凝析油产量的黑油 PVT 特性校正实验测试数据。校正公式为:

$$q_{o} = q'_{o} \frac{1 - R' r_{s}}{1 - R_{s} r_{s}} \qquad (3.94)$$

式中 q_{o}——黑油产量;

q'_{o}——提高的包含凝析油的产量;

R'——测定的总气油比(原油 + 凝析油);

R_{s}——溶解气油比;

r_{s}——凝析油产量。

(4)变泡点压力数据的处理。

对于未饱和油藏弹性开采,当其压力降至泡点压力p_{b}以下时,再注水保持或恢复压力,这时除去采出部分脱出的溶解气之外,另一部分脱出的气又重新溶解于油内。这种由于溶解气油比的减小会导致原油泡点压力的下降;同样,对单相油的未饱和油藏,如果采用注气采油,也会因溶解气油比的增大导致原油泡点压力的上升,这就是变泡点问题。

对于泡点压力变化的油藏情况,在模拟衰竭式开采过程中的流体性质时,其黏度、体积系数、溶解气油比等参数可以根据压力的下降路径(实线)进行取值;当压力降至某水平后又升压开采,则流体性质参数会沿着过该压力水平点并沿着饱和压力平行线取值(图3.29)。

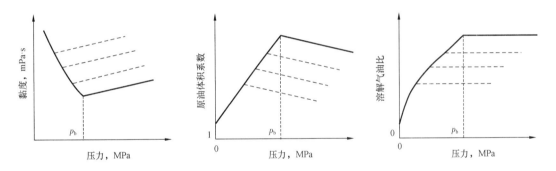

图 3.29 原油黏度、体积系数及溶解气油比变泡点曲线示意图

3.7.1.5 流体取样的影响

流体 PVT 性质的可靠性和代表性对于油藏数值模拟结果准确性的影响巨大,这很大程度取决于流体样品的采集。通常情况下,采集代表性油藏开采初始的油藏流体至关重要。一般有两种采样程序:井底采样和地表复配。

井底或地下流体取样就是把取样器放置到油藏位置,在油藏温度压力下取得流体样品。理想情况下,油藏初始处于未饱和状态,井底取样流体为单相液体;如果油藏初始为近饱和状态,则需要通过一定时间的关井处理以使井眼周围的气体重新溶解后再实施取样;如果油藏初始为完全饱和状态,则会在井眼周围出现溶解气的释放,导致井底附近流体性质的变化:当释放的气饱和度小于临界气饱和度,那么测量的气油比会低于原始溶解气油比,测试流体泡点压力有可能小于实际泡点压力;当释放的气体饱和度大于临界气饱和度,油藏中存在游离的自由气,那么测量的气油比会高于原始溶解气油比,测试流体泡点压力可能会高于实际泡点压力。这种情况下井底流体取样会十分困难,一般采用地表流体复配。

地表流体复配就是在分离器条件下把得到的油和气在地层温度和压力下,按照一定的气油比例进行实验室重新混合。根据流体流动的连续流原理，当油气藏压力高于饱和压力时，在较低的生产速度下，流体从地层到井筒、再到地面的性质基本一致。然而，对于井下取样困难的油气藏，要获得油气混合比例达到要求的样品存在一定的困难：对于低渗透油藏，由于井眼附近脱气，且存在临界气饱和度的影响，这样使得采集的气量偏小（之前）或偏大（之后）；对于存在气顶或原始压力接近饱和压力的油藏，油气界面处的压力为饱和压力，如果测试过程中存在原油逸出的自由气，则井筒采集样品的气油比不可靠。另外，对于分离器采样，由于气体样品的获取是在分离器处，而气油比是在储罐条件下得到的，这就需要对测得的气油比进行必要的校正。

流体取样的样品数设计在保证样品可靠性的基础上要遵循代表性原则。一般而言，一个油藏圈闭其流体性质相对均匀，但对于倾角较大或厚层油藏，流体组成因重力分异等作用影响会发生垂向规律性变化，部分面积较大的油藏在横向上也会因物性阻挡、边水氧化蚀变等作用发生流体性质变化，这就需要从高度分散、零星的检测值结合生产数据进行整体分析判断，设计能够代表不同区域位置油藏性质的取样方案。

综上所述，对于评价井最常用的取样技术是用重复地层测试器（RFT）或模块式地层动态测试器（MDT）工具井下取样，但应用并不广泛。对于未饱和油藏，可在 DST 测试期间井下取样，抑或在井口原油还处于未饱和时，直接从地面取样。而对于饱和油藏，通常在地面分离器后，重新配置油气样品。

3.7.2　天然气

地下采出的可燃气体称为天然气，它是以石蜡族低分子饱和烃气体和少量非烃气体组成的混合物。天然气的体积系数、黏度和密度是油藏模拟研究中的重要物理参数。

3.7.2.1　气体状态方程

气体状态方程是描述一定质量的气体的压力、温度和体积之间关系的表达式。理想气体是指分子本身的体积及分子之间作用力均可忽略的气体，气体状态方程为：

$$pV = nRT \tag{3.95}$$

式中　p——气体的压力（绝），MPa；

V——气体的体积，m^3；

R——通用气体常数，为 8.312×10^{-3}；

n——气体的千克摩尔数；

T——气体的温度，K。

理想气体状态方程仅适用于低压下的实际气体，不能满足油藏工程计算需要。为此，先后总结提出了不同的气体状态方程，如压缩因子状态方程、BWR 方程、RK 方程、SW 方程和 PT 方程等。目前在石油工程中广泛应用的是压缩因子状态方程，其实质是引入压缩因子用于修正理想气体状态方程。公式为：

$$pV = ZnRT \tag{3.96}$$

式中　Z——气体压缩因子。

压缩因子的物理意义是在给定的温度压力条件下,实际气体所占有的体积与理想气体所占有的体积之比,它反映的是相对于理想气体,实际气体压缩的难易程度。当 Z 值大于 1 时,即实际气体较理想气体难于压缩;当 Z 值小于 1 时,即实际气体较理想气体容易压缩;当 Z 值等于 1 时,则实际气体成为理想气体。

压缩因子不是一个常数,它随气体组成、温度和压力而变化。因此,压缩因子可以根据折算温度、压力从压缩因子图版中查出,而建立压缩因子图版需通过室内实验来测定。实验求取天然气压缩因子的方法是将一定质量的天然气样品装入高压物性实验装置的 PVT 筒中,在恒温条件下测定天然气压力和体积的关系,然后计算出不同压力下天然气的压缩因子。

Standing 和 Katz 利用实验方法测得不同温度、压力下的压缩因子,并根据天然气主要是由化学结构相似的烷烃分子组成的特征,应用对应状态定律,建立了压缩因子与视对比压力和视对比温度的关系图版,称双参数压缩因子图版(图 3.30)。

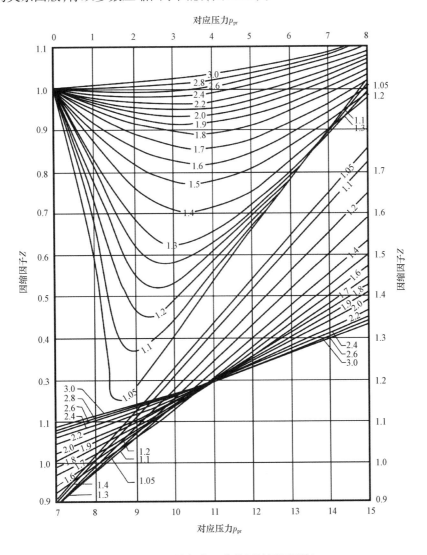

图 3.30　天然气的双参数压缩因子图版

对应状态定律指出,所有纯气体在相同的对比压力和对比温度下,都具有相同的压缩因子。对于单组分烃类气体,只要知道其对比压力 p_r 和对比温度 T_r,就很容易从图版查出其压缩因子 Z 来。对于天然气混合物,可以应用相同的原理通过天然气的密度(相对于空气)求得近似的拟对比压力和拟对比温度,然后应用以上双参数压缩因子图版查表求取。

3.7.2.2 天然气体积系数

天然气的体积系数是指天然气在油气藏条件下的体积与它在地面标准状况下所占体积的比值,其表达式为:

$$B_g = \frac{V_g}{V_{gs}} \tag{3.97}$$

式中　B_g——天然气的体积系数,$m^3/$(标)m^3;

　　　V_g——地层条件气体的体积,m^3;

　　　V_{gs}——地面标准状态下气体的体积,m^3。

天然气的体积系数一般利用高压物性分析器通过闪蒸分离实验确定,其计算公式为:

$$B_g = (V_1 - V_2) \Big/ \left(\frac{2.901\, p_a\, V_a}{T_a} + \frac{24.055\, G_o}{M_a} \right) \tag{3.98}$$

式中　V_1——地层条件下天然气闪蒸前的体积,m^3;

　　　V_2——地层条件下天然气闪蒸后的体积,m^3;

　　　p_a——闪蒸压力,kPa;

　　　V_a——闪蒸气在 p_a 压力下的体积,m^3;

　　　T_a——闪蒸时的温度,K;

　　　G_o——闪蒸时产生的凝析油量,g;

　　　M_a——闪蒸油的平均相对分子质量。

天然气的体积系数随地层压力的增大而减小,由于气体的压缩性强,在油藏条件下的体积系数很小(远小于1),因而对于地面产出气体的体积计算十分敏感。油藏模拟研究中,需要获得从地面到油藏压力变化范围内等温条件下的气体体积系数与压力的关系。

3.7.2.3 天然气黏度

黏度是气体(或液体)内部摩擦阻力的量度,天然气的黏度是评价天然气流动性的指标。当气体内部存在相对运动时,会因分子的内摩擦力而产生阻力,阻力越大,流体运动越困难,表明气体的黏度越大。

天然气的黏度与温度、压力和气体组成有关,并且在低压(接近 0.1MPa)和高压($>30 \times 0.1$MPa)下的变化规律有显著的不同。低压条件下,气体分子间距离大,分子热运动碰撞是形成气体内摩擦阻力的主要原因,在接近大气压的低压范围内气体的黏度与压力无关;随温度的升高,分子运动速度增加,气体黏度增大;随分子量增加,分子运动速度减慢,气体黏度减小。在高压条件下,气体分子密度加大,分子彼此靠近,分子间的相互作用力成为形成气体内摩擦阻力的主要因素,其作用机理与液体类似;气体的黏度随压力的增加而增大,随温度的增加而减小,随气体分子量的增加而增大。

确定气体黏度唯一精确的方法是实验方法,但耗时长、难度大,通常采用黏度图版法或经验公式计算。推荐采用下述公式计算临界温度以上任意压力下的高压气体黏度:

$$(\mu_{g1} - \mu_{g2})\lambda = 10.8 \times 10^{-2}\left[\exp(1.439\rho_r) - \exp(1.11\rho_r)^{1.858}\right] \qquad (3.99)$$

$$\rho_r = \frac{\rho}{\rho_c} \qquad (3.100)$$

$$\lambda = 0.2713\frac{\overline{T}_c^{\frac{1}{6}}}{M_g^{\frac{1}{2}}\overline{p}_c^{\frac{2}{3}}} \qquad (3.101)$$

$$\rho_c = \frac{1}{V_c} \qquad (3.102)$$

式中　μ_{g1}——高压下气体黏度,mPa·s;

$\quad\quad\ \mu_{g2}$——低压下气体黏度,mPa·s;

$\quad\quad\ \rho_r$——对应密度;

$\quad\quad\ \rho$——气体密度,kg/m³;

$\quad\quad\ \rho_c$——气体临界密度,kg/m³;

$\quad\quad\ V_c$——气体临界体积,m³;

$\quad\quad\ \overline{T}_c$——天然气视临界温度,K;

$\quad\quad\ M_g$——天然气视相对分子量;

$\quad\quad\ \overline{p}_c$——天然气视临界压力,MPa。

3.7.3　地层水

地层水是油层水和外部水的总称,其中油层水包括底水、边水、层间水、束缚水等,外部水包括上层水、下层水以及夹层水等。地层水的天然气溶解度、压缩系数、黏度等参数是油藏工程计算等工作中不可缺少的资料。

3.7.3.1　地层水的溶解度

天然气在纯水中的溶解度主要取决于压力,并随压力的增加而增大,而温度的影响较小,一般随温度的增加而降低。天然气在地层水中的溶解度还与矿化度有关,随含盐量的增加而降低。与原油相比,天然气在水中的溶解度较低,当水体很大、压力很高时,溶于水中的天然气也十分可观,由此可形成水溶性气藏。

天然气在地层水的溶解度采用如下经验公式计算:

$$R_{sb} = R_{sw} \times \Delta S \qquad (3.103)$$

$$R_{sw} = \left[A + B(145.03p) + C(145.03p)^2\right]/5.615 \qquad (3.104)$$

$$\Delta S = 1 - (0.0753 - 0.000173\Delta T)S \qquad (3.105)$$

$$\Delta T = 1.8(T - 273.15) + 32 \qquad (3.106)$$

式中　R_{sb}——天然气在地层水中的溶解度(体积比);

　　　R_{sw}——天然气在纯水中的溶解度(体积比);

　　　ΔS——矿化度校正系数;

　　　S——水的矿化度,用 NaCl 的质量分数表示,%;

　　　ΔT——温度校正系数;

　　　p——地层压力,MPa;

　　　T——地层温度,K;

　　　A、B、C——与温度校正系数相关的系数。

其中,系数 A、B、C 的计算公式为:

$$A = 2.12 + 3.45 \times 10^{-3} \Delta T - 3.59 \times 10^{-5} (\Delta T)^2$$

$$B = 0.0107 - 5.26 \times 10^{-5} \Delta T + 1.48 \times 10^{-7} (\Delta T)^2$$

$$C = -8.75 \times 10^{-7} + 3.9 \times 10^{-9} \Delta T - 1.02 \times 10^{-11} (\Delta T)^2$$

3.7.3.2　地层水的压缩系数

油层水的压缩系数是指单位体积油层水在压力改变 0.1MPa 时的体积变化率。油层水压缩系数受压力、温度和水中天然气的溶解度的影响,一般在 $(3.7 \sim 5.0) \times 10^{-5} \text{atm}^{-1}$ 之间。因而,实际计算时,往往先确定无溶解气时油层水的压缩系数,然后再进行溶解气的校正。地层水压缩系数的计算有图版法和经验公式法。

图版法预测地层水压缩系数需要已知四种图版,并按照如下步骤:

首先,根据油藏温度、压力查找不含气的地层水在不同温度、压力下得压缩系数图版,得到不含溶解气的压缩系数 C'_w;

然后,根据油藏温度、压力查找天然气在纯水中的溶解度图版,得到天然气在纯水中的溶解度 R_{sw};

接下来,根据地层水的矿化度查找地层水天然气溶解度的矿化度校正图版,得到矿化度校正系数 ΔS,计算出地层水中的溶解度 R_{sb};

最后,根据地层水中气体的溶解度查找地层水压缩系数的气体溶解度校正图版,得到气体溶解度校正系数 ΔR,用该值乘以不含溶解气的压缩系数 C'_w,即得地层水的压缩系数 C_w。

经验法预测地层水压缩系数计算公式为:

$$C_w = 1.4504 \times 10^{-4} (a + bA + c A^2) f \tag{3.107}$$

$$A = 5.625 \times 10^{-2} T + 1 \tag{3.108}$$

$$a = 3.8546 - 1.9435 \times 10^{-2} p \tag{3.109}$$

$$b = -0.3366 + 2.2121 \times 10^{-3} p \tag{3.110}$$

$$c = 4.021 \times 10^{-2} - 1.3069 \times 10^{-4} p \tag{3.111}$$

$$f = 1 + 4.9974 \times 10^{-2} R_{sw} \tag{3.112}$$

式中　C_w——地层水中的压缩系数,MPa^{-1};

　　　T——地层温度,℃;

　　　p——地层压力,MPa;

　　　R_{sw}——天然气在纯水中的溶解度(体积比)。

3.7.3.3　地层水黏度

油层水黏度的定义与油气一样都是液体内部摩擦阻力的量度,与地层压力、温度、矿化度和天然气溶解度有关,但主要受地层温度影响。随温度增大而地层水黏度急剧降低,而与压力变化几乎没有关系;由于溶解气量少,溶解气对水的黏度影响也不大。在地层条件下,地层水的黏度变化一般介于 0.2~1.0mPa·s 之间。

地层水黏度预测的经验公式为:

$$\mu_w = 4.33 - 2.24A + 0.484 A^2 - 4.637 \times 10^{-2} A^3 + 1.636 \times 10^{-3} A^4$$

$$A = 5.625 \times 10^{-2} T + 1 \tag{3.113}$$

式中　μ_w——地层水中的黏度,mPa·s;

　　　T——地层温度,℃。

3.7.3.4　地层水体积系数

地层水体积系数是指地层水在油藏温度、压力下的体积与地面条件下的体积之比。地层水的体积系数受温度、压力和气体溶解度有关,其变化规律为随着温度的增大而增大,随着压力的增大而减小,随着气体溶解度的增大而增大。

由于地层水矿化度高,溶解气少,其地下体积与地面体积相差甚微,故地层水的体积系数在 1.01~1.02 之间,一般可近似取值为 1。

3.8　动态监测资料

3.8.1　油气水产量

3.8.1.1　动态数据检查

油水井动态数据一般来自数据库或报表,主要包括井的日(月)产油、产水、产气及注水(气)量,其余的液量、含水、气油比等派生指标或相关的累计指标都可以基于以上独立的指标进行计算得到。

由于动态数据来源渠道的不同,在获得完整的油水井动态数据后,需要对数据进行必要的可靠性检查。根据实践经验,生产动态数据的数据质量问题主要表现在以下几方面。

(1)油水井井号标识不一致。同一口井由于井号名称标识的不同导致模型处理成两口不同的井,要采用统一的命名规范。

(2)日(月)度数据与累计数据不一致。基于日(月)度数据计算的累计数据与获得的原始累计数据值不一致,这种情况下要重新核实。

(3)井的投产、注时间与生产动态数据起始时间不一致。例如油井已经开始记录产量数据,但完井报告显示时间晚于投产时间。如核实产量时间准确,则需要修改完井时间。

（4）生产动态数据与完井数据的井信息不对应。如完井数据表中的部分油水井在生产动态数据表中不存在，有可能这些井在目标区域或生产层系之外。

（5）井轨迹数据与完井数据的层位（或深度）信息不对应。如由于井斜数据的补心高（差）处理错误导致完井后的投产层位（或层段）与地质模型的分层结果不一致，出现错层或漏射（孔）的现象等。

以上只是部分列举了生产动态数据可能出现的数据质量问题，实际研究过程中，需要结合具体的情况进行全面的数据检查，以保证其客观性及逻辑上的一致性。

3.8.1.2　数据模型化处理

油藏数值模拟动态模型的建立需要对有关井和产量的数据进行适合模拟计算需求的模型化处理。

（1）关于井的识别。

对于模拟器而言，一个独立的井具有自身的属性（生产井或注入井）、轨迹及相应的生产控制条件。正因为此，油田开发中为区别不同属性井的功能，需要对位置相同的井进行区别设置。类似这种情况的有油井转注水井、注水井转油井、同井分层开采、同井分层注入等，矿场管理上是同一口井，但模拟器需要处理成两口不同的井，分别进行定义。

（2）关于生产时率。

假设井的生产动态资料提供了以天为计量单位的产注数据，但模拟器设定了一个固定的时间步长（假设为月），这样可能出现的情况是油井（或水井）在某一个时间段内并没有按照完整的月度时间生产，当月内实际的生产天数与总天数的比值即为生产时率。因此，在处理动态数据时，把每月内油井实际的平均日产量称之为生产能力，生产能力与时率的乘积称为生产水平。在历史拟合阶段，如果输入的是油井的实际生产能力值，则同时要指定其生产时率，否则阶段产油量计算值偏高；如果输入的是油井的生产水平值，则无须指定生产时率，但这种情况低估了井的潜能，使计算的生产压差偏小。

（3）关停井的处理。

油井的停采和水井的停注，在生产动态数据中显示其产液量和注水量为0。对于模拟器而言，停止生产或注入存在两种不同的情况，井口关停和产注层封堵。很显然，这两种情况对井筒与油层流动计算的影响截然不同。井口关停情况下，虽然地面产注量为零，但井筒内由于井眼的连通仍会发生层间流体的窜流；而产注井封堵，则是完全隔绝了井与油藏的联系。因此，要区分井的停注停采与废弃关井，而不能仅仅依据生产动态数据简单处理。

3.8.1.3　时间步长的确定

在数值模拟数学模型中需要对时间进行离散化，这一时间间隔称为时间步长。时间步长的选择需要综合考虑多种因素，包括动态历史的时间、网格模型的规模、项目研究的周期、项目研究的精度以及模拟计算的收敛性。

时间步长选择过大时，可能会影响计算结果的质量，降低模型计算收敛性及研究精度。主要表现在三个方面。

（1）影响流度计算。

当时间步长较大时，在同一个时间步内对某一相选择了一个固定的流度值进行模拟，掩盖了各相流度的变化，计算得到的各相流体的流量存在误差，导致错误的饱和度剖面。

（2）产生相当大的数值弥散。

数值弥散是由于使用泰勒级数逼近代替有限差分导数而产生的,其引入的截断误差导致得到的计算饱和度前沿类似物理上的扩散现象,因此称为数值弥散。数值模拟器中常用的求解算法有 IMPES 方法(Implicit Pressure – Explicit Saturation 隐压显饱方法)和 IMPLICTIT 方法(全隐式方法)。虽然求解流动系数的求解方法不同,但都会产生数值弥散。IMPES 方法在同一时间步内只计算一次流动系数,认为其在时间步内不变,因此时间步长不能取得太大。按照通常的经验,其标准为在一个时间步内任意一个网格内的流体变体量不要超过该网格块孔隙体积的 10%。因此其合理时间步与网格块大小有关,网格块越大,时间步可以取得越大。实际工作中,IMPES 方法的时间步长不要超过一个月。IMPLICTIT 方法假设流动系数在该时间步内的值等于其时间步结束时的值,也参与迭代计算,计算量相当大。IMPLICTIT 方法可以取较大的时间步,但是虽然其无条件稳定,却也存在数值弥散和截断误差。当取较大的时间步长时,外部迭代(流动参数计算)次数会相应增加。如果计算结果显示每次都要用到最大的外部迭代次数,或者物质平衡误差过大,都是因为选用的时间步过大。根据经验,全隐式算法的时间步长不要超过 3 个月。

（3）无法精确刻画物理现象。

当时间步较大时,压力、饱和度等物理量变化太快,有可能不能反映出一个体系内的物理过程,也就不能正确地描述流体流动的机理。比如,正常情况下,一个网格可流动的流体为油相,当油藏压力下降到了泡点压力,会逐渐脱气,当气体的饱和度达到临界流动条件时会发生流动,气体会渗流到油藏高部位或者井底。当时间步较大时,一个时间步内压力下降很快,气体饱和度增加很快,但模拟计算时气体在该时间步内是不流动的,因此就不能精细描述出气体流动的前缘,这样计算得到的饱和度分布就不正确了。

时间步长选择过小时,会增加计算的时间。当动态历史的时间长、网格模型的规模较大时,导致高昂的计算成本及时间成本,延长项目的研究周期。

通常情况下油田开发数据库中的动态数据以月为单位提供,确保模拟时能满足因生产中层位和频繁作业对时间步的要求。历史拟合阶段以月为单位输入井的控制参数通常可以较好地协调时间步的两方面需要。但在特殊情况下,如对非常规页岩油气藏,在开发的早期往往都存在一个产量高速递减的阶段,在最初的几个月内,需要按天来确定时间步。

在大部分模拟器中,还提供了自动选择时间步长和选择开始的时间步长的功能。自动选择时间步长即根据软件自动设置或人为指定设定时间步长,如果参数变化在容差范围内,接受此次计算,否则调整为较小的步长重新计算。因为油田投产初期通常存在产量急剧变化的阶段,所以模拟初期时间步通常取得较小。如果计算收敛,后期时间步便可加倍,直至达到输入的基本时间步长。另外在产量或注入量发生明显变化时,近井地带的压力及饱和度剖面会发生急剧变化,如油井转注时,即需要减小时间步长。

3.8.2 压力测试资料

3.8.2.1 几种压力概念

油藏数值模拟中涉及压力的类别很多,首先需要从概念上予以区分。

(1)有关油层压力的概念。

静水压力是指由垂直的液柱重量所产生的压力,亦称为流体静压力。该值大小与液体密度、液柱高度相关,计算公式为:

$$p_{\mathrm{H}} = \rho g h \tag{3.114}$$

式中　p_{H}——静水压力;

　　　ρ——液体密度;

　　　g——重力加速度;

　　　h——液柱高度。

上覆岩层压力是指由上覆岩层的重量(包括岩石骨架重量和岩层孔隙空间流体的重量)所产生的压力,亦称为地静压力。该值大小与上覆岩层的垂直高度、岩石骨架密度、上覆岩层孔隙度、孔隙内流体密度相关,计算公式为:

$$p_{\mathrm{o}} = H\big[(1 - \phi)\,\rho_{\mathrm{ma}} + \phi\,\rho_{\mathrm{f}}\big]g \tag{3.115}$$

式中　p_{o}——上覆岩层压力;

　　　H——上覆岩层的垂直高度;

　　　ϕ——上覆岩层的平均孔隙度;

　　　ρ_{ma}——上覆岩层骨架平均密度;

　　　ρ_{f}——上覆岩层流体平均密度。

地层压力是指作用于岩层孔隙空间内流体上的压力,亦称为油藏压力或孔隙流体压力,一般用p_{f}表示。含油(气)区内的地层压力被称为油(气)层压力;油、气未开采前的地层压力称为原始地层压力,开采后某一时期的地层压力称为当前地层压力。

地层压力与静水压力之间满足如下关系式:

$$p_{\mathrm{f}} = p_{\mathrm{H}} + c \tag{3.116}$$

式中　c——地层超压。

当$c = 0$时,表明地层压力等于静水压力,地层岩石孔隙与地面连通;当$c \neq 0$时,表明地层压力偏离静水压力,偏离程度受孔隙连通性、地层流体矿化度及温度变化等因素影响。

通常情况下,地层压力与静水压力相等或接近。压力系数定义为地层压力与静水压力的比值,用以表征地层压力的异常状况,其公式为:

$$\alpha = \frac{p_{\mathrm{f}}}{p_{\mathrm{H}}} \tag{3.117}$$

式中　α——压力系数。

当α介入0.8~1.2之间时,地层压力为正常压力;当$\alpha > 1.2$时,地层压力为异常高压;$\alpha < 0.8$时,地层压力为异常低压。

由以上定义可知,在油藏某一地层深度处,存在3个压力:静水压力、上覆岩层压力及地层压力。地层压力是最重要的压力参数,但要区分其与其他压力的内涵,并在油藏工程应用中正确分析和判断。

（2）有关井的压力概念。

井底压力包括静压和流压。井底静压是指关井时的井底压力，该压力等于关井待压力恢复到稳定时，测得的油气层中部压力，亦可称为油层静压力。油层静压力代表测压时期的目前油层压力，应该定期进行测量。井底流压是指油井生产时的井底压力，它代表井口剩余压力与井筒内流动流体柱对于油层中部的回压。

井口压力包括油压和套压。井口油压是指井口生产时的压力，即流体从井筒产出时流经井口所剩余的压力。井口套压是指油管、套管环形空间内，油和气在井口的剩余压力，又叫压缩气体压力。该值等于流压减去环形空间内液柱和气柱压力，在油井脱气不严重的情况下，一般套压的高低也表示油井能量的大小。

3.8.2.2 压力资料处理

压力数据是反映油藏能量状况的重要信息，也是动态历史拟合的主要指标。但如何获得与数值模拟器计算得到的具有相同物理意义上的压力值，还需要结合数值模拟与油藏工程内涵上的差异进行压力数据的前处理，以提高压力拟合与油藏动态分析的精度。

（1）油藏压力基准面折算。

在进行油藏压力拟合时，由于实测压力与模型计算压力的参考深度不一致，从而无法进行直接对比，需要进行油藏压力相同基准面折算。

在进行压力折算之前，需要先来了解一下油藏折算压力的必要性。习惯性思维认为地下流体是由地层压力高的部位流向地层压力低的部位，实则不然，这里面忽略了构造因素的影响。例如同一个油藏在原始条件下具有统一的压力系统，即使构造高部位油藏压力低于底部位，仍然处于静止平衡状态，这是因为高、低部位流体存在一定的深度差，当折算到同一基准面时，两者折算压力相等。因此，为了正确掌握油藏压力的大小、分布及其变化规律，必须进行基于基准面的折算。

油藏模拟器中输出的网格压力通常是折算成参考深度（用户定义）处的压力，而压力恢复试井得到的地层压力代表的是井的油层中部深度处的压力，尤其是每一口井的油层中部深度又不尽一致，因此在拟合对比前需要把每口井任意时刻的实测地层压力折算成与模拟模型相同基准面深度处的压力。

油藏压力的折算公式为：

$$p_{wsd} = p_{ws} + (D_d - D_m) p_d \tag{3.118}$$

式中　p_{wsd}——折算成基准深度处的实测地层压力；

　　　p_{ws}——关井压力恢复后的测试地层压力；

　　　D_d——折算基准面深度；

　　　D_m——井的油层中部深度；

　　　p_d——压力梯度。

（2）油藏压力 Peaceman 校正。

前面谈到油藏压力对比的条件是对实测压力进行与模型相同基准面折算后，再与对应区域或位置的网格压力进行比较。油藏压力的对比是基于井的控制范围，然而，模拟器计算的井控范围的网格压力与折算后的实测压力也不能简单直接对比，原因是井的实际泄油半径不等于井所在网格的等效半径,同时井的网格压力代表的是一个时间步长(1 个月或更长)内计算的正常生产压力,与实际关井压力恢复儿小时测试的压力具有不同的含义。因此,要想实现模拟器计算的网格压力与实测地层压力对比,还需要进行模拟器计算压力的校正。

Peaceman 研究提出用压力等效半径的概念来代替实际泄油半径,模拟中井所在的网格压力实际上等于等效半径边界处的实际油层压力。假设网格 $(0,0)$ 中有一口井,网格压力 $p(0,0)$ 并不等于井底压力(图 3.31)。如果建立一个包括许多网格的单相模型,可以算出各个网格的压力,以各网格与网格 $(0,0)$ 间的无量纲压差 $[(p_{i,j} - p_{0,0})/q\mu]/Kh$ 为纵坐标,以网格 (i,j) 与 $(0,0)$ 间的无量纲距离 $(r/\Delta x)$ 的对数值为横坐标,则可得到图 3.32,图上的点子形成斜率等于 $1/2\pi$ 的直线,将此直线延伸到 Δp 为零处,得到无量纲距离为 $0.2\Delta x$,从差分方程反过来拟合径向流公式也可以得到 r_e 为 $0.2079\Delta x$。

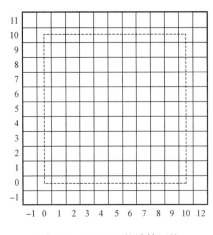

图 3.31　10×10 的计算网格
（D. W. PEACEMAN,1978）

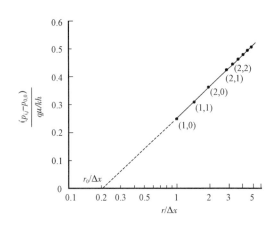

图 3.32　压力与半径关系的数值求解
（D. W. PEACEMAN,1978）

同理可得矩形网格的 r_e 为:

$$r_e = 0.14 \times (dx^2 + dy^2)^{0.5} \tag{3.119}$$

如果又考虑渗透率各向异性,则:

$$r_e = 0.28\left[\frac{(K_z/K_y)^{0.5}dy^2 + (K_y/K_z)^{0.5}dz^2}{(K_z/K_y)^{0.25} + (K_y/K_z)^{0.25}}\right]^{0.5} \tag{3.120}$$

该公式适用于孤立的油井网格,即它与其他井的距离超过 $10\Delta x$ 或者 $10\Delta y$,与边界距离超过 $5\Delta x$ 或者 $5\Delta y$。在这种条件下,油井不必一定在网格的中心。

基于以上分析,如何将基准面折算后实测地层压力校正到与井的网格压力具有严格可对比性的数值,存在以下两种情况。

① 情况一,如果油井测得压力恢复数据,并出现直线段后,只有当关井压力恢复的时间 Δt 满足如下关系式时,关井恢复测得的压力和网格块的压力才相等。Δt 计算公式为:

$$\Delta t = \frac{67.5\phi\mu\, c_t\Delta x\Delta y}{K} \tag{3.121}$$

式中　K——网格节点平均渗透率,mD;

　　　　Δt——关井时间;

　　　　Δx、Δy——x、y 方向的网格步长;

　　　　c_t——总压缩系数;

　　　　μ——原油黏度,mPa·s;

　　　　ϕ——孔隙度,%。

具体操作方法是在压力恢复曲线的直线段上读出关井时间为 Δt 对应的压力值,作为模拟模型井网格压力的拟合值。

② 情况二,如果油井测得压力数据是一个压力点,该点位于压力恢复曲线直线段上,则首先将质量总流量(产量)Q 换算成体积总流量 q,换算公式为:

$$q = Q\left[f_w\left(1 - \frac{1}{r_o}\right) + \frac{1}{r_o}\right] \tag{3.122}$$

然后用式(3.123)计算出校正的实际地层压力:

$$p_o = p_{wsd} + \frac{2.1207q}{\lambda_t h}\lg\frac{2.423\phi\, c_t(\Delta x^2 + \Delta y^2)}{\lambda_t \Delta t} \tag{3.123}$$

式中　p_o——校正的实际地层压力;

　　　　p_{wsd}——折算到基准深度处的压力;

　　　　q——关井前稳定总产率;

　　　　λ_t——总流度;

　　　　h——射开厚度;

　　　　ϕ——孔隙度;

　　　　Δt——关井时间;

　　　　Δx,Δy——网格 x,y 方向的步长。

(3)分层油藏压力获取。

实际矿场监测的油藏压力资料代表测试井多层开采油层的平均值,同时也只能反映平面控制范围内的压力状况。在进行油藏压力的拟合对比分析时,不能够将所有的油藏压力监测结果绘制在同一张以时间为横轴的坐标系中,尤其是存在多套油水系统的复合油藏,或者纵向跨度较大的多层油藏。因为不同的监测井所打开的油层层位不同,所处的平面位置不同,而模拟模型输出的模型平均压力代表的是整个油藏的压力平均值,两者不具有可比性。正确的方法是获得分层或分区的实测油藏压力平均值,然后与对应模拟模型的分区油藏压力计算结果对比,才能够比较客观地把握油层压力的变化规律。

分层油藏压力的获取可以基于已有的压力监测资料,按照不同的投产层位(或层系)进行分类,然后对分类的压力数据进行相应的基准面折算和校正,以此作为油藏压力分析和拟合的基础。由于压力监测资料相对稀少,分类后的压力数据在时间轴坐标上虽然连续性较差,但对油藏的压力变化特征反映更加客观真实,对比分散的压力数据与计算曲线之间的差异,也可以较好地控制模型的质量。

同一层位或层系,由于平面流体亏空程度的不同,不同位置的油层压力大小不同。油层压力拟合的目标是油层压力的平均值,因此需要正确获取油藏压力的平均值。最简单直接的油藏平均压力的计算方法是监测井测试压力的算术平均,公式为:

$$\bar{p}_o = \frac{\sum_1^n p_{oi}}{n}$$

式中　p_{oi}——校正后的井的油层压力值。

当压力监测井较多且位置分布比较均匀时,算术平均法基本可以满足研究需求。如压力监测井较少,这种平均计算方法会带来较大的计算误差,需要考虑压力监测井所控制的油藏体积大小的影响。这里,推荐采用体积(或面积)加权的油藏平均压力计算方法,公式为:

$$\bar{p}_o = \frac{\sum_1^n p_{oi} V_i}{\sum_1^n V_i} \tag{3.124}$$

式中　V_i——压力监测井的控制体积。

3.8.3　剖面测试资料

3.8.3.1　注入剖面

注入剖面是指在一定的注水压力或注水量条件下,应用同位素载体法、流量法、井温法或多参数组合法等测得的分层吸水量。通常多采用放射性同位素载体法,用分层的相对吸水量表示。注入剖面是反映多层油藏分层注入能力及吸水状况的最直接且综合有效的资料信息,是检验模型纵向非均质描述可靠性的重要拟合指标。为了进行分层吸水状况的拟合对比,需要分别整理注入剖面测试数据和模型计算输出数据,以便开展拟合对比分析。

注入剖面测试数据给出了注入井在确定的时间点分层的吸水量或相对吸水量,其分层信息一般与地质分层结果一致。模拟模型一般无法直接输出对应时间及层位的计算结果,需要根据井与模型的网格连接关系,定义输出对应测试层位的水的流入量,以此作为注入剖面拟合的依据。

3.8.3.2　产出剖面

产出剖面是指在正常生产条件下,采用测井仪器测量小层或层段的产出量(包括产油、产气、产水、压力及温度等资料)。根据生产方式的不同,又分为自喷井和抽油井生产剖面测井两种。对于自喷井,通常采用综合仪、找水仪及井温仪等仪器通过油管进行测量;而抽油井由特制的偏心井口经油套环形空间下入井内进行测试。

产出剖面测试数据给出了生产井在确定时间点分层的产水量、产油量等信息,与注入剖面资料处理一样,需要根据井与模型的网格连接关系,定义输出对应测试层位的不同流体相的产出量,以此作为产出剖面拟合的依据。多层油藏受层间干扰影响,产出剖面测试资料提供了如何修正分层生产能力的最直接的质量控制。

3.8.4　作业措施信息

井的措施信息即为油水井的射孔及作业历史,主要包括射孔、封堵、酸化、压裂、解堵、调堵等,除了需要准确描述作业井的井名、日期、作业井段或层位等信息外,关键是要正确反映出作业后对井的分层及综合生产或注入能力的影响。体现在动态模型中,主要是作业措施效果如何通过井指数或表皮系数进行准确描述。

3.8.4.1 作业措施描述

一口井只有一个射孔层段(网格)时,其流动相的井产量公式为:

$$q_p = PID \cdot M_p \cdot (p - p_w) \tag{3.125}$$

式中 q_p——井的产量,m^3/d;

　　　PID——井的生产或注入指数;

　　　M_p——相流度;

　　　p——井所在的网格块压力;

　　　p_w——井底流压。

可以看出,井的作业措施对产量的影响主要体现在模型的井指数及相流度计算上,因此,作业措施的准确描述就是要正确反映不同类型的措施如何改善或影响这两个指标的大小。

对于射孔、封堵类措施,通过改变井的投产层位进而改变井与网格连接的地层系数(Kh)大小,井指数的计算依赖于定义的网格属性。

对于压裂、酸化、物理解堵类措施,通过改变近井储层的渗流能力来改变井的生产或注入能力,井指数的计算有三种可选择的方式:第一种是在明确措施的作用范围和改善储层的程度大小情况下,通过直接修改近井周围的网格渗透率来描述;第二种是根据试井解释的表皮系数大小来修正井的表皮系数参数;第三种是直接给定作业后的井指数大小或修正系数。

对于化学解堵或调堵类措施,要根据措施作用的机制,如对原油黏度、岩石润湿性、油水界面张力等影响机理,通过相流度的改变而实现对作业效果的准确描述,例如改变岩石—流体的相对渗透率关系,降低原油黏度等。

需要说明的是,这种基于井指数的直接描述方式存在较大的局限性,如作业措施的时效性、对油藏储层的改善范围及效果、化学类措施的作用机理等都还无法真正客观科学的描述,只能借助相关的检测、解释分析结果作等效的处理。

3.8.4.2 表皮系数计算

表皮系数是表征油、气、水井钻、完井过程中井筒附近地层伤害情况的参数,应用试井方法通过现场测试求取。表皮系数的影响因素众多,包括钻完井液对地层的伤害、射孔不完善、气体的湍流效应、原油脱气引起的相态变化等。表皮系数的存在对于井的生产和注入能力的影响体现在增加的附加压降上,根据该附加压降定义表皮系数表达式为:

$$S = \frac{542.8Kh}{qB\mu}\Delta p_s \tag{3.126}$$

式中 S——表皮系数;

　　　K——储层渗透率;

　　　h——储层厚度;

　　　q——井的产量;

B——地层流体体积系数；

μ——地层流体黏度；

Δp_s——附加生产压差。

模拟器中表皮系数的大小对于井的产注能力的影响体现在井指数的计算上，也就是井与射孔层段的连接因子，具体的计算公式参见第 2 章井模型部分，可以根据实际的表皮系数解释结果在井的完井参数定义中予以描述。

需要说明的是，一般情况下，井的表皮系数默认为 0。如果试井解释表皮系数为非常大的负值时，模拟器的处理方式是通过增加有效井筒半径 r_w 来等效增大井的连接因子值，进而增大井指数。这种间接的处理负表皮系数的方式并没有实际的物理意义，且增加的幅度有限。因为有效井筒半径不得大于等效井筒半径 r_e，否则会出现负的井指数导致错误的计算结果。因此，所有可以通过增加井筒周围渗透率的方式来代替负表皮系数的作用效果，在应用层面更具可操作性。

◆ 4 静态模型

油藏数值模拟依靠地震、测井、地质、实验、油藏工程等多学科手段,综合研究建立油藏模型,最大限度地符合了地下实际情况,能够正确反映油藏圈闭构造形态、边界条件、储层物性及非均质性特征、流体性质和分布规律。因此,建立合理恰当的油藏模型是数值模拟的基础,油藏模型是否符合地下实际情况决定着油藏数值模拟的成败。经验丰富的工程师可以根据研究目的、基础资料完善程度和地质特征的差异等情况,通过严密的分析,采用相应的方法建立合理的油藏模型。对于相当数量经验匮乏的技术人员,由于缺乏完善的技术规范条件和合理的方法作为指导,在工作中往往造成油藏模型建立的针对性不强,盲目性和随意性较大,模型质量难以保证,从而造成油藏数值模拟成果可信度下降。

4.1 模型设计

油藏描述是对油藏各种特征进行三维空间的定量描述和预测,最终建立反映油藏圈闭几何形态及其边界条件、储集及渗流特征、流体性质及分布特征的油藏地质模型。油藏表征是指量化油藏特征、识别地质信息和空间变化不确定性的一个过程,即应用多学科信息定量研究地下非均质油藏的过程。由此可见,油藏描述和表征是油藏数值模拟研究的基础,了解油藏描述与表征相关技术方法和原理,对于深化油藏数值模拟模型静态参数合理性的分析和判断具有重要指导意义。

4.1.1 模型设计原则

油藏数值模拟模型的设计一般需要综合考虑以下五个方面的因素:模拟研究的目的,油藏的静态地质特征(储集层、非均质性、各向异性、分层、断层),油藏的动态生产特征(含水、气油比、采油过程、流体及相态特征),油藏的开发阶段及其面临的主要矛盾,资料的可靠性及完善程度及模拟时间及经济费用。关于模型设计的原则,这里特别推荐的是美国著名学者阿齐兹(AZIZ)的十条黄金原则,具体阐述如下。

原则之一:理解油藏的问题,明确模拟的目标。即对研究目的要有现实的估计,要充分了解目标油藏的地质特征、流体及动态特征,当前面临的主要矛盾及问题,项目设计所要达到的目标以及实现目标的技术可行性(与所获得的数据数量及质量是否相适应)及经济、时间可行性。

原则之二:使问题简单化。也就是说,数值模拟模型设计并非越复杂越好,要用与油藏性质、研究目标和可获取数据相适应的最简单模型进行模拟研究。能用传统油藏工程、简单分析模型或单井模型解决的问题没有必要使用大模型。

原则之三:理解不同部分之间的关系。任何一个油藏或开发单元都不是一个孤立的实体,可能和某水层或其他油藏相连,或通过井筒与地面集输设备相连。每一个部分或系统之间存在物质的或能量的交换作用,因此,在具体的油藏区块模拟研究时,不要忽略不同部分之间的相互关系,从系统整体的角度去分析具体的模拟问题。

原则之四:不要认为模型越大越好。油藏数值模拟研究往往存在一个认识的误区,认为模型规模越大,网格尺寸越小,考虑的因素越复杂,模拟计算结果越精确可靠。殊不知,任何技术都有其适用的假设或限制条件,过分的放大数值模拟技术的综合性、定量化优势,而忽视对基础数据、主要因素、关键问题的把握,并不会提高研究质量和精度,有时候甚至会获得相悖的结果。

原则之五:清楚模型的限制,相信自己的判断。这就需要我们能够正确客观地认识油藏数值模拟。无论从数值模拟的基本原理,还是从模拟计算误差的影响因素分析,油藏数值模拟都存在客观的不确定性和不可避免的误差。如何最大程度克服模拟的局限性,有效控制模拟误差,需要更多经验性的积累。由此,可以说数值模拟不是一门精密科学,有时甚至是一门艺术,它需要从业者更多地相信基于现场分析和实验室观察的综合判断,或是利用简单的物质平衡分析来检验数值模拟结果。

原则之六:对模拟结果的期望要合理。俗话说,种瓜得瓜,种豆得豆。油藏数值模拟也不例外,一堆垃圾般数据的输入,或者是模型类型的错误选择、主要渗流机理的误判等,不可能得到理想的模拟结果。同时,也要抛弃只要是应用数值模拟一定可以得到精确的定量化结果的思想。也就是说,别想得到油藏模拟能力之外的东西,想得到模型中没有考虑到的机理的影响也是不可能的。

原则之七:对油藏资料提出疑问,以进行历史拟合。这里首先要区分精确和准确的差别,定量化的表征虽然精确,但并非准确合理。由于历史拟合没有唯一性,不适当的数据调整即使历史拟合很好,预测也不一定准确,要注意参数调整中地质及物理意义上的合理性,必要的时候,可以对油藏静动态基础资料的可靠性提出有理有据的质疑。

原则之八:不要随意将异常情况抹平。在数据的处理过程中,由于人为或技术的因素,常常会把一些特殊的数据或极值现象当作奇异点除去或平滑处理。殊不知,这些异常的数据或地质现象,正是影响油藏流体渗流差异的主要控制要素,如极低渗透率所反映的渗流屏障,极高渗透率所反映的渗流通道等。因此,对于极值问题,要视作是特殊问题的表现,在数据平均或粗化处理时务必谨慎。

原则之九:注意测量精度。不同的参数,受测试环境、尺度大小或技术方法条件等因素影响,其结果所代表的具体物理意义不同,需要区别对待。例如,岩心尺度下测量的结果不能直接用于油藏数值模拟,如孔隙度、渗透率、饱和度等,需要按照一定原理法则进行尺度放大。在尺度转换过程中,例如渗透率参数,可能会用到不同种数学平均方法,如算术平均、调和平均或几何平均等,得到的计算结果也不同。这就需要根据参数的物理性质,结合储层的发育特征和流体等效渗流原理来合理选取,不得改变处理前后参数的性质意义。

原则之十:不要忽略必要的物理实验。数值模拟只是物理现象的近似,理论上再完善的数值模型也无法代替好的实验室实验。物理实验一方面可以揭示和发现一些重要的规律或机理,有利于指导数值模拟模型设计和研究;一方面可以应用物理模拟实验验证数值模拟模型的可靠性,提高数值模拟预测精度。由于物理实验与实际油藏之间存在相似性和差异性,在实际应用过程中要学会按比例放大实验数据的方法。

4.1.2 模型设计要求及流程

数值模拟的重要任务之一就是为油藏开发指标预测提供准确可靠的计算模型。精细油藏描述研究可以提供一套完整的包含地层格架模型、构造模型、储层模型等信息的综合地质模型,是油藏模拟静态模型的基础和依据。然而,由于油藏模拟数值化计算的需求,油藏模拟静态模型是将油藏描述地质信息按照数值模拟的数据管理要求进行了分类和集成,主要包括三大部分,一是被网格离散化的构造、地层、储层属性模型,描述油藏流体的储集空间特征;二是被网格离散化的岩石、流体属性模型,描述油藏流体初始化分布特征;三是与油藏开发过程中岩石流体的物理化学变化相关的信息,描述油藏流体的开采和流动机理。因此,一个合理的数值模拟静态模型重点要做到以下三点。

一是要精确刻画油藏储层非均质与岩石各向异性特征;

二是要正确描述流体性质及岩石流体渗流特征空间变化;

三是要合理反映烃类油藏复杂的开采机理。

前两点取决于油藏描述研究后的地质认识程度和水平,第三点取决于油藏工程师的经验和判断能力。油藏数值模拟模型建立的关键是考虑如何在空间离散化、时间离散化条件下,能够最大限度地反映油藏储层的静态非均质特征、流体的初始空间分布状态以及开采过程中的流体流动机理。

首先了解一个完整的油藏数值模拟研究的基本流程。一般分为以下五个部分。

一是确定研究目标。明确项目研究的主要目的,确定数值模拟的目标和范围,制定详细的计划策略;根据所拥有的设备和资源情况,划分可用资源和必备资料,并判断决定研究所需的其他要求。

二是数据获取检查。开展相关数据资料的收集与整理,分析收集数据的完备程度、准确性、可靠性以及对模拟结果的影响,并根据要求进行数据处理和校正。

三是建立油藏模型。针对研究的问题选择相应的模拟软件,设计并建立能够合理反映油藏地质特征及流体渗流特征的网格模型,完善动态模型,同时考虑模型规模、精度与效果的协调统一。

四是开展历史拟合。确定拟合目标和拟合质量要求,计算初始条件下油藏压力及流体的分布状况;通过拟合产量、含水、压力等指标,进行模型计算与实际油藏动态的对比分析,反演油藏地质模型,认识油藏动态变化规律及油藏压力、剩余油分布状况。

五是进行动态预测。在可接受的历史拟合精度基础上,制定预测方案和计算控制条件,选择合理的优化方法,预测开发部署(或调整措施方案)下的油藏未来生产动态,分析预测指标合理性。

可以看出,油藏数值模拟的模型构建始于模拟研究开始,至于动态历史拟合结束。因此,数值模拟静态模型设计一开始就要立足最终研究目标,着眼整个模拟过程。模型设计内容主要包括模拟方法、储层类型、流体类型、驱油方式、模型范围、模型相数、模型维数等。

4.1.3 模拟器选择

模拟器也叫油藏模拟数学模型。不同的油藏流体性质及其开发机理,所采用的数学模型不同。而任何数学模型在建立的过程当中都具有事先设定的假设条件。换言之,只要与模型的基本假设条件不相符的油藏严格意义上讲都不太适合利用此模型开展模拟研究,否则会产生较大误差。因此,在模拟器选择过程中,可以根据油藏开发过程中主要的机理判断,结合模拟器的特点和条件,按照简单准确高效原则,选择合适的模拟器类型。下面介绍几种常用的油藏模拟器。

4.1.3.1 黑油模型

黑油模型的基本假设是:

(1)油藏等温渗流;

(2)油藏中最多只有油、气、水三相流体,且每相流体均遵守达西定律运动规律;

(3)油藏中的烃中只含有油和气两种组分,在油藏条件下,油组分完全存在于油相内,气组分既可以以自由气的形式存在于气相中,也可以以溶解气的形式存在于油相中,但不溶于水。水组分与油气均不相容。气体在油相中的溶解与分离瞬间完成;

(4)岩石微可压缩,各向异性,流体可压缩;

(5)渗流过程中考虑重力和毛细管力的作用。

黑油模型所描述的是含有非挥发性组分的黑油(原油)与挥发性组分的溶解气两个系统在油藏中运动规律的数学模型,也称为低挥发油双组分模型。黑油模型是目前发展最完善、应用最广泛的模型,可以描述水驱、溶解气驱、气顶驱以及注水、注气非混相开发等多种油藏机理。另外,可以通过不同平衡区的 PVT 属性定义,描述流体性质的空间变化;或者根据饱和压力和油藏深度的关系,描述同一平衡区内 PVT 特性的纵向变化。

4.1.3.2 组分模型

组分模型的基本假设是:

(1)油藏等温渗流;

(2)油、气、水三相流体均遵守达西定律运动规律;

(3)组成油气烃类各组分在渗流过程中发生质量传递和相态变化,但其平衡瞬间完成;

(4)水组分为独立相态,不参与油气的相间传质;

(5)油气体系存在 N 个虚拟组分;

(6)考虑岩石的可压缩性和各向异性;

(7)考虑重力和毛细管压力的影响及油气界面张力对相对渗透率的影响。

组分模型是以烃的自然组分为基础,描述含高挥发性烃类的系统在油气藏中运动规律的数学模型。组分模型中烃由 N 个成分组成,组分之间的相互作用是压力和成分的函数,通过状态方程 EOS 来表示。其中,组分数 N 取决于模拟过程,同时受到实际计算时间的制约,通常为 $4 \sim 10$ 个。如果烃的相构成及性质在泡点和露点之下,随温度变化明显;或者如果开采过程中油藏温度与压力接近油藏流体临界点;或者流体组分随油藏纵向深度和平面位置变化大;或者地面流程设计需要详细的生产流物组成时,必须使用组分模型。此类模型可以描述挥发油、凝析气藏、循环注气或注 CO_2 开采。另外,可以通过定义流体状态方程 EOS 分区,描述油藏温度变化对流体组分的影响。

4.1.3.3 热采模型

注蒸汽热力采油大多采用组分模型,假定油藏流体由油、气(汽)、水三相组成,其中存在 N_c-1 个碳氢化合物组分和一个水组分,N_c 个组分均可存在于气相、油相和水相。

实际应用过程中,通常将流体组分进行简化。如考虑蒸馏效应,可以采用三相四组分模型,即假设流体由四组分组成,分别为水组分、溶解气组分、原油可蒸馏组分和不可蒸馏组分。水组分可以存在于气相和水相,但不存在于油相;溶解气组分与可蒸馏组分可存在于气相和油相,但不存在于水相;不可蒸馏组分存在于油相中,但不存在于水相和气相。对于原油黏度较大或相对密度较小,可蒸馏组分较少时,通常在蒸汽吞吐阶段不出现蒸馏效应,此时可以将三相四组分模型进一步简化为三相三组分模型。三组分分别为水组分、溶解气组分、黑油组分。一般来说,稠油溶解气油比较小,饱和压力较低,因此可以不考虑溶解气的分离,模拟时将溶解气考虑在黏温关系中,这样可以将三相三组分模型进一步简化为三相两组分模型。两组分分别为水组分和油组分。

火烧油层与注蒸汽热力采油不同,涉及许多化学反应和频繁的相态变化,使得数学方程数量大大增大,数学模型更加复杂。在火烧油层过程中,假设油相是轻质油组分和氧化反应生成油组分组成,两种组分均可汽化为气相,并将一氧化碳和二氧化碳看作一定比例组成的同一组分。

热力采油模型是研究蒸汽、热水或燃烧油等热载体在油藏中运动、热能转移和交换的数学模型,如果油藏中存在热能交换,就应该选用热采模型。热采模型的主要参数为水(液相或蒸汽相)、轻烃和重烃相,流体性质是温度和压力的函数,可以描述蒸汽吞吐、蒸汽驱、热水驱和火烧油层等。

4.1.3.4 聚合物驱模型

聚合物驱模型的基本假设是:

(1)油藏等温渗流,不考虑能量的交换和聚合物热降解的影响;

(2)不考虑黏弹效应对残余油饱和度影响;

(3)扩展的达西定律适合多相流动;

(4)采油三相(油、气、水)六组分(油、气、水、聚合物、一价阳离子、二价阳离子)模型。气相中仅含有气组分;油相含油、气两组分,油中溶解气量随压力变化;其余组分均存在水中。油、气之间存在流体相交换。

聚合物驱模型是描述聚合物驱过程中重要驱油机理和物化现象的数学模型。聚合物驱作为一种化学改善水驱技术,其核心作用是改善油藏均质性及不利水油流度比的影响。聚合物驱模型主要用于聚合物驱影响因素及其变化规律研究、预测优化聚合物驱开发指标等。

4.1.3.5 化学驱模型

相对简化的化学复合驱模型考虑的相数为三相(油、气、水),组分数为八组分:水、油、气、表面活性剂、聚合物、碱、一价阳离子、二价阳离子,模型的基本假设为:

(1)油藏等温;

（2）局部平衡处处存在；

（3）扩展的达西定律适合描述多相流动。

化学驱模型是描述化学复合驱过程中涉及的重要驱油机理和物理化学现象，并建立能够描述整个驱油过程的数学模型。化学复合驱是在聚合物驱、表面活性剂驱和碱驱基础上发展起来的提高石油采收率技术。同聚合物驱相比，化学驱涉及更多复杂的驱油机理和物理化学现象，不同驱油剂复合（如碱—聚合物驱、碱—表面活性剂驱、聚合物—表面活性剂驱、碱—表面活性剂—聚合物驱）条件下的驱油机理和物化特征不同，因此化学驱模型需要在深入认识驱油机理和描述方法的基础上进一步完善。

4.1.4　模拟方法

根据油藏模拟的研究目的，可以选择两种不同的模拟方法，即概念模拟（模型）或实际模拟（模型）。

4.1.4.1　概念模型

概念模拟（模型），也叫理论模拟（模型），是根据某一单一或具体的研究目标，从实际油藏模型中抽取典型特征信息，建立概念性的模拟模型，研究某一特定油藏条件下的开发机理或规律，为同类现象或条件的分析研究提供理论指导。概念模型注重于通用性的规律研究，往往忽略与研究目标不相关的次要因素，抓住其关键要素。因此，如何把握油藏地质因素对研究目标结果的内在联系，合理提取有效而重要的特征参数，构建具有明确指向意义的模拟模型，是概念模拟成功的关键。由此可见，概念模拟的设计需要具有一定的油藏认识、坚实的理论基础和综合的分析能力。实际研究中，往往存在对概念模拟草率应用甚至过度应用的情况，如利用平面均质的概念模型进行井网形式的优化，无法获得有益的研究结果。

概念模型的静态地质参数一般取自实际圆形油藏的部分或局部，并按照相似或相近原则进行平均或等效处理，其研究结果具有一定的代表性和普适性。概念模型主要用于对油藏整体不确定性因素进行敏感性分析，在专题和机理研究以及开发技术政策界限方面具有优势，但在实际应用中需要结合目标油藏的特征，对模型关键要素和研究结果进行综合判断和分析。严格意义上讲，所有简化的地质模型都具有概念化的特性，只是不同的简化程度，如三维变二维、非均质变均质等，对结果的代表性要求不同。这里需要重点探讨一下概念模型的适应性问题。

首先，概念模型基于相似理论，这里相似包括静态地质特征的相似，也包括动态的相似。地质特征相似主要有层间、层内及平面物性（如渗透率、黏度、厚度）大小和分布，不同渗透率区间油水渗流特征（如相对渗透率曲线和毛细管压力曲线）的差异性；动态的相似主要有压力（包括各层的压力差异）、剩余油饱和度分布状况、井网形式及油水井生产制度等参数的相似性处理。

其次，概念模型研究目标要具体明确且相对单一。综合多种因素影响的概念模型往往存在较大局限性。要在对目标油藏整体不确定性和敏感性因素分析基础上，筛选关键因素，明确作用机理，建立相似性概念模型，同时要对模型缺陷和不足具有清晰的认识。在计算结果优化选择方面，评价指标要包含有利因素和不利因素两个方面。

再者，概念模型结果的代表性要辩证认识。一般而言，根据某一具体区块的油藏特征建立概念模型,并以此开展主要影响因素分析及技术政策界限研究。因此,其结果只对该区块或该类油藏具有指导意义。其他类型油藏在借鉴和使用中要充分考虑到油藏间的差异性。

4.1.4.2 实际模型

实际模拟(模型),就是根据实际油藏地质及油藏特征参数建立的三维非均质模型,研究具体油藏的开发及生产特征,定量描述剩余潜力,制定针对性的调整挖潜对策措施。实际模拟的关键是精确描述油藏的静、动态非均质特征,客观反映流体动态渗流特征,直接指导油藏开发方案设计,其结果具有较强的实用性,但对其他油藏不具代表性。实际模拟的综合性和复杂性要求较高,后续章节会进行详细介绍,这里不予赘述。

4.1.5 介质类型

4.1.5.1 表征单元体

实际油藏储层岩石属于多孔介质,即由大量连通或(和)不连通的孔隙和岩石颗粒骨架组成的固体。该介质中含有大量形状不规则、尺度细小的孔隙、喉道或不同尺度的裂缝,介质内充满气体或液体,以渗流方式运动。根据油藏储集和渗流特征,可以将多孔介质划分为孔隙型、裂缝型和双重介质型三类。

油藏数值模拟模型是通过一定尺度(一般 1～100m)的离散化网格来近似描述油藏储层的多孔介质特性,包括渗透性、孔隙性及其渗流特性。这里面就涉及一个等效的数学问题,即表征单元体。

由于多孔介质结构复杂,无法用一个具体的参数精确描述复杂孔隙几何形状、流体状态及其固液微观作用性质,因此定义一个特征体元 ΔV_*,用假想的连续函数表征其物性(如孔隙度 ϕ_i 等),绘制 $\phi_i \sim \Delta V_i$ 关系曲线。对应 $\phi_i \sim \Delta V_i$ 关系曲线中水平直线段的最小体积元,即为特征体元。该体元既能包含足够数量的孔隙,又比整体流场尺度小得多,可以代表讨论位置 P 处储层的性质。

定义点 $P(x,y,z)$ 处的孔隙度为当 ΔV_i 趋于 ΔV_* 时 $(\Delta V_p)_i / \Delta V_i$ 时的极限值,即:

$$\phi(P) = \lim_{\Delta V_i \to \Delta V_*} \frac{(\Delta V_p)_i}{\Delta V_i} \tag{4.1}$$

把孔隙介质看作连续介质,也就是可以认为孔隙度是平滑变化的。设点 P 邻近有点 P',则有:

$$\phi(P) = \lim_{P' \to P} \phi(P') \tag{4.2}$$

此时,就可以把孔隙度 ϕ 定义为空间的连续函数。其他属性参数类似,当离散化的网格大于特征体元 ΔV_* 时,可以用假设的连续介质模型代替实际的多孔介质。对于一般的砂岩油藏,在网格尺度为厘米或者米级规模尺寸下,连续介质模型能较好地反映油藏储层物性及其流体的宏观特性。但对于裂缝性油藏,当单条裂缝的长度与网格尺寸相近或者大于网格尺寸,且裂缝的空间分布极不均匀时,连续介质模型的适应性受到制约,需要考虑采用离散介质模型来描述。例如离散裂缝网络模型 DFN,用一套独立的网格系统来刻画空间大裂缝的几何形态及其属性,提高大裂缝切割储层条件下强非均质储层流体渗流特性描述精度。

这里,主要探讨连续介质模型的介质类型,主要包括三类:单重介质、双重介质、多重介质。油藏模拟所说的"重"数,实际上是指数学的简化处理方法,从流体等效渗流角度把相互作用的储层和流体独立划分成多个系统,分别用不同的渗流模型来描述不同系统内的渗流特性,并通过耦合的方法建立不同介质系统间的流体交换关系,实现复杂介质系统流动规律的综合表征。因此,油藏模拟的介质类型选择与油藏储集及渗流类型划分既有连续又有区别。

4.1.5.2 单重介质模型

单重介质模型,指一套储层流体系统,只需要提供一套完整的储层物性参数和岩石流体渗流参数,主要用于孔隙型储层和单纯裂缝型储层两类油藏。

这里所说的孔隙型储层,是指储集空间及渗流通道均为孔隙的储层,例如大部分的砂岩、白云岩或礁灰岩储层。对于部分储层,虽然储集空间及渗流通道均为微裂缝,但微裂缝以网状整体分布,或微裂缝宽度很小,与孔隙半径相差不大,处于与孔隙交织连通状态,也可以视为孔隙型渗流,采用单重介质模型描述。

另一类是单纯裂缝型储层,其特点是岩石裂缝孔隙度和渗透率均远大于基质块,基质既无储能,有无产能,而裂缝既作为储层的储集空间,又是渗流通道,例如泥岩储层、变质岩储层和泥质灰岩储层等。这类储层特点是有效孔隙度很低,一般小于1%,但裂缝发育区渗透率较高。

由于裂缝分布的不均匀性,往往出现钻遇裂缝区的高产井的试井解释渗透率远远大于岩心分析的空气渗透率。由于基质处于无贡献状态,可以只考虑裂缝发育的有效储层区,采用单重介质模型描述。

4.1.5.3 双重介质模型

双重介质模型,指两套储层流体系统,需要提供两套完整的储层物性参数和岩石流体渗流参数,主要用于具有双重渗流特征的裂缝性气藏。这类储层的显著特点是裂缝型储层中存在两种不同的介质系统,即高孔隙低渗透的基质系统和低孔隙高渗透的裂缝系统。整个油藏呈现出较强的非均质性和各向异性,压力恢复试井曲线呈现两条平行的斜率线,导数曲线上在平直段出现一个下凹,反映出两个系统在压力传导上的滞后现象。

根据基质和裂缝渗透性差异,又可将双重介质储层分为两大类。

一类是裂缝—孔隙型储层,基质孔隙度较高,既有储油能力,也具有渗流能力,即裂缝起到增加方向渗透能力和产能的作用,试井压力恢复曲线解释上双重介质特征不明显,但干扰试井显示出明显的渗透率方向性,可称为裂缝型常规储层。这类储层一般采用双孔双渗模型描述,考虑流体在基质和裂缝两套系统中的渗流,流体可通过基质和裂缝流入井底,基质和裂缝间存在流体交换。

一类是孔隙—裂缝型储层,基质渗透率较低,有储油能力,但基本无产能,而裂缝渗透率很高,储层产能主要依靠裂缝的沟通作用,可称为裂缝型低渗—致密储层。这类储层可采用简化的双孔单渗模型描述,流体仅在裂缝系统中渗流,而基质系统仅起到储层流体和裂缝系统进行流体交换的作用,流体不能通过基质流入井底。

常规的裂缝—孔隙型或孔隙—裂缝型碳酸盐岩油藏一般采用双重介质模型描述,但还有部分储层,如裂缝—溶洞型碳酸岩盐油藏,或者微裂缝与人工/天然大裂缝并存的非常规储层,整个油藏也呈现两套不同特性的双重介质渗流特征,也可以采用双重介质模型描述,只是两套独立系统所代表的储层类型不同而已。

4.1.5.4 多重介质模型

多重介质模型,是指具有两套以上的储层和流体系统。例如,孔隙—裂缝—溶洞型储层,存在基质、裂缝和溶洞三套不同的流体渗流系统,需要分别描述三套系统的孔隙度、渗透率分布,还要建立遵循不同系统内的流体力学模型,以及系统间的流体交换模型。

对于存在不同尺度大小分布的裂缝型储层,基质孔隙、具有网络分布特征的中小裂缝、非连续分布的大裂缝也构成了具有三套渗流系统的三重介质模型,其处理的方法与上类似。在确定介质类型重数时,关键是要根据流体存储和渗流两方面对复杂的储集系统进行合理划分,既能准确描述不同独立系统内的水动力特征,又能准确描述系统间的流体交换规律。

4.1.6 流体类型

油藏数值模拟的流体类型主要关注的是黑油和组分模型的判断和选择问题,而判断的主要依据是整个开发过程中流体组成、相态及性质的变化对模拟预测误差的影响。

4.1.6.1 流体类型特征

首先通过流体相图了解一下不同油藏流体类型的划分。

根据油藏流体组分的相图和油气藏压力、温度的关系,可以将油藏流体分为五类:黑油、挥发油、凝析气、湿气、干气,如图4.1所示。

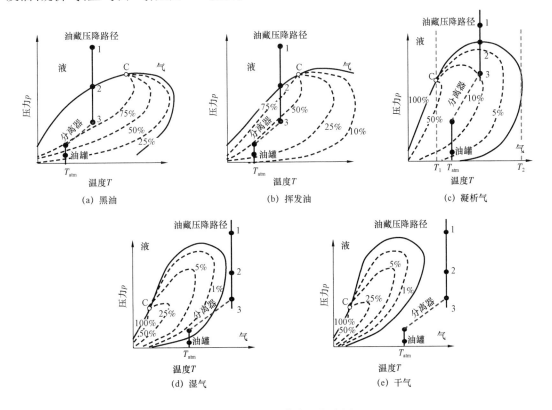

图 4.1　不同流体类型相态图

根据油藏压降路径和相态关系,可以看出不同流体类型特点:

黑油油藏温度远低于临界温度,两相区压力范围较大,两相区液体等值线靠近露点线,普通的黑油均为低收缩原油。

挥发油油藏温度稍低于(接近)临界温度,两相区液体等值线不靠近露点线,挥发油均为高收缩原油。

凝析气藏温度大于临界温度,小于临界凝析温度,地层压力高于两相区压力,当地层压力下降到露点压力后地层中有反凝析现象。

湿气藏温度大于临界凝析温度,相态图分布范围较窄,临界点向低温方向移动,整个开采过程中油藏流体始终保持单相气体,分离器在两相区内,有液体析出。

干气藏温度大于临界凝析温度,整个开采过程中油藏流体始终保持单相气体,分离器在气相区内,地层和分离器中都没有液相产生。

4.1.6.2 模型选择

油藏数值模拟进行模型选择时需要充分考虑流体类型的因素。对于黑油模型和组分模型,它们具有不同的适用条件。

黑油模型适用于模拟开发过程中油气组分不会发生太大变化且远离临界区域的油藏。一般来讲,黑油模型适用以下情景:

(1)溶解气脱出量或凝析油的析出量占油藏烃类组分总量的比重不大;

(2)溶解气脱出或凝析油析出后剩余烃类组分变化不大;

(3)相图中表示的油藏压降路径远离临界点;

(4)开发过程中油藏温度变化不大或温度变化对油藏流体的属性影响可以忽略。

由此可见,黑油油藏、湿气藏和干气藏,适合选择黑油模型。另外,对于在油气两相相图中远离临界点的区域,如果位于泡点线和露点线的包络线中,当油藏中有溶解气脱出或凝析油析出时,由于组分变化非常小,可以利用变化溶解气油比和挥发油气比的黑油模型近似描述,并且油藏中的流体要作为活油(不饱和油)和湿气分别对待。黑油模型油藏流体属性用于压力相关的列表格和函数表示。

开发生产过程中流体组分存在显著变化的油藏,则需要选择组分模型进行模拟。随着越来越多凝析气田、挥发油田的发现并投入开发,及大量注气提高原油采收率项目的发展,油气在油藏、井筒、地面管网及集输分离装置中的相态行为受到关注。一方面在整个注入与采出的循环流程中,井筒及地面工艺、工程的设计需要获取井流物组成、井筒流体性质等随时间的变化,一方面在油藏内部由于流体相变传质而导致的密度、黏度、表面张力、相渗流能力、驱油效率等影响原油渗流和采出状况的变化。归纳起来,组分模型一般适用如下情景:

(1)原始油藏温度和压力接近油藏流体临界点,如凝析气藏、挥发油藏等,或者油藏压降路径越过或接近临界点;

(2)气体注入或回注到组分变化较大的流体中,包括循环注气或注入与油藏流体不同的非烃类 N_2、CO_2 等;

(3)油藏流体组分、温度在纵向上或平面上变化大;

(4)地面工艺流程设计需要详细的井流物组成,如 H_2S 等;

(5)混相、近混相驱提高采收率过程研究。

理论上讲,组分模型具有比黑油模型更高的精度,黑油模型只是组分模型在特定条件下的简化。但从工程应用上看,由于组分模型的油相、气相是由不同数量的相同 N 个组分组成,在模拟计算过程中,除了要求解网格的流动方程外,还要花费更多的时间进行 EOS 状态方程的迭代和闪蒸计算,其计算量远远大于黑油模型。与此同时,组分模型在大网格黏性指进效应、数值弥散效应以及临界点附近流体 PVT 拟合计算等方面都存在一定的不足和问题,应用过程中需要根据实际的研究目标进行综合判断和选择。

4.1.7　驱油过程

原油的开采方法一般分为三种,即一次采油、二次采油、三次采油。三种不同的开采方法其对应的原油驱动能量和驱动方式不同。

4.1.7.1　不同开采方式特点

一次采油是指依靠油藏天然能量开采石油。一次采油主要依靠油层岩石和孔隙中流体的弹性能量、流体本身的重力、边水或底水的水动力压能、油藏顶部气体压能或原油中溶解气的膨胀能等驱替原油流向井底。根据驱油的主要能量,分为弹性驱、重力驱、水驱、气驱和溶解气驱。实际油藏中存在多种能量的综合作用,只是在不同开采阶段以某一种能量为主。

二次采油是指依靠人工补充能量开采石油。一般在天然能量枯竭或不足时,通过注水或注气补充能量恢复(或保持)地层压力。根据补充能量的方式,分为水驱开采、非混相气驱开采等。在补充能量开采后期,为进一步提高石油采收率,采取加密井网、层系细分组合、油水井堵调等改善性措施,这个阶段的开采称为改善二次采油方法。

三次采油的定义比较模糊,通常把除注水、注气非混相驱以外的驱油方法统称为"三次采油",或"提高石油采收率"方法。根据注入介质和作用机制的不同,分为化学驱方法(聚合物驱、表面活性剂驱、碱驱、复合驱、泡沫驱等)、热力采油法(热水驱、蒸汽吞吐、蒸汽驱、火烧油层等)混相驱(二氧化碳混相、烃混相、氮气驱、烟道气驱等)、微生物驱等。

不同的采油方法,受其能量大小、驱动方式和作用机理的影响,对提高采收率的效果不同。一次采油虽然开采成本低,除强天然水驱外,能量供给有限,石油采收率一般为 10% ~ 20%。二次采油及改善二次采油方法较好地扩大了原油的动用程度和波及系数,石油采收率可提高到 30% ~ 50%。三次采油通过有效大幅提高注入介质的体积波及系数和油层孔隙的微观驱油效率,石油采收率比二次采油再提高 10% ~ 30%,最终石油采收率达到 50% ~ 70%。

4.1.7.2　驱动方式与模型选择

在考虑驱油过程因素设计和选择数值模拟模型时,要通过目标区块整个开采过程的综合分析来判断。

首先,要合理划分油藏开发阶段,明确不同开发阶段的主要驱动方式,确定黑油、组分、热采或化学驱模型类型。从简化模型原则出发,模拟模型要满足油藏整个开采历史及预测期的主要驱动方式描述。一般而言,黑油模型适合于一次采油、二次采油,化学驱模型适合于三次采油的化学驱油法,热采模型适合于三次采油的热力采油法,组分模型适合于三次采油的混相驱。

其次,要根据不同驱动方式重要驱油机理和渗流规律的认识,确定与流体类型、岩石流体性质及网格模型等参数相关的模型设计要素。例如,对于具有气顶的油藏,开采过程中存在气顶的膨胀或收缩现象,模拟模型中要着重考虑油气相对渗透率曲线的获取,以及油气界面附近油、气两相渗流中的饱和度反转现象。对于注二氧化碳混相驱的油藏,在选择组分模型的同时,要着重考虑注气混相驱替的流体相态特征及其状态方程描述,同时还要考虑因不利流度比产生的网格方向效应误差等。

总体而言,模拟模型要综合考虑整个驱油过程中的所有主要驱动方式,合理反映所有重要驱油机理,涉及模型要素的多个方面,模拟前期的油藏开采动态特征分析具有十分重要的意义。

4.1.8 模型范围

模型范围是指模拟的油藏区域大小及其与主要油藏区域的连通性。根据油藏模拟研究所要达到的目标选择模型范围。

4.1.8.1 单井模型

单井模型,通常用 $r-z$ 坐标系,仅考虑油藏中一口井及其泄油面积。该模型中,假定井的泄油体积与主要油藏区域隔离开。该模型主要用于评价各种完井措施、预测锥进动态、分析复杂的压力瞬变数据及产生拟函数等。

4.1.8.2 剖面模型

剖面模型,通常用 $x-z$ 坐标系,包含油田中一个剖面上的多口井。该模型中,假定所模拟的剖面与油田主要区域隔开。该模型主要用于研究所有与黏度、重力和毛细管力之间相互作用有关的问题,主要确定边缘水侵或气顶膨胀的影响及产生块间拟函数等。

4.1.8.3 井组模型

井组模型,考虑一个典型的井网。井组模型既可以是二维也可以是三维,该模型主要用于跟踪井网中的驱替前缘,确定油田某部位的新钻加密井位置,检测气顶膨胀或水侵过程等。

4.1.8.4 全油藏模型

全油藏模型,考虑整个生产区域中所有形式的水力连通情况。全油藏研究中连通类型包括:油藏连通、井筒连通和整个地面设施的连通。全油藏模型能够实现大多数而非全部的研究目标。

4.1.9 模型维数

模型维数是指目标油藏中流体流动方向的数量。根据油藏模拟研究所要达到的目标确定模型维数,主要有零维、一维、二维、三维四种模型。

4.1.9.1 零维模型

零维模型,也叫储罐模型,仅考虑了油藏能量而不能区分任何方向的流动。该模型主要用于确定原始地层流体、预测全油田产量、估算水侵情况及确定整个开采时间内油藏平均压力及饱和度等。零维模型实质上就是一个概念化的物质平衡模型,灵活应用零维模拟模型可以实现对所有特定情况下的物质平衡分析计算,深化不同驱替方式下的油藏动态规律研究。

4.1.9.2 一维模型

一维模型,考虑流体在一个方向的流动。该模型不能反映流体在平面和纵向上的流动状态,因而很少用于实际油藏开发模拟,主要用于三个方面:一是模拟实验室实验研究结果,如一维长岩心驱替实验研究等;二是进行数值计算方法中的算法对比和误差分析,如截断误差、数值弥散等;三是开展各种油层参数对开发动态的敏感性分析,如不同流度比、渗透率、油水相对渗透率曲线形态等对采收率的影响等。对于不同几何形态的油气藏,一维水平模型可以扩展为一维倾斜、垂直、弯曲、径向等几种典型形态(图4.2),以考察重力分异对不同方向油水运动规律的影响。

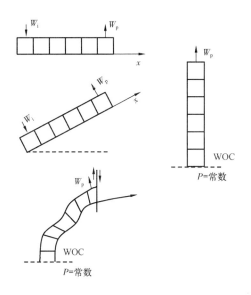

图 4.2 几种不同方式的一维模型

4.1.9.3 二维模型

二维模型,分为二维平面模型、二维剖面模型和二维径向模型,主要用于研究有关油藏动态的许多问题。

二维平面模型包括直角坐标、径向坐标和曲线坐标三种,主要研究流动状态为平面流的情况,如不同井网形式水驱油的波及规律与生产动态特征、边水的推进或舌进特征、油水井生产制度的优化等,具有广泛的用途。

二维剖面模型($X - Z$)通常用于流体垂向运动规律研究,评价重力、毛细管力和黏滞力对垂向波及系数和驱油效率的影响。对于厚层油藏,二维剖面模型对于纵向储层韵律性、非均质性以及垂向流动能力大小对流体运动的影响研究具有明显的优势。

二维径向模型($R - Z$)主要用于底水水锥和气顶气锥的动态研究,确定水锥或气锥形状及大小,计算临界产量等。由于近井附近饱和度和压力的变化较大,井筒附近网格尺寸很小(1~2m),远离井筒网格尺寸按几何级数增大。这种处理方式常常会造成一个时间步长内近井附近网格内流体流量过大(超过网格体积上千倍),对计算的稳定性提出更高的要求。

两个以上的平面二维模型可以组合成多层二维模型,这些二维模型在整个油藏中由于垂向的传导率屏障而处于不连通状态,但可能由于合采或合注而在井筒中连通。该模型的研究目标与二维模型相同,但更多地用于研究层间流动差异的影响,同时还可以用于评价各种合采措施、修井、二次完井措施以及油管与地面设备的性能等。

4.1.9.4 三维模型

三维模型,考虑空间三维方向上的流动,能够用于大多数研究目标。三维模型可以最大程度描述真实油藏构造、储层、流体在空间的分布特征,反映流体平面及纵向上的流动规律。

相对于二维模型,三维模型接近于真实的油藏空间,在考察复杂流体运动特征或规律方面,基于模型的研究认识具有更强的代表性和指导性。因此,三维模型用于概念模型研究时,可以构建典型地质特征单元模型,深化复杂渗流规律的研究,如层间流体窜流、厚层重力超覆、井底底水锥进等特殊的渗流现象描述。当油藏几何特征复杂、空间流体流动机理复杂、储层非均质严重时,无法通过简化的抽象模型来刻画时,需要通过三维的非均质模型反映油藏复杂多因素的影响。当然,三维模型网格规模大,模型计算复杂,需要消耗更多的计算成本,具体应用时可以根据项目研究需求综合确定。

4.1.10 流体相数

"相"是指具有相同成分、相同物理化学性质的物质。油藏流体中,通常把油、气、水三种不同性质的流体成为油相、水相、气相。根据油藏中流体相的数目,分为单相模型(存在油、气、水中的一种)、两相模型(油—气、油—水、气—水共存)和三相模型(油、气、水同时存在)三种情形。流体相数的选择取决于油藏流体的原始分布状态及其开发过程中可能发生的状态变化。

4.1.10.1 单相模型

单相模型,指流动相只存在油、气、水中的一种。一般而言,实际油藏中不存在绝对的单相,无论是干气藏或不饱和的油藏,由于束缚水的存在,实际岩石孔隙中流体为两相。对于单相油模拟,油藏中始终不存在气体脱出时,可以用恒定的溶解气油比定义单相原油的性质。对于单相气模拟,气藏中不能存在凝析的原油,可以用恒定的挥发油气比定义单相气的性质。独立的水层或水体,不存在与之相溶的溶解气或挥发油,为纯粹意义上单相流体。实际应用中,单相流体的模拟情况极少。

4.1.10.2 两相模型

两相模型,流动相的组合可以是油水、油气或气水。在油水系统中,不存在自由相的气,需要油藏压力始终高于油相泡点压力,溶解气油比为固定衡量。在油气系统中,油相中可以包含溶解气,气相中可以包含挥发油,且两种情况可以同时存在,需要指定不同压力下溶解气、挥发油的参数变化。在气水系统中,不存在油相,需要气藏压力变化不能穿越露点线,挥发油气比为固定衡量。边底水气藏、未饱和油藏注水保持压力开采的模拟可以采用气水两相及油水两相模型。

4.1.10.3 三相模型

三相模型,指油藏中存在油、气、水三个流动相。通常情况下,在油田开发过程中,更多出现的是三相流,如饱和油藏或未饱和油藏降压开采。例如,注水开发油田,由于开采过程中部分区域或生产井底压力过低而脱气,则存在自由流动的气体,形成油气水多相渗流;带气顶的边底水油藏、非混相气水交替开采等,在开发的整个过程中存在三相可流动的流体,都需要选择三相模型模拟。需要说明的是,流体相数的选择并不完全依赖理论上的相态分析,在油田开发设计和研究中,如果某一相的忽略对于研究目标的影响不大时,可以采取简化的原则将三相模型简化为两相。另一种情况,当模拟计算时间不是重要考虑因素时,建议优先选择三相模型,避免因各种数值计算等原因导致局部网格无法满足相数约束而产生运算终止等问题。

4.2 网格模型建立

4.2.1 网格设计影响因素

选择和建立合理的离散化的地质模型(也可称为网格模型),需要考虑三个方面的因素,即地质因素、动态因素和数值因素(图4.3)。研究针对三个方面因素的精确表征方法以及协调三因素之间的相互关系,达到模拟模型精确描述与可靠预测的双重要求,是网格模型设计的主要目的。

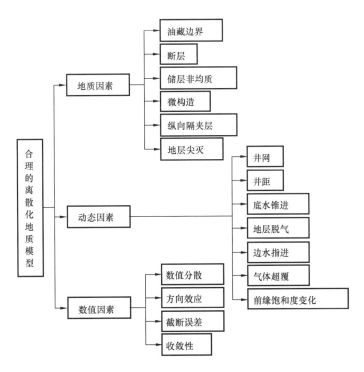

图4.3 网格设计影响因素

首先,网格模型要充分体现油藏的地质特征,包括油藏的外部结构及内部的非均质性两方面,即油藏边界、断层、微构造、储层非均质性、纵向隔夹层、地层尖灭等。

其次,要正确地再现所观察到的油藏动态特征,就必须考虑网格的细致程度对动态特征描述的适应性。动态因素主要包括井网、井距、地层脱气、底水锥进、边水指进、气体超覆、前缘饱和度变化等。

最后,还要考虑网格模型的数值求解问题,如数值弥散(大网格)、方向效应、截断误差、收敛性等,这些因素也会对油藏动态预测结果产生很大的影响。

4.2.2　网格类型

选择合适的网格类型,要综合地考虑研究目的、油藏地质、动态及数值因素,以及不同网格类型的特点及适应性,有针对性地进行选择,提高模型的整体质量。目前比较成熟的网格类型主要有以下五种。

4.2.2.1　正交网格

正交网格也叫块中心网格,是最常见网格类型,目前仍然被广泛应用。由于其计算速度快的特点,一些大型的构造相对简单、储层发育良好的油气田经常采用此类型。若采用其他网格类型,会大大增加计算时间。

4.2.2.2　角点网格

ECL 软件最早在 1983 年推出。角点网格克服了正交网格的不灵活性,可以用来方便地模拟断层、边界、尖灭。但由于角点网格之间不正交,一方面给传导率计算带来难度,增加模拟计算时间,另一方面也会对结果的精度有影响。因此,角点网格在使用中一定要注意避免网格的过分扭曲。

4.2.2.3　PEBI 网格

SURE 软件于 1987 年推出,主要特点是灵活而且正交。PEBI 网格体系[图 4.4(a)]提供了方便的方法来建立混合网格,比如模型整体采用正交网格,而对断层、井、边界等采用径向、六边型或其他网格,网格间的传导率可以自动计算。PEBI 网格的灵活性对模拟直井或水平井的锥进问题非常有用,可以用来精确模拟试井问题,降低了网格走向对结果的影响。PEBI 网格的缺点是矩阵比其他网格要复杂得多,需要更加有效的解法。

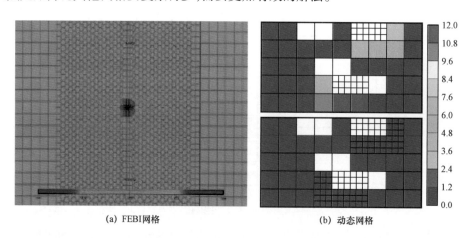

(a) FEBI网格　　　　　　　(b) 动态网格

图 4.4　FEBI 网格及动态网格示意图

4.2.2.4　局部加密网格

建立全油田整体模型后,对于压力及饱和度变化快的区域,常常需要进行局部网格加密。局部网格可以是正交网格,或是径向网格。Aziz 认为在正交网格中进行正交网格局部加密,有时并不会对结果有改善。他建议采用混合网格,即在正交网格内采用径向网格加密,这样可以精确地模拟含水和气油比的变化规律。

4.2.2.5 动态网格

指网格可以随时间而改变,通常用于动态网格加密或动态粗化,比如说在井生产时采用局部加密而当井关闭时则采用正交网格(图 4.4b)。另外,动态网格还可以用于追踪水驱前缘等。

4.2.3 网格边界

网格边界既要能够正确描述油藏几何形态,又能够较好地控制油藏内部流体的主渗流方向。

4.2.3.1 规则网格边界

一般情况下,为了保证整个网格系统的正交性,多采用规则网格来对油藏三维地质模型进行空间离散。对于储层分布稳定的大型整装油藏,模拟区域边界规则或存在边水水域,这种规则正方形或长方形网格边界能够较好满足网格边界的技术要求。然而,实际应用中,受断层切割、岩性尖灭等地质因素影响,模拟区域油藏或砂体几何形态不规则。如果采用规则网格边界处理,则需要对模拟区域之外的网格节点进行"死网格"设置,从而形成齿化的网格边界。这样会产生较多的无效网格节点,增加数值计算的成本,同时对于油藏边界附近流体分布及流动特征的精确模拟会产生一定的影响。

4.2.3.2 不规则网格边界

为了克服以上问题,可以使用不规则边界,即网格系统的边界沿油藏主控断层走向确定,但要注意网格边界的不规则变化对网格正交性的影响,由此产生的局部极小网格需要在网格质量检查环节进行适当调整或修改。不规则网格边界虽然具有相对灵活的空间离散优势,但当储层平面非均质变化大且存在不同方向多个主渗流通道,或储层发育不连续呈土豆状离散分布,或内部小断层发育且走向变化较大时,不规则网格边界很难兼顾不同小砂体或小断块的几何形态变化,此时采用规则网格边界的处理方法也不失为一种较好的选择。

4.2.4 网格步长

网格步长是指离散化网格在三维方向上的尺度大小,必要时可按照平面网格($X-Y$方向)和纵向网格(Z方向)尺度要求来区分。网格步长的选择一般遵循以下原则。

(1)精确反映目标区域压力及饱和度的空间变化。

正确描述和预测油藏模型任意空间位置的压力、饱和度大小是油藏数值模拟研究的重要目标。网格尺度越小,在刻画压力、饱和度的细微变化上具有明显的优势。然而,过小的网格尺度不仅增加数值计算的成本,在模拟结果的改善方面也许并没有期望的那样理想。因此,要明确需要重点关注的压力和饱和度区域,如油、水井周围,油气或油水界面附近,可形成剩余油的潜力区,可发生脱气、水锥、气锥等流体相态变化明显的区域等,需要适当减小网格尺寸。油水井之间由于压力和饱和度变化相对较快,一般需要间隔 3~5 个网格来反映流场变化。另外,对于开发中后期的油藏,油藏压力、流体饱和度分布的差异性增大,需要更小的网格尺寸进行精细刻画和描述。

(2)精确反映目标区域微构造形态及储层非均质性特征。

油藏的微幅构造,如小型的构造起伏等对于局部区域流体具有一定的控制作用,大网格尺寸往往由于均化作用无法准确描述,需要加密细化。储层的非均质性是影响流体运动规律和原油采收率的重要因素,网格尺寸的选择一要反映出储层物性的空间非均质性变化规律,二要保留网格化前后储层物性非均质性差异大小。平面上能够体现出不同沉积相带内渗透率和孔隙度的变化趋势,以及沉积相带间的物性差异,纵向上要体现出小层间的分隔关系,以及小层内储层的韵律性特征。除此而已,还要保持空间离散化后储层物性平均值及级差大小的一致性。另外,考虑到流体饱和度变化引起的油藏动态非均质性的变化。总之,储层非均质性越强,剩余油分布越分散,网格尺寸要求越小。

(3)正确模拟流体在油藏中的流动机理。

一方面是流体重力作用下的机理描述。如受油水重力分异作用影响,厚层油藏在水驱过程中会出现底部快速水淹现象,要描述这种纵向油水差异分流现象,必须保证纵向网格数在3个以上,必要的时候还需要进一步细分。与此类似,注气混相模拟过程中,气体的超覆现象对混相驱替驱油效率的影响十分明显。剖面模型研究表明(图4.5):随着纵向网格尺寸的减小,越能较好反映出气油的重力分异作用,即 CO_2 气体的超覆现象,计算采收率减小,结果更加符合油藏实际。

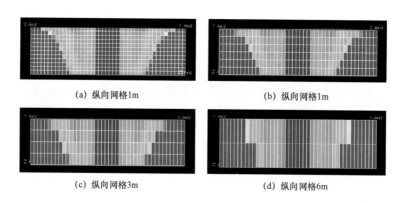

(a)纵向网格1m　　　　　　　　(b)纵向网格1m

(c)纵向网格3m　　　　　　　　(d)纵向网格6m

图4.5　纵向不同网格尺寸 CO_2 混相驱替剖面模型图

一方面是强非均质性或高流度比产生的流动现象。例如,受储层强非均质因素的影响,在纵向高渗透层、平面高渗透带或大裂缝发育区域出现极端水舌、水窜现象;抑或非混相气驱、稠油蒸汽驱等介质间高流度比驱替产生的气窜现象等,需要小尺寸网格刻画局部区域流体特殊渗流机理。

(4)保证流动方程的求解精确可靠。

网格尺寸对数值计算误差的影响体现在两个方面。

一是网格尺寸过大,产生数值弥散效应。数值弥散与网格数目关系密切,例如一维线性水驱模拟时,由于上游网格流体流入下游网格流体的水量是上游网格流体平均饱和度的函数,经过任意一个时间步长,总有部分水量流入下一网格,导致无论网格步长多大,只要经过与网格数相等的时间步长数,生产井就会见水。这种与油藏实际动态不符的现象就是网格的数值弥散效应。当网格尺寸过大时,数值弥散效应导致生产井过早见水,见水时的波及系数偏高,驱油效率偏低,总采收率偏低。同样,对于纵向因流体重力分异作用所形成的储层顶部、不连续夹层遮挡下部薄的剩余油层,过粗的纵向网格尺寸会产生数值弥散效应,无法正确预测描述这种可能形成的流体薄层现象。另外,如果需要精确描述井筒附近压力、饱和度的变化特征,就需要采用局部加密或径向网格模型,来合理反映井眼附近驱替流体的锥进形状及其侵入过程。总而言之,网格尺寸越小,数值弥散效应越小,模型计算的精度越高。

一是网格尺寸过小,产生计算收敛性误差。在将油藏数值模拟数学模型差分得到的非线性差分方程组转化为线性差分方程组的过程中,主要采用全隐式,在一定条件下,也可采用隐式压力显式饱和度(IMPES)法,其实质就是对毛细管压力函数和传导系数函数以显式形式取值,压力和饱和度求解交替进行。当采用 IMPES 方法时,为保证计算的稳定性,对时间步长的要求是:

$$\Delta t \leqslant \frac{PV}{Q \frac{\partial}{\partial S}\left(\frac{\lambda_i}{\lambda_o + \lambda_w + \lambda_g}\right)} \tag{4.3}$$

式中 PV——网格孔隙体积;

    Q——流量;

    λ——油、气、水的流度。

网格孔隙体积越小,稳定计算需要的时间步长越小。一般而言,每一个网格每一个时间步长内的流体流通量不大于孔隙体积的 10%。因此,如果存在过小的网格尺寸,就会导致整个模拟计算不稳定,产生收敛性问题,从而使流动方程的求解变得困难。例如,网格剖分中的局部畸形(断层附近网格形变),或岩性尖灭线附近储层厚度太薄,或泥岩层孔隙度太小等原因经常会出现过小网格体积产生的计算问题。另外,在概念模型的机理性研究中,为追求过高的流动精度而采取厘米甚至是毫米级网格,也会带来流动计算不稳定现象。

(5)能够保证研究的快速高效为原则。

在满足预测精度要求的基础上减小网格规模是网格尺寸优化的目的。这里提供三种减小网格规模的方法。

① 局部网格粗化。与局部网格加密相反,局部网格粗化是在保证目标区域网格尺寸不变的情况下,对于非目标区域实施网格局部粗化,可以有效减少网格规模。如图 4.6 所示,由于主体目标区域网格尺寸比较密集,导致大面积水区占有大量的网格规模。而水区内部只是提供能量,与剩余油的分布影响不大,因此可以粗化成较大网格尺寸,减小网格规模。

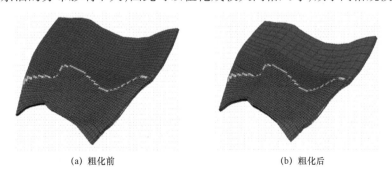

(a) 粗化前   (b) 粗化后

图 4.6 局部网格粗化示意图

② 网格分段处理。网格分段即将网格划分为不同的区域或部分,在不同的区域或部分中按照不同的要求定义不同的网格尺寸,这样在平面上形成变网格密度的网格系统。这种处理方法较好地解决了精度与效率的矛盾(图4.7)。研究认为,一般主力开发区、多相流动区使用细网格,而非主力区、单相区使用粗网格。

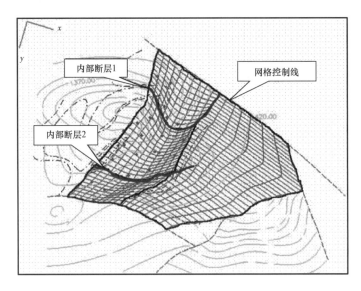

图4.7　B255块网格分段示意图

③ 网格优化技术。合理网格尺寸选择最直接的方法是做加密网格试验。即设计不同的网格尺寸,通过对比模拟结果的差异变化,寻求合适的网格尺寸。如果模型很大,可选择一个子区域来做优化试验。比较的内容通常包括饱和度和压力分布、驱替采收率、井的动态等。如果选择的网格尺寸合适,则预测动态对所做的加密试验不敏感。需要说明的是,网格尺寸的选择是一个非常复杂的问题,不同的油藏条件、不同的开发井网、不同的研究目的,合理的网格尺寸标准不一。例如,对于渗透率为1000mD,孔隙度为25%,注采井距为200m的单元,通过加密网格优化合理尺寸(图4.8)。结果发现,如果以预测采收率为目的,则20m网格尺寸基本可以满足预测精度需求(图4.9)。而从网格尺寸与计算时间关系曲线来看(图4.10),当网格尺寸小于5m以后,计算时间呈指数型快速增长。

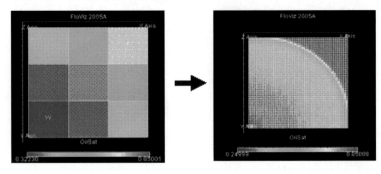

图4.8　网格尺寸优化设计

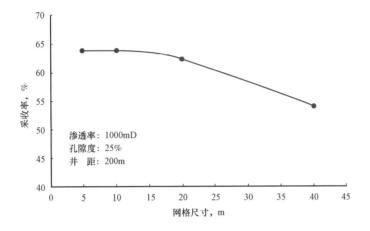

图 4.9　网格尺寸与采收率关系曲线

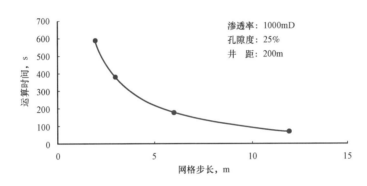

图 4.10　网格尺寸与计算时间关系曲线

对于常规的模拟问题,网格尺寸选择的常用规则是:对于剖面模型网格,通常垂向网格数有 10 ~ 20 个就足够了。流动方向上的网格数取决于模拟井数及油藏性质在水平方向上的变化情况,通常取 20 ~ 80 个网格也就够了。对于平面模型网格,每个方向网格数应该有 30 ~ 80 个,且沿两个方向的网格尺寸的大小趋于相同。由于平面模型在模拟中几乎不存在计算上的困难,因此网格数目可以比其他模型相对多一些。对于径向模型网格,垂向网格通常为 10 ~ 30 个,水平方向网格数为 10 ~ 20 个。三维模型网格,平面网格尺寸与一般平面模型类似,但垂向网格数需要慎重选取。

4.2.5　网格方向

影响网格方向的主要因素包括:油藏的几何形态、渗透率的各向异性、网格的正交性、井与网格之间的关系、网格的方向效应等。在应用中主要把握以下原则。

(1)使网格的总数及无效网格数尽量少。

网格的规模与模拟计算时间具有十分直接的关系,而网格规模大小既要考虑总网格节点数,也要考虑有效网格节点数。在网格类型和尺寸确定的情况下,合理控制网格方向减小网格规模的方法,是要保持网格的控制边界线与油藏外边界或砂体的叠合边界最大限度的重合,从而减少总网格及分层无效网格的数量。

（2）使网格的主方向与渗透率的主轴方向一致。

受网格方向效应的影响，平行网格方向的流体流动路径要比斜交网格方向距离短，无论是模拟见水或见气时间、前缘推进速度及形态、驱油效率或采收率都有很大的不同。受油藏非均质及注采井网、注采强度等各向非同性的影响，不同区域流体的流动方向不同，且动态变化，很难建立与流动方向完全适配的网格系统。因此，为减小因网格方向效应对模拟结果的影响，尽量保持网格的方向与油藏的主渗透方向一致，如河道的延伸方向、裂缝的发育方向等。

（3）使网格偏离正交性的程度最小。

模拟器所用的方程按照正交（相交的行与列呈直角）网格系统推导而来，网格的正交性越好，计算准确性越高。直角坐标体系中，正方形或矩形网格的正交性最好。但实际油藏由于油藏几何形态或砂体形态的不规则性，一般采用不规则网格边界，这样在断层边界附近、断层夹角处出现过度扭曲、变形的非正交网格。另外一种情况就是，当油藏边界网格控制线夹角偏离90°时，受此影响，整个网格系统主体网格呈非正交性，对模拟结果误差影响较大。因此，在模拟计算速度和性能满足应用需求的情况下，简单地质背景的油藏建议尽可能采用规则网格控制边界，以保证网格系统的整体正交性。

（4）使位于网格中心的井最多。

为减小井指数的计算误差，要求井位于网格块的中心位置。实际油藏中，由于油、水井网的不规则性，以及油藏几何形态的复杂性，很难保证所有的油、水井正好落在网格块的中心。鉴于此，可以采取如下解决方案：首先适当调整网格的方向，尽可能让更多的井位于或邻近网格块中心；其次对于少部分难以兼顾的井，可以局部调整井所在网格区域的网格线；最后检查是否存在两口以上的井位于同一网格，遇此情况需要进一步加密网格或调整网格线将多井分别隔离开。

（5）尽量减小网格的方向效应。

综上所述，网格方向效应的存在是必然的，无法完全避免和消除。唯一可选的方案是尽可能采取必要的措施减小网格方向效应提高模拟计算精度。研究表明，流度比对网格方向效应的影响最为敏感。当驱替相与被驱替相的流度比较小时，一般采用减小网格尺寸或局部网格加密方式来减小网格的方向效应；当两者的流度比较大时，如注气混相、非混相驱替，稠油蒸汽驱等，可以采取9点差分格式、两点上游加权、拟函数法及截断误差高阶化等方法减小网格方向效应，但需要增加更大的计算工作量，应用中根据必要性分析综合考虑。

4.2.6　网格分层

纵向分层应达到能够模拟与黏度和重力相关的过程。一般纵向分层的精度应与地质描述的精度保持一致。

对于层内含有薄的高渗透层或低渗透夹层，描述并刻画好这些极端渗透层可以更好反映储层的非均质特征。为防止网格离散产生的过渡平均化现象，要将薄的极端渗透层采用单独的纵向网格层描述。

对于研究对象具有明显韵律特征的厚油层、底水油藏的过渡带等情况，重力的分异作用对流体渗流影响较大。为体现开发过程中纵向储层流体饱和度的变化规律,要对纵向网格进行适当细分。

为满足纵向饱和度拟合、部分完井及射孔段精确描述、水平井设计优化等研究的需要,也必须进行纵向网格的细分。

4.3 属性参数离散化

4.3.1 二维参数离散化

二维参数离散化是指将二维地质属性参数成果转化到网格单元。分散的二维成果以地质图件或数据表的形式提供。对于油藏地质图件(如油藏埋深、孔隙度、渗透率等),其属性参数可以通过数字化软件将其转化为数字等值线(或散点)的形式,然后赋值到网格单元。对于数据表,可以整理成分层属性参数文件,通过平面插值后赋值到网格单元。

利用二维平面油藏描述成果建立三维数值模拟模型是目前数值模拟研究当中的重要技术方法。其中,依据综合地质研究成果,对所提供的构造、储层等参数的散点或等值线数据场进行适合于数值模拟建模精度要求的插值处理是三维地质建模中的重要环节。然而,参数的插值质量受到参数的截断值、插值搜索半径、插值边界范围等多种因素的影响,合理控制影响插值效果的因素,可以保证数据场的连续性,提高插值精度。

4.3.1.1 参数的截断值

参数的截断值是指插值参数的上、下界及插值容差。控制参数的截断值可以防止局部插值结果的突变,保证数据的合理性。而不同性质的参数场对上下界及插值容差的要求及依赖程度不同,用参数振幅(参数场的最大值与最小值之差的绝对值与最大值的比)来衡量,参数振幅越大,对截断值的精度要求越高。

例如,对于构造较平缓的油藏,构造参数的绝对值尽管很大(一般为 1000~4000m),但参数振幅小,因而可以取地质图件上工区范围内的构造等值线最大值与最小值为该参数的上下界,取等值线的最小间隔值(一般为 10m 或 5m)为插值容差,就可以满足约束条件。但对于有效厚度参数,由于砂体厚度变化大,即使绝对量不超过 20m,参数振幅也可以达到 1。

因此,应当准确选择有效厚度的截断值,否则插值结果将偏离实际有效厚度等值线的范围。合理的处理方法是:

首先,根据地质分析结果确定插值参数的下限,一般取工区范围内最小等值线值减去 0.6 倍的最小等值线间隔值,但要保证大于 0;

其次,确定参数上限,一般取工区范围内最大等值线值加上 0.6 倍的最小等值线间隔值;

最后,根据上下界的取值情况确定容差,一般取 0.6 倍的最小等值线间隔值。这样既保证了参数插值结果的合理性,又较好地反映了油藏实际地质特征。

图 4.11 为滨南油田 B255 块 Es^3 层孔隙度场插值结果,可以看出,按照合理的约束参数插值,其插值结果与原始成果的继承性强,而不合理的插值约束导致产生负的孔隙度值,明显是不正确的。

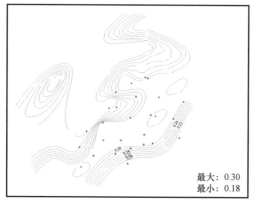

（a）B255块Es³层孔隙度分布图（原始）

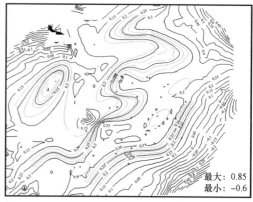

（b）B255块Es³层孔隙度分布图（插值A）

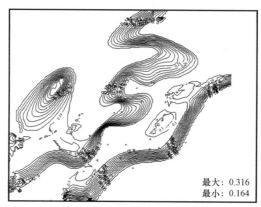

（c）B255块Es³层孔隙度分布图（插值B）

A—不合理的约束；B—合理的约束

图 4.11 滨南油田 B255 块 Es³ 层孔隙度场插值结果

4.3.1.2 插值搜索半径

离散数据的稀密与分布状况将极大地影响插值的效果，控制参数截断值后决定插值效果的主要因素是插值搜索半径。以 ECLIPSE 数值模拟软件为例，对于不同的参数场采取不同模式的插值搜索半径，对插值结果的影响不同。常规的参数场一般包括四种数据来源形式，即数字化等值线、散点、网格矩阵、地震数据。插值搜索半径模式有固定、变化、优化三种，不同的搜索半径模式适用于不同的参数场形式。

一般而言，固定模式比较适用于数据分布均匀的数据场，但插值结果与给定的固定半径值有很大的关系；变化模式由于搜索半径随数据分布密度的变化而变化，因而适于数据分布不均匀的等值线参数场；优化模式实质上是一种特殊的固定模式，它先对整个数据场进行预扫描，优化一个最佳的搜索半径，之后按照该半径采用与固定模式相同的方法进行插值，由于该半径较大且要进行插值前的预扫描处理，插值速度慢且精度稍差。

4.3.1.3 插值边界范围

油藏描述可以提供小层的沉积微相或流动单元，小层平面图可以提供砂体的有效厚度零线及砂体尖灭线。无论何种形式的油藏描述成果,在将储层参数进行平面或空间属性分类的结果中均存在边界线。由于相同类属中的储层地质参数具有相似的特点,因而利用类属边界线控制,分别对各类属参数进行约束插值处理,这样就可以大大避免不同类属参数在插值过程当中的相互干扰,提高插值精度。

如果以沉积微相边界线进行控制,则为沉积微相控制条件下的插值;如以有效厚度零线进行控制,则为零线控制条件下的插值。有效厚度零线一般是储层物性的下限,因此,在插值过程中也可以将有效厚度零线赋予不同的孔隙度、渗透率及饱和度下限值,并参与参数插值,这样可以很好地控制储层物性的变化趋势,最大限度地符合油藏参数分布规律。

如图 4.12 为太平油田站 18 块某夹层等厚图利用边界约束前后的插值效果图,可以看出,没有约束的插值结果与地质认识相差甚远。

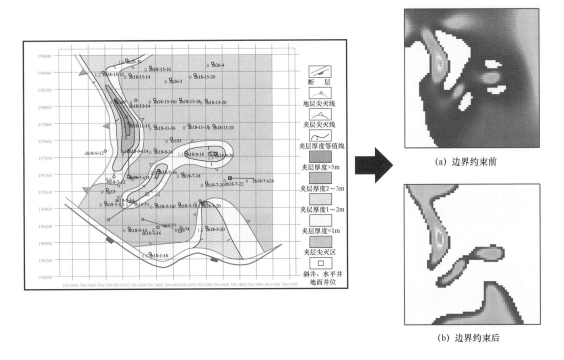

图 4.12   边界控制约束参数插值效果对比图

4.3.1.4   其他控制参数

断层在很大程度上影响插值的速度和质量,合理地控制断层在插值过程中的影响作用,可以提高插值效率与质量。复杂油藏的断层一般比较发育,对构造的控制作用强,在构造模型建立过程中对构造线的插值处理必须考虑其作用。而储层物性参数,如孔隙度、渗透率、砂层厚度、有效厚度及隔层厚度常在断层两侧是连续的,不受断层控制,因而这些参数的插值就可以不考虑断层的作用。另外,在插值过程中,可以通过对插值结果的回放来检查分析插值质量。对于非均质性严重的参数场,有时会出现"牛眼"现象(等值线异常密集)。因此,可以通过添加(或编辑)参数点并设定控制点权重来控制插值质量。

4.3.2　三维参数粗化

精细油藏描述研究所建立的地质模型一般网格尺寸小、规模大,网格节点数达到几百万甚至上千万,对油藏模拟的软硬件提出了更高的要求,导致模拟计算时间周期增长,影响效率效益。合理的网格粗化技术,既保留了原始模型的构造、储层和渗流特征,又有效减少网格规模,提高计算效率。保持非均质性油藏在模型粗化前后静、动态特征的一致性是模型粗化技术的关键,需要根据油藏的特征采用合理的粗化策略,确定可靠的粗化方法。主要包括网格尺度粗化、属性参数粗化以及粗化质量控制三方面。

4.3.2.1　网格尺度粗化

传统的粗化方法忽略网格尺度粗化而更多地关注物性参数,在存在渗透率极值条带、物性受复杂构造影响的强非均质油藏方面效果并不理想。所谓网格尺度粗化,不是简单的网格合并,也不是单纯地把尺度放大,而是根据油藏的构造及储层非均质性特征构建一套粗化网格系统,使其能够保持精细油藏模型特征要素,同时可以有效防止属性参数粗化结果的失真。

(1)网格尺度粗化技术。

网格尺度粗化技术包括网格重建和网格合并两方面。

① 网格重建。对于复杂的地质体,岩性边界、断层、隔夹层、高渗透条带、微构造等地质现象对油水渗流的影响十分重要,粗化网格重建的目的就是在保留这些特殊地质特征的前提下实现对精细地质模型的合理网格控制。因此,综合考虑粗化模型对网格边界、平面网格、纵向网格等关键要素的设计优化要求,通过合理的技术流程,建立整体化的网格骨架,为下一步物性参数粗化创造条件。

首先重建网格框架。分析判断原有的精细地质模型网格骨架及边界对模拟目标油藏有效砂体、流体流动的控制情况,根据其适应性选择粗化网格边界框架构建策略。对于构造简单的整装大型油藏,可以继续延用精细模型的网格框架;对于受岩性、断层等复杂化的油藏,需要重建网格骨架。重建粗化网格骨架的主要内容是确定网格模型的控制条件,形成能够整体控制油藏砂体形态、流体分布及主流方向的主体网格骨架。一般情况下,主力砂体的岩性边界线、封闭大断层等是网格骨干控制线的重要因素。

其次重建平面网格。平面网格的重建主要是确定网格步长,设定网格线光滑度、正交性等参数,必要的时候,可以根据油藏储层的非均质性变化、油气水的平面分布规律以及油水井的分布状况,结合后期开发需求,优化平面网格步长。还需要考虑网格的方向,尤其是需要兼顾储层内部断层分布和平面渗透率各向异性特征。

最后重建纵向网格。纵向网格的重建主要确定纵向网格划分方式及步长。地质研究划分的纵向砂层组及小层是纵向网格划分的主要依据,在确保以上描述精度外,要重点考虑纵向隔、夹层、高渗透层、韵律层以及油水过渡带等对纵向网格尺寸的描述要求,建立变网格尺寸的设计策略。

② 网格合并。对于构造相对简单、储层比较稳定的油藏,对模型粗化的技术要求会大大降低,则无须进行粗化网格重建,必要时候直接采用简单快速的网格合并技术,主要有顺序相邻网格合并、基于物性属性偏差网格合并和基于等效流动网格合并三种方法。其中,顺序相邻

网格合并方法会过度均化极值渗透率条带,对于强非均质油藏的精细模拟误差较大。这里重点介绍其他两种方法。

基于属性偏差的网格合并。按照某种属性的差异情况(一般是基于物性偏差),将相邻的两层或多层属性参数值偏差较小的进行网格合并,偏差大的则不合并。该方法可以避免极值渗透率条带的合并均化现象,且操作处理简单。但由于属性参数差异的对比具有单向性的特点,如仅考虑纵向合并策略,应用该方法可以简单、快速地实现大规模精细网格模型的粗化处理;如同时进行平面及纵向的整体粗化,则计算速度明显下降。针对这种情况,建议分方向逐步合并处理,先纵向合并,再平面合并。

基于流动的网格合并。利用流线模拟技术,建立精细网格模型的流线模型,根据流体通量的大小来合并网格,而流体通量的特征可以通过流线的走向、密度来反映,受原三维精细网格模型的多个物性分布控制。因此基于流动的网格合并更能综合考虑原三维精细网格模型的物性分布特征。但该合并技术要求进行流线模型转换以获得流体通量信息,且地质模型中不能存在死网格节点。

图 4.13 为两种不同方法合并处理的粗化网格模型及其属性分布,可以看出,两种方法在宏观属性分布上具有相似性,但局部的网格划分和属性分布还是存在一定的差异,基于流动的网格合并具有比较优势。

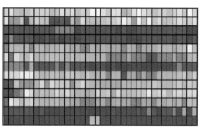

(a) 原始精细网格模型,网格36×13

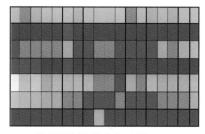

(b) 属性偏差网格合并,网格18×7

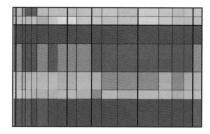

(c) 基于流动网格合并,网格18×7

图 4.13 两种网格合并方法效果对比

(2)不同油藏类型网格尺度粗化策略。

不同的油藏类型,网格尺度粗化的方法不同;同一类型油藏,网格粗化的尺度不同。具体网格模型尺度粗化技术流程如图 4.14 所示。

对于厚层整装油藏,由于构造简单,采用速度较快的基于变量方法的网格合并就可以满足粗化精度。图 4.15 为三种不同网格尺度粗化效果,可以看出,属性分布规律基本保持不变。

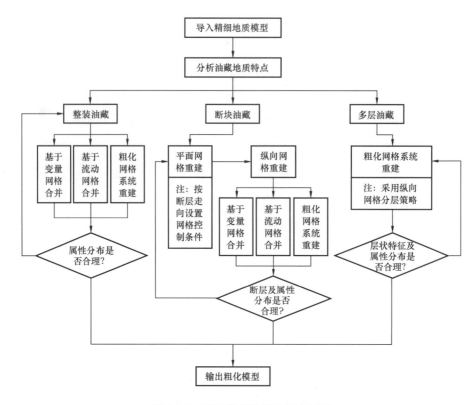

图 4.14　网格模型尺度粗化流程图

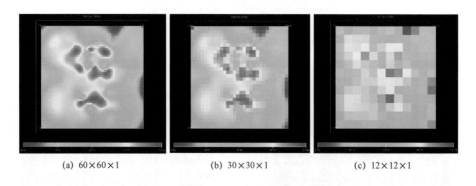

(a) 60×60×1　　　　(b) 30×30×1　　　　(c) 12×12×1

图 4.15　整装油藏模型的网格尺度粗化

　　对于断块油藏,需要考虑断层的影响,应该沿断层走向构建网格模型,易于保持粗化前后构造的精度。图 4.16 为内部两条断层是否作为粗化网格控制条件下的三种粗化效果图,可以看出,两条断层均作为网格控制线的模型 3,其构造特征和属性分布与原始精细模型吻合程度最好。

　　对于层状油藏,关键要通过合理的纵向网格控制,保持粗化前后夹层的纵向分割作用,同时避免极高渗透层及极低渗透层的过度均化现象。图 4.17 为具有夹层的多层模型网格尺度粗化结果,不难看出,模型 2 保持了纵向隔层的独立性,与原始精细模型的吻合程度好于模型 1。

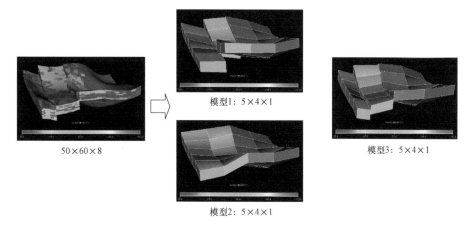

50×60×8

模型1: 5×4×1

模型2: 5×4×1

模型3: 5×4×1

图 4.16　断块油藏模型的网格尺度粗化

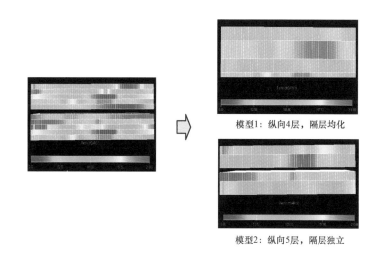

模型1: 纵向4层，隔层均化

模型2: 纵向5层，隔层独立

图 4.17　具有夹层的多层模型的网格尺度粗化

4.3.2.2　属性参数粗化

网格参数粗化方法一般包括算术平均、几何平均、调和平均、加权平均及求和平均等几种简单平均方法，还有调和—算术平均、算术—调和平均等平均方法，以及类似沉积相离散属性粗化的离散法等。

模型属性参数粗化是在网格尺度粗化基础上进行的，不同类型的属性参数，为保证粗化前后参数特征以及对流体流动行为描述的一致性，需要根据参数物理性质和功能特点，按照等效原则采用相应的粗化方法。地质模型属性参数可分为静态属性参数（如孔隙度、绝对渗透率、饱和度、净毛比、岩石类型等）和动态属性参数（相对渗透率曲线、毛细管压力曲线）两大类。

（1）静态属性参数的粗化。

静态属性参数又分为无维数的实数属性参数、整数属性参数、储量相关属性参数和绝对渗透率四类，下面分别进行介绍。

① 无维数的实数属性的粗化,如含水饱和度,一般采用算数平均法(包括体积加权或不加权)。体积加权算数平均计算公式为:

$$\overline{S}_{\mathrm{w}} = \frac{总含水量}{总孔隙体积} = \frac{\sum V_i \, \phi_i \, S_{\mathrm{w}i}}{\sum V_i \, \phi_i} \tag{4.4}$$

式中　$\overline{S}_{\mathrm{w}}$——粗化后的平均含水饱和度;

　　　V_i——网格体积;

　　　ϕ_i——网格孔隙度;

　　　$S_{\mathrm{w}i}$——网格含水饱和度。

② 整数属性的粗化,为以整数为标识的属性分区,主要包括饱和度函数分区、高压物性分区、储量单元分区、死活节点分区等,该类属性采用直方图法进行粗化。

③ 储量相关属性参数的粗化,主要是孔隙度和净毛比。孔隙度参数采用体积加权平均算法,计算公式为:

$$\overline{\phi} = \frac{总孔隙体积}{总体积} = \frac{\sum V_i \, \phi_i}{\sum V_i} \tag{4.5}$$

净毛比参数不能直接进行平均粗化处理,需要转换成厚度属性来粗化。

④ 绝对渗透率的粗化。

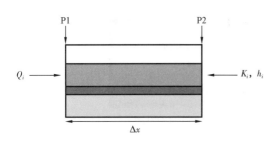

图 4.18　微网格并联(按流动方向)模型

绝对渗透率是与流动方向相关的张量参数,不能笼统用简单的求平均方法来处理,而是要根据不同的要求和条件,选择相适应的粗化方法。主要有简单平均值法、组合平均值法和基于流动的粗化方法。

简单平均值法。存在三种不同的情况。

a. 当流体流动方向与微网格的平面延展方向平行,可假定微网格为并联(图 4.18),粗化采用算术平均法,计算公式为:

$$KI \sum \frac{V_{ijk}}{DI_{ijk}^{\,2}} = \sum \frac{V_{ijk} \, KI_{ijk}}{DI_{ijk}^{\,2}} \tag{4.6}$$

式中　KI——粗化网格的 I 方向渗透率;

　　　V_{ijk}——微网格体积;

　　　DI_{ijk}——I 方向为网格长度;

　　　KI_{ijk}——微网格 I 方向渗透率。

b. 当流体流动方向与微网格的平面延展方向垂直,可假定微网格为串联(图 4.19),粗化采用调和平均法,计算公式为:

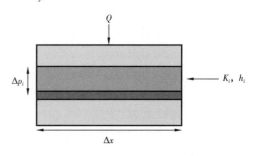

图 4.19　微网格串联(按流动方向)模型

$$\frac{1}{KI} \sum \frac{DI_{ijk}^2}{V_{ijk}} = \sum \frac{DI_{ijk}^2}{V_{ijk} KI_{ijk}} \tag{4.7}$$

c. 当流体流过相互关联的微网格区域渗透率任意分布(图4.20),则粗化采用几何平均法或指数平均法。

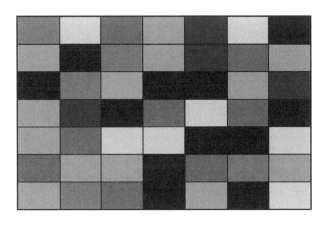

图4.20 相互关联的渗透率任意分布

几何平均算法:

$$N\ln KI = \sum \ln KI_{ijk} \tag{4.8}$$

指数平均算法:

$$KI^{\omega} = \frac{\sum \left(\frac{V_{ijk} KI_{ijk}}{DI_{ijk}^2} \right)^{\omega}}{\sum \left(\frac{V_{ijk}}{DI_{ijk}^2} \right)^{\omega}} \tag{4.9}$$

组合平均值法。对于既有并联微网格又有串联微网格的模型(图4.21),采用算术平均与调和平均相结合的方法(即对单列采用算数平均,对多列采用调和平均)。存在两种不同情况。

a. 调和算术平均:先用算术平均计算串联微网格的压差 Δp,再用调和平均算法,建立渗透率的方程。

$$uI_{jk} \sum \frac{DI_{ijk}^2}{V_{ijk} KI_{ijk}} = \Delta p \tag{4.10}$$

$$\sum_{j,k} \frac{1}{\sum_i \frac{DI_{ijk}^2}{V_{ijk} KI_{ijk}}} = KI \sum_{j,k} \frac{1}{\sum_i \frac{DI_{ijk}^2}{V_{ijk}}} \tag{4.11}$$

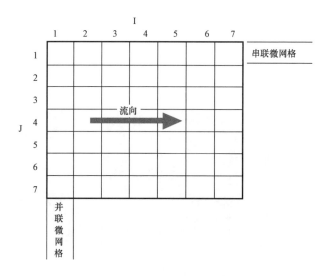

图 4.21 微网格并串联模型

b.算术调和平均:先用调和平均计算并联微网格的压差,再用算术平均算法计算粗化网格的渗透率。

$$u = \delta p_i \sum_{j,k} \frac{V_{ijk}}{DI_{ijk}^2} KI_{ijk} \tag{4.12}$$

$$\sum_i \delta p_i = p_0 - p_L = u \sum_i \frac{1}{\sum_{j,k} \frac{V_{ijk} \, KI_{ijk}}{DI_{ijk}^2}} \tag{4.13}$$

$$KI = \frac{\sum_i \frac{1}{\sum_{j,k} \frac{V_{ijk}}{DI_{ijk}^2}}}{\sum_i \frac{1}{\sum_{j,k} \frac{V_{ijk} \, KI_{ijk}}{DI_{ijk}^2}}} \tag{4.14}$$

基于流动的方法。实际油藏渗透率分布非常复杂,并没有明显的并联或串联规律。采用基于流动的粗化方法,不考虑渗透率的分布,假设岩石和流体不可压缩,取一单元格(图4.22),根据物质平衡原理,流入单元格的流量等于流出单元格的流量,据此原则求等效渗透率。根据边界条件的不同,可分为无边界流动条件法、线性边界条件法、共轭矩阵法、半网格块方法等。

$$Q_1 = Q_2 = Q \tag{4.15}$$

$$\frac{K_{eff}A}{\mu}\left(\frac{\partial p}{\partial L}\right) = Q \tag{4.16}$$

式中 K_{eff}——粗化网格等效渗透率;

A——粗化网格截面积;

μ——流体黏度。

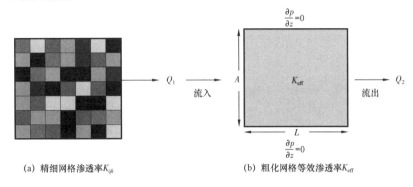

(a) 精细网格渗透率K_{ijk} (b) 粗化网格等效渗透率K_{eff}

图 4.22　网格粗化和无边界流动网格

（2）动态属性参数的粗化。

由于静态属性参数,如孔隙度等具有可相加性,可采用算术平均法,其标准差将随样本数的增大而减小。但相对渗透率、毛细管压力这类与流体流动特征相关的参数具有不可加性,需要采用特殊的粗化方法。

相渗曲线的粗化方法有常量饱和度法、毛细管力平衡法、常量分流量法和多数投票法。毛细管压力的粗化方法有毛细管力平衡法、孔隙体积加权平均法和体积加权投票法。相渗曲线和毛细管压力曲线是同时粗化的,对相渗选用不同的粗化方法,会有相对应的毛细管压力的粗化方法,其对应关系见表 4.1。

表 4.1　相渗粗化方法与毛细管压力粗化方法对应关系

相渗曲线粗化方法	毛细管压力粗化方法
常量饱和度法	孔隙体积加权平均法
毛细管力平衡法	毛细管力平衡法
常量分流量法	毛细管力平衡法
多数投票法	体积加权投票

应用中需要注意的是:常量饱和度法假定微网格的饱和度是一致的;毛细管力平衡法假定微网格的毛细管压力是一样的,当流速小时适用;常量分流量法假定微网格的分流量是一致的,当流速大时适用;多数投票法中粗网格的相渗曲线是占据粗网格中微网格最大体积的相渗曲线。不同的驱替方式,相渗(毛细管压力)的粗化方法不同。以黏滞力为主的驱替可采用常量分流量法进行粗化,以毛细管力为主的驱替采用毛细管力平衡法粗化相对渗透率曲线和毛细管压力曲线比较好,以重力为主的驱替采用常量饱和度法或多数投票法即可。

4.3.2.3　粗化质量控制

粗化模型的质量评价具有后验性,通常情况是通过精细模型和粗化模型的模拟结果对比得到,即对粗化前后的模型进行模拟计算,对比静态属性参数和动态生产指标,定性判断粗化质量好坏。如何在模型粗化过程中进行粗化质量的定量诊断或预判,是提高粗化质量的有效途径。

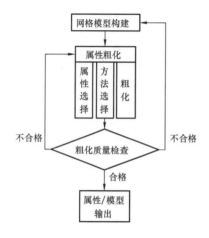

图 4.23 粗化质量控制流程图

图 4.23 为粗化质量控制流程图。这里介绍几种基于地质统计学原理的质量诊断方法,即标准偏差法、区间溢出概率法、单点概率法、两点概率法。

标准偏差法:用来判断粗化网格内的原微网格模型的非均质性程度。所求的标准偏差是粗化网格中微网格属性参数与其平均值的差的平方和的平均值的平方根。如果偏差过大,需要对粗化模型进行局部网格加密,以保持精细模型的参数非均质性。

区间溢出概率法:用来判断渗透率极值条带。首先要求出粗化模型属性参数的平均值,然后定义一个围绕平均值的区间 $[av - scale, av + scale]$,求粗化网格中的微网格属性值在区间外的概率。

单点概率法:定义一个区间 $[min, max]$,求粗化网格中的微网格属性值在该区间内的概率。概率的分布体现油藏的非均质性,值越小,说明网格非均质性越强(受定义的取值空间)。

两点概率法:按某一方向(I 方向、J 方向或 K 方向)定义两个连续区间 $[first\ min, first\ max]$,$[second\ min, second\ max]$,并定义其最大间隔值,求该方向上一对连续网格属性值分别在两个区间内相差值小于最大间隔值的概率。该方法用于某方向粗化网格内的非均质性检验,值越小表明其非均质性越强。

4.4 油藏非均质性表征

随着油藏描述技术的快速发展,特别是油藏储层非均质性定量描述技术的快速发展,给油藏数值模拟研究中非均质性的合理表征带来了相当大的挑战。油藏储层非均质性主要表现在储层的岩性、物性、含油性、隔夹层以及流体分布的不均一等方面,而且这些因素对剩余油的形成和分布有较强的控制作用。

目前关于油藏储层非均质性描述的定性及定量化的研究均得到较为迅速的发展,特别是结合地震、测井技术的非均质性定量描述技术,不仅使得利用油藏数值模拟技术精确预测剩余油分布成为可能,而且也对目前的油藏数值模拟非均质性。表征技术提出了严峻的挑战。这是因为,三维精细的地质模型转化为较粗离散的数值模拟预测模型,由于处理技术方法的不恰当,使得数值模拟的预测模型不能很好地满足准确描述油藏重要静态地质特征信息的要求。除此之外,数值模拟预测模型还要满足离散化模型对油藏静动态特征一致性反映的要求。因此,只保留油藏静态的地质特征而忽略对未来动态渗流规律的影响是远远不够的,这需要通过深化研究,从静动态一致性反应方面研究适于油藏模拟的中高渗透油藏复杂地质模型表征方法。

研究认为,选择和建立合理的离散化地质模型(也可称为网格模型),需要考虑三个方面的因素,即地质因素、动态因素和数值因素。首先,网格模型要充分体现油藏的地质特征,包括油藏的外部结构及内部的非均质性两方面,即油藏边界、断层、微构造、储层非均质性、纵向隔夹层、地层尖灭等。其次,要正确地再现所观察到的油藏动态特征,就必须考虑网格的细致程度对动态特征描述的适应性。动态因素主要包括井网、井距、地层脱气、底水锥进、边水指进、气体超覆、前缘饱和度变化等。最后，还要考虑网格模型的数值求解问题，如数值分散（大网格）、方向效应、截断误差、收敛性等，这些因素也会对油藏动态预测结果产生很大的影响。研究针对以上不同因素的精确表征方法以及如何协调三因素之间的相互关系，达到模拟模型精确描述与可靠预测的双重要求，是本章节的主要内容。

4.4.1 静态地质因素

归纳起来，复杂的地质因素主要包括四个方面，即复杂构造、复杂储层、复杂地层、复杂流体。

4.4.1.1 复杂构造形态

对中高渗透油藏而言，复杂构造的表现形式主要是不规则的油藏边界、微型构造及复杂的断裂系统。

（1）不规则的油藏边界。

油藏边界不仅控制了油、气、水的聚集状态，还控制了流体的主运动方向。油藏数值模拟建立网格模型时，常规的矩形网格往往采用的是矩形边界控制，虽然可以通过适当的方向旋转来减少边界之外的死网格数量，但不可避免地形成锯齿形边界效应，或多或少地影响边界区域储量分布及油水井动态，同时会使网格的总节点数增大（图4.24a）。在这种情况下要提高边界描述的精度，唯一的方法是减小网格尺寸。很显然，网格尺寸的减小最直接的影响是网格规模的急剧增大，这样要牺牲大量的模型运算时间。然而，不规则网格控制边界技术就很好地克服了以上矩形网格边界的弊端，它不仅减少了网格的节点规模，避免死网格的产生，还较好地控制了流体流动主方向，提高模型预测的可靠性（图4.24b）。

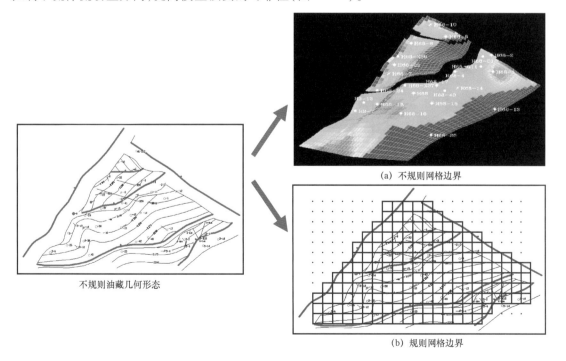

（a）不规则网格边界

不规则油藏几何形态

（b）规则网格边界

图4.24　不规则边界网格设计方式

（2）微型构造。

微型构造对剩余油分布及控制作用的影响已经普遍认可,然而,以往的矩形网格描述方式使得起伏的构造形态离散化后形成空间不连续的孤立小单元(图4.25a)。角点网格的应用使得离散后连续性的构造变化视觉特征予以体现(图4.25b)。

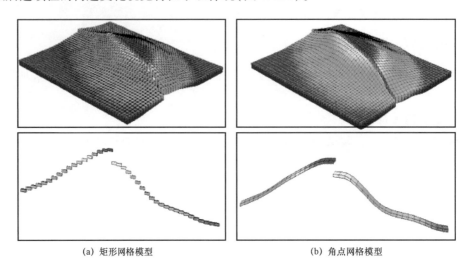

(a) 矩形网格模型	(b) 角点网格模型

图4.25　矩形网格模型与角点网格模型对比图

角点网格采用六面体的四条纵向坐标系和八个顶点纵向深度来描述网格形态(图4.26b),这样可以表征任何不规则的六面体;而矩形网格采用单元网格尺寸 dx、dy、dz 及一个顶面平均深度来描述网格形态(图4.26a),使得相邻网格由于纵向平均深度的差异而分离。因此,采用角点网格描述微构造特别适用。

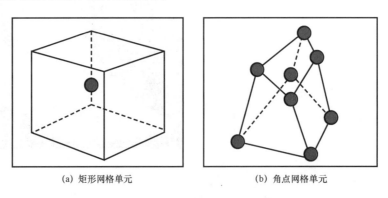

(a) 矩形网格单元	(b) 角点网格单元

图4.26　矩形网格单元与角点网格单元对比图

研究发现,即使应用角点网格技术,但太大的网格尺寸也会使小的微型构造的形态失真。减小网格尺寸虽然可以达到精确描述的目的,但其不利的因素是显然的(规模增大)。局部网格加密技术可以很好地协调网格规模与描述精度之间的矛盾。局部网格加密是部分区域采用细网格,而不改变整个模型的网格尺寸,这样处理就会使模型的总节点数增幅减小,而描述精度也得到满足。研究认为,局部网格的小尺寸以不大于微构造起伏高差的1/3 为佳。

（3）复杂断裂系统。

断层是影响构造复杂性的重要因素。目前先进的建模软件可以处理较复杂的断层问题，通过合理的断层编辑之后，软件自动形成沿主断层劈分的网格系统。然而，针对二维的平面成果，通过数值模拟前处理模块生产具有断裂系统的网格模型，则仍然需要新的技术支持，而且这项工作仍在目前的数值模拟研究中占有很大比例。其中，最主要的技术之一是节点劈分。断层节点劈分是将沿断层走向的网格节点一分为二，然后对劈分后的网格单元进行构造深度插值，自动计算两盘落差（图4.27）。这样，就可以将断层的上、下盘分开。

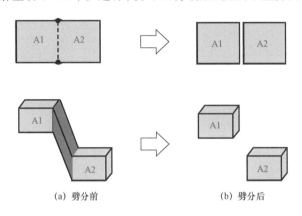

(a) 劈分前   (b) 劈分后

图4.27　节点劈分示意图

利用这种方法处理垂直断层时十分方便，但当储层厚度较大，断面倾斜较大时，需要建立具有倾斜断层的网格模型时，则需要特殊的处理技巧。这是因为，同一地层中，断层与顶面及底面的交线位置不同，从而导致断层两侧网格的形态及尺寸不同。对于没有明显断距的断层，处理方法如下。

首先，基于构造顶面图建立平面网格 A。

其次，基于构造底面图建立平面网格 B，并且保持网格 B 在断层两侧的网格划分情况一致。

最后，利用网格合并功能将 A 和 B 网格合并。

按照以上三步就可以较好建立具有倾斜断层的网格模型（图4.28a）。可以看出，在接近断层位置的网格单元的向断层面是倾斜的。

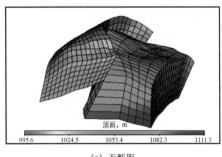

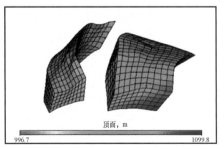

(a) 无断距   (b) 有断距

图4.28　具有倾斜断层的网格模型

而对于有断距的倾斜断层,其建模过程就复杂得多。其处理过程分为以下八步。

第一步,基于构造顶面图建立上盘平面网格 A。

第二步,基于构造底面图建立上盘平面网格 B,保持网格 B 在断层一侧的网格划分情况一致。

第三步,A 和 B 网格合并为网格 AB。

第四步,基于构造顶面图建立下盘平面网格 C。

第五步,基于构造底面图建立下盘平面网格 D,保持网格 D 在断层一侧的网格划分情况一致。

第六步,C 和 D 网格合并为网格 CD。

第七步,将两网格 AB 和 CD 合并到同一主模型文件中,合并时注意每一个网格体所对应的总网格范围。

第八步,指定两网格体连接网格为死节点。

其断层一侧的建模方法与无断距的相同,只不过需要在主模型文件中将两盘相连的部分网格(断距)设置为死节点。

以上只是对断层静态特征的描述,而断层在油藏开发过程中的阻碍或连通作用是建模软件无法描述的,需要在数值模拟模型中予以考虑。首先是断层的封闭性问题,如果同一储层没有被断层从纵向上完全错开,可以通过定义沿断层网格节点的传导性来描述断层的封堵情况。这样处理虽然可以实现断层封堵能力的描述,但具体操作过程中需要逐网格定义,十分复杂。一种比较简便的技术方法是对断层的传导能力进行整体定义,这样不用关注断层与网格之间的对应关系。如果一条大的断层存在部分封堵,则可以将该断层根据封堵与连通情况分成两条不同名称的断层,分别修改各断层的整体传导性。

对于两盘落差较大的断层连通性描述,虽然同层之间已经断开,但可能出现异层对接连通情况。由于异层相邻网格在离散化的数组排列中是不相邻的,要实现它们之间的连通描述,则需要应用另一项特殊处理技术,即非相邻网格连接技术。该技术以实际的地质连通状况判断断层两侧的储层的连通性,可以实现断层两侧不同油层之间的流体流动,即利用非相邻网格连接技术可以实现流体通过"非邻近"网格从一个层运移到另一个层(图 4.29)。

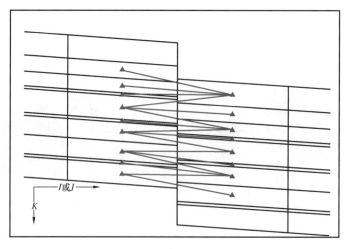

图 4.29　非相邻网格连接示意图

以上不规则网格边界控制、角点网格、断层节点劈分等技术的综合应用,就可以实现对复杂构造油藏的精确刻画。如在史深 100 井复杂断块油藏的网格模型建立过程中,错综复杂的断裂系统和起伏的构造都得到准确的表征(图 4.30)。

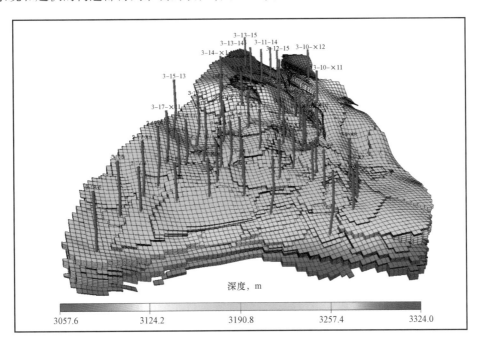

图 4.30　复杂构造模型应用实例

4.4.1.2　非均质储层

复杂储层表征的主要内容是指储层的非均质描述。三维地质建模软件对于储层模型的建立提供了许多可以利用的手段,如测井约束、相控等,用以表征储层内部复杂的非均质性特征。这里重点介绍如何利用已有的储层模型成果来表征岩石流体渗流特征的非均质性。

储层非均质性是由于油气储层在形成时受沉积环境、成岩作用及构造作用的影响,在空间分布及内部各种属性上都呈现极不均匀的变化。储层非均质性是了解流体在储层中的运动规律、合理调整开发层系及注采系统、预测产能与生产动态的基础。以往对储层非均质性表征研究更多的是在渗透率的变异层面上进行,而对由于渗透率的变异所衍生的渗流特征的表征并不充分,例如不同非均质条件下的毛细管压力特征和相对渗透率关系特征等,造成在油藏研究过程中对储层非均质性的表征不匹配,指标预测结果存在较大的不确定性。因此需要建立毛细管压力和相对渗透率资料的分类表征方法,即将储层非均质性从对渗透率变异表征延伸到岩石与流体相互作用关系的表征。

(1)岩石类型划分方法。

储层流动单元是表征储层非均质性的重要方法。所谓流动单元,是根据影响流体在岩石中流动的地质参数(如渗透率、孔隙度、K_v/K_h、非均质系数、相对渗透率曲线、毛细管压力曲线等)在储层中进一步划分的纵横向连续的储集带,在该带中,影响流体流动的地质参数在各处都相似,并且岩层特点在各处也相似。因此,利用流动单元表征储层非均质性可以将岩石的静态特征与动态渗流特征(岩石与流体流动相互作用关系)联系在一起,更加综合科学。

流动层段指数 I_{FZ} 是划分流动单元的一个重要参数。由 Kozehy – carman 方程变形后得出:

$$\lg I_{RQ} = \lg I_{FZ} - \lg \phi_L \tag{4.17}$$

$$I_{FZ} = 0.0316 \sqrt{\frac{k}{\phi}} \tag{4.18}$$

$$\phi_L = \phi/(1 - \phi) \tag{4.19}$$

式中　　I_{RQ}——储层品质指数;

　　　　ϕ_L——孔隙体积与颗粒体积之比;

　　　　K——渗透率,mD;

　　　　ϕ——孔隙度。

根据以上公式,结合取心井岩心实验分析数据,可以确定出流动单元指数 I_{FZ} 与储层品质指数 I_{RQ} 之间的关系,通过对孔隙度、渗透率、流动单元指数、储层品质指数的对应关系的分析,划分合理的岩石类型。

研究表明,以上四个参数之间具有很好的相关性和分段性,不同的分段区间对应不同的岩石类型及不同的岩石与流体流动关系。因此,在具体的工作当中,可以将储层品质指数作为划分岩石类型的重要参数。只要知道了储层空间渗透率与孔隙度的分布,就可以计算出储层品质指数的空间分布。

(2)相对渗透率曲线的分类与处理。

由于不同岩石类型内部的岩石与流体相互作用特征相似,因而其流体相对渗透率曲线的形态相似。反之也可以推论,具有不同相对渗透率曲线特征的岩石应该属于不同的岩石类型(或流动单元)。因此,可以通过大量岩心相对渗透率曲线的分类与处理,进行岩石类型的划分,形成不同的岩石类型具有各自代表性的相对渗透率曲线。

相对渗透率曲线处理一般包括分类(如果有必要)、验证、平均和还原,具体方法见第 3 章第 4 节。

(3)毛细管力曲线的分类与处理。

毛细管压力将油藏流体之间的压差与流体饱和度联系在一起,对油藏动态,如过渡层厚度、油藏流体原始分布和润湿相在油藏中的滞留有重要影响。毛细管力曲线的特征与岩石类型之间的关系和相对渗透率曲线一致,因此,对于提供多条实验室测定的毛细管压力曲线要进行适当处理,以获得目标油藏典型的毛细管压力曲线。

毛细管压力数据在用于模拟研究之前也应当进行分类、验证和平均,其处理方法与相对渗透率曲线类似,具体方法见第 2 章第 5 节。

需要说明的是,毛细管压力数据(毛细管压力曲线的 y 轴)在测量过程中没有标准化,因此两个坐标轴都必须经过换算以获取典型代表曲线。其中,流体饱和度的标准化同相对渗透率曲线处理方法,而毛细管压力标准化通过定义无量纲毛细管压力(J 函数)来处理。

试验证明,同类的毛细管压力曲线具有一致的 J 函数。通过对同类毛细管压力曲线的 J 函数转换之后,采用与相对渗透率曲线相同的方式进行平均,从而得到给定油藏界面的一条代

表性 J 函数曲线。最后,根据油藏不同位置的性质进行毛细管压力的还原,形成实际油藏条件下的毛细管压力曲线。

图 4.31 为埕岛中区某层通过岩石流体分区技术,建立了三套具有不同相对渗透率及毛细管压力曲线特征的岩石流体类型分区,从宏观上反映了岩石流体渗流规律的区域性变化。

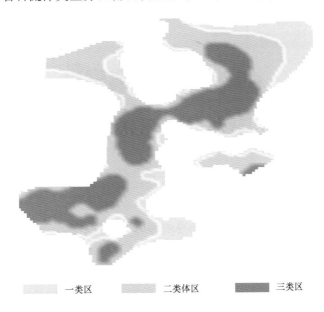

一类区   二类体区   三类区

图 4.31 埕岛油田中区岩石流体分区描述示意图

4.4.1.3 特殊地层条件

复杂地层表征主要包括隔夹层、砂体尖灭以及叠置砂体等特殊地层现象的网格模型建立。

(1)隔夹层处理技术。

层间隔层的存在不仅可以阻挡上下流体的运移,而且对于相邻油层的微构造也会产生影响,在油水渗流上表现为层间油水交换及压力传导上的差异。对于分布稳定、完全隔绝的隔层,可以不考虑层间的渗透,用分油藏模拟的办法实现油藏间的隔绝。对于分布不稳定的隔层,油藏数值模拟在描述的过程中主要考虑两方面的因素:隔层的垂向渗透率及隔层厚度的平面分布。由于隔层的厚度与垂向的隔绝能力存在一定的关联(隔层越厚,隔绝能力越强,垂向渗透率越小),因此,可以简单地认为隔层的垂向渗透率与厚度成反比例关系,从而认为隔层的厚度展布描述是隔层空间展布描述的重点。

通常把隔层作为一个纵向模拟层,通过定义厚度和垂向渗透率来描述其性质,但这样会成倍增加网格规模,而且还会因隔层属性与相邻储层属性间的巨大差异导致计算不收敛。因此提出纵向网格劈分方法,首先在不考虑隔层情况下按小层厚度向砂层顶面构造叠加形成整体三维空间构架,然后用小层间的隔层厚度场锲入两层之间进行劈分,从而保证小层构造空间位置的合理性,最后对隔层按厚度进行近似反比例转换得到垂向渗透率的分布,并将该值以垂向传导率的形式赋予相应相邻储层,从而实现了在不增加网格规模情况下隔层对储层空间构造及流体渗流两方面的控制。

图 4.32 是利用纵向网格劈分方法描述内部隔层的应用实例,可见,采用网格层劈分方法,

应用虚拟的空间隔离描述层间夹层,大大减小模型的网格规模,提高模型运算速度,有利地克服了常规地质建模软件中利用无效网格描述隔夹层的处理弊端。

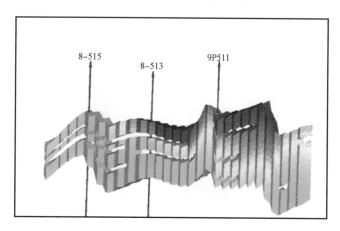

图4.32 运用纵向网格劈分方法描述隔层

夹层是储层内部物性较差、规模较小的渗流屏障,因其厚度小、面积小而忽略。但其对剩余油分布的控制作用十分明显,因此必须考虑。夹层的描述有三种方法:一是视为一个网格层,夹层之外的区域利用 PINCHOUT 进行连接,这样增加网格规模;二是通过纵向网格劈分,不增加网格规模,但处理的工作量较大,主要要考虑的是如何对夹层及储层进行合理的纵向细分;三是利用纵向局部网格加密,先把夹层合并到储层中,然后根据其位置和规模进行局部网格加密,通过调整加密区域的物性变化来描述夹层性质,这样可能会产生多个局部网格加密区域,引起计算上工作量增大的问题。无论采取何种方式,诸如夹层这样的地质信息必须合理有效地反映到模型中去,因为其在油藏流体渗流过程中扮演着重要的角色。

(2)尖灭砂体描述技术。

砂体尖灭后对网格模型的最大影响是与砂体尖灭层相邻的储层相互连通,在开发的过程中由于流体密度差异、重力作用或地层压力差异会发生层间流体的交换。然而,在离散化的网格模型中,与尖灭层相邻的储层在数组中为不相邻网格,无法计算彼此间的储层连通。因此,要想实现对此物理现象的合理描述,可以运用 PINCHOUT,用以处理由于砂体尖灭而产生的非相邻网格的连接。这种处理方法也可以用于夹层外相邻储层的连通性描述。图4.33 为砂体尖灭处理技术方法示意图。

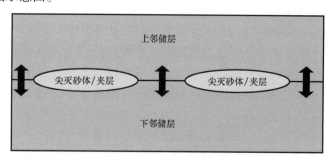

图4.33 砂体尖灭处理技术方法示意图

（3）叠置砂体处理技术。

由于沉积作用的影响，厚的砂体内部往往会出现平面或纵向大块砂体的不连通现象，砂体不是按照平行方向发育，而是在空间上叠置，其不同砂体间接触面呈倾斜或不规则曲面，最典型的如侧积体。常规的建模方法以叠置砂体的外包络面为砂体顶面，按照等厚或者平行切片的方式进行分层。这样处理就将薄的不渗透砂体接触面均化，从而无法体现不同砂体间的分割特征，且在后期的历史拟合当中也很难调整。针对这种现象，其网格模型的建立就需要做特殊的要求。首先要求地质描述精确到砂体，分别给出内部各砂体的顶面及厚度；然后设计网格，将砂体的接触面作为网格的纵向分层控制线；最后对各砂体根据具体要求细分小的网格。其建模示意图如图 4.34 所示。

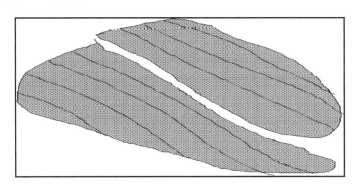

图 4.34　叠置砂体网格模型构建示意图

4.4.1.4　非均质流体

复杂的流体现象主要包括非均质的流体饱和度分布、非均质的流体 PVT 分布、多油水系统及非水平油水界面等。

（1）饱和度非均质性表征技术。

在油藏数值模拟中，也可以利用重力与毛细管压力平衡原理产生初始饱和度场，但该饱和度场的微观非均质性的代表性较差。采用油藏描述的初始饱和度场的优点在于，该类型饱和度场综合了较多的微观非均质地质属性，与油藏数值模型结合能够更客观地反映油藏微观非均质属性。这样一来，每个网格节点可能有不同的束缚水饱和度和残余油饱和度，但描述流体流动的相对渗透率曲线是按照岩石类型划分的，还无法细化到每个网格。

饱和度函数端点标定技术是指将反映同种岩石类型的相渗关系的饱和度端点值，在初始饱和度场的约束下，依据线性关系进行平移转换，同时保持油水相渗曲线的形态不变。饱和度标定技术应用的尺度是油藏数值模型建立后形成的各个单一网格。由于油藏描述提供的初始含水饱和度场综合了包括油藏微观非均质性描述在内的多种地质属性，因此在初始饱和度场约束下的端点标定技术可较大程度地反映油藏微观非均质性对各单相流体渗流特性的影响，同时可保证油藏描述的地质储量与数值模型的计算储量、初始含水动态与数值模型中单井初始含水率的一致性，降低油藏描述与油藏数值模拟动静态结合过程中产生的系统误差。

饱和度函数标定方法见第 5 章第 2 节。

（2）流体非均质描述技术。

① 流体性质描述。

黑油模型描述需要与压力函数有关的饱和原油性质，可以从相关经验公式中获得，最好用实际油藏流体在实验室测得。测量 PVT 性质有两种实验过程：闪蒸膨胀（定组分）和差异分离（定容）。但闪蒸膨胀过程与差异分离过程所得到的地层体积系数及溶解油气比不同。模拟研究中使用哪一组数据需要结合油藏开发过程进行选择。

如果大部分油藏衰竭过程发生在达到气体临界饱和度之前，则闪蒸膨胀中的流体性质更适合于油藏模拟。如大部分衰竭过程发生在达到气体临界饱和度之后，则差异分离中测得的流体性质更适合于油藏模拟。差异分离数据在油藏研究中使用得更加普遍。

由于产出流体在到达存储罐之前，会受到一些非油藏过程的作用，模拟研究中必须考虑。为正确考虑分离器的影响，闪蒸膨胀数据必须与差异分离数据结合使用。为此，通过闪蒸膨胀与差异分离过程中的泡点性质比来调整差异分离数据。具体方法见 3.7 节。

通过以上方法确定地层体积系数及溶解油气比。泡点压力以上的原油性质通过外推得到。而外推超过原始泡点压力的饱和流体性质最准确的方法是实验室膨胀测试。另一种简单的外推烃类流体特性的方法是以 $Y(p)$ 函数为基础。$Y(p)$ 函数表示为：

$$Y(p) = \frac{(p'_s - p)B_{oi}}{p(B_t - B_{oi})} \qquad (4.20)$$

式中　p_s——泡点压力；

　　　B_{oi}——原始地层压力p_i下的体积系数；

　　　B_t——两相体积系数。

② 流体空间非均质描述。

流体性质的非均质表征方法是流体的高压物性分区或 API 追踪。根据地下流体的非均质性认识，可以建立多套描述不同区域的典型流体 PVT 性质表，不同的区域赋予对应的流体性质表编号，实现流体高压物性的分区描述。流体高压物性的分区只能从宏观上将流体性质进行简单的区域划分，各区域内部流体性质保持均质，不同区域间发生流体的交换后，无法计算混合后流体的性质，而是仍然取本地流体的高压物性。而 API 追踪技术可以实现区域内流体性质的连续性变化，在描述精度上稍高于简单的流体分区方法。

（3）多油藏整体模拟技术。

对复杂的油水系统进行整体模拟可以有效地整合资源、避免劈产、提高模拟精度和综合研究效率。尤其对于多层合采井及合注井，多个油藏通过井筒相互连通，生产过程中难免发生层间流体的倒灌。以往的单油藏模拟常常需要将单层的产注情况进行劈分处理，才能够实现对油藏动态拟合与剩余油的预测。而劈产处理受到资料的限制，其精度很低，这样从源头上制约了油藏模拟的研究精度。另外，单油藏模拟也无法实现层间油水井的改换补层等调整措施的优化。随着计算机计算速度的快速增长，尤其是并行服务器的出现，使得大规模油藏数值模拟研究趋于日常化。多油藏模拟技术解决了模拟软件在模拟规模上的限制，大大推进了油藏数值模拟应用的步伐。

（4）非水平流体界面处理技术。

　　由于受到岩石孔隙结构性质的影响,或者受地层水动力作用的影响,常常出现油水界面不规则或倾斜的情况。按照常规的平衡处理方法,油气水的初始接触面应该为水平状态。针对这种特殊情况,需要应用特别的描述技术方法。一种方法是建立地下水动力条件,通过虚拟水压头并进行长期的注水冲刷,形成油水界面倾斜的流动条件。另一种方法是应用毛细管压力标定功能,建立网格级的毛细管压力曲线,并根据油水界面情况逐网格调整油水界面处的网格毛细管压力,拟合不规则界面深度。如果毛细管压力曲线的调整对驱替或波及效率产生很大的影响时,第二种方法需要慎重采用。如果油藏具有较长的生产历史,且早期资料少,则不必苛求一定要从油藏的原始状态开始模拟,可以采用非平衡处理技术,从油藏的某个合理点开始建立非平衡条件,即利用目前的资料建立压力和饱和度分布,这样描述的油水界面情况可以是任意状态的。

4.4.2　开发动态因素

　　由于网格尺寸的不合理设置,使得许多动态特征无法正确体现。如井间的水驱前缘变化,注入水的指状突进,纵向气体的超溢等。因此,考虑动态因素的表征方法是要针对不同的动态现象,确定合理的网格细密程度。

　　在平面上,提高模拟网格的精细程度主要依赖于井的间距。一般要求每两口生产井间至少需要 2 到 3 个网格,而每两个注采井间至少需要 6 个以上网格才能正确再现驱替过程。在有些情况下,对于不规则井网,生产井周围地区可以进行局部网格加密。

　　在垂直方向上,分层应达到能够模拟与黏度和重力相关的过程。例如,CO_2 混相模拟研究中,存在 CO_2 的超溢现象。通过概念模型优化合理的纵向分层策略,结果发现(图 4.35),随着纵向网格步长的减小,采收率减小,这是由于细网格能反映出油藏流体的重力分异作用,即 CO_2 气体的超覆现象,计算结果更加符合实际。

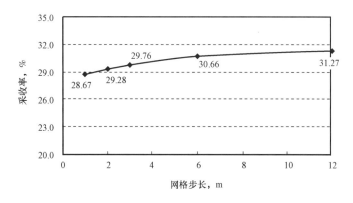

图 4.35　CO_2 混相驱气体超覆合理网格选择

　　同样,对于具有明显韵律特征的厚层,如果不进行纵向网格的细分,则水驱油后的剩余油与韵律之间的关系无法准确体现。如图 4.36 所示的正韵律油层,通过纵向网格细分后,油层顶部及井间的剩余原油刻画得十分清楚。因此,对于底水锥进、地层原油脱气、指状水进等动态现象,都要在适当的区域进行纵向细分网格。其中,纵向局部网格加密是一种较好的处理技术。

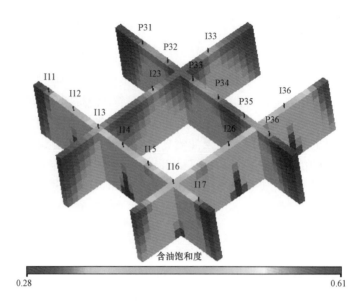

图 4.36　正韵律油层细分后剩余油分布图

除此之外,对于层内含有薄的高渗透层或低渗透夹层、需要拟合纵向饱和度剖面、需要描述部分完井和射孔情况以及水平井优化设计等方面,都要根据不同情况进行纵向网格的细分处理。一个明显的应用实例就是孤东中一区 Ng5^3 层水平井设计研究,由于层内含有薄的夹层,初始纵向网格设计没有考虑夹层的影响,模拟研究后认为没有挖潜空间。后来通过纵向网格的细分设计,将纵向细分为多个小层,并描述夹层传导能力,其研究结果截然不同,夹层上部剩余油富集(图 4.37)。以此研究结果设计一口水平井 9P511,投产初期日产油 23.7t,含水31.7%,效果显著。

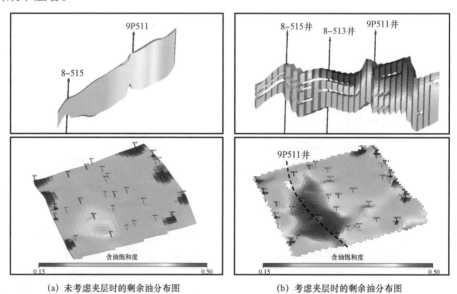

(a)　未考虑夹层时的剩余油分布图　　　　　　(b)　考虑夹层时的剩余油分布图

图 4.37　孤东中一区水平井设计模拟研究实例

4.4.3 数值计算因素

由于网格的不合理设计,还会产生一些数值问题,从而影响模型计算结果的准确性。其中,最重要的是数值分散、网格方向及计算误差。

4.4.3.1 数值分散现象

数值分散是数值计算中的一种人为造成的现象,它可能引起并造成计算的饱和度剖面出现畸形,常常出现在饱和度变化较快的模拟当中。一种有效减小数值分散的方法是增加在流动主方向上的网格数目。然而,网格数目的增大又受到计算成本的限制。因此,减小数值分散应该在网格数量及计算时间上寻找一个平衡点。当然,也可以通过局部网格加密技术或采用拟函数修改相对渗透率曲线的方法减小数值分散的影响。

4.4.3.2 网格方向效应

网格的方向效应是指由于网格相对于注采井方向的不同,而对最终结果产生偏差。如在CO_2混相驱的模拟中,采用常规的五点法差分方式,其五点法井网中的注气井无论在平行网格还是在对角网格中驱替过程严重失真,且在平行网格模型中指进过分严重(图4.38)。为了克服网格方向效应的影响,采用九点差分方式进行流动方程离散后,两种不同方向的网格其驱替过程相同,且与之前发生巨大变化(图4.39),而这种情况与实际状况正好相符。因此,在较高

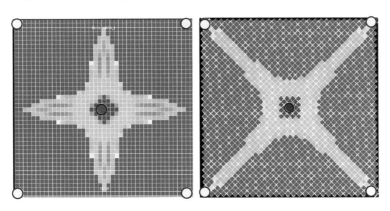

图 4.38 五点差分方式下的网格方向效应

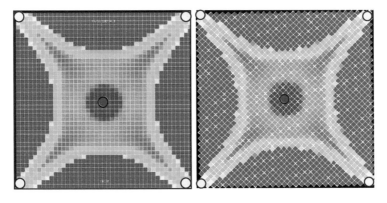

图 4.39 九点差分方式下的网格方向效应

流度比条件下,网格的方向效应会十分强烈,比如气—油或蒸汽—油驱替过程中,需要考虑应用九点流动方程来限制这一影响,但该方法会增加一定的运算量。

4.4.3.3 数值计算误差

由于网格设计所产生的计算误差往往会带来计算不收敛及计算结果出现偏差。计算误差包括舍入误差和截断误差两种,产生的主要原因是网格孔隙体积过小或相邻网格孔隙体积差别过大,或者网格尺寸过大、网格大小变化过大及网格过分扭曲等。因此,应用过程中要尽量避免以上问题。例如在国外某油田模拟研究中(图 4.40),油区到水区的网格尺寸是逐渐增大的。这样处理的优点在于可以有效避免邻近网格之间孔隙体积差异过大,提高运算收敛性,减小计算误差。

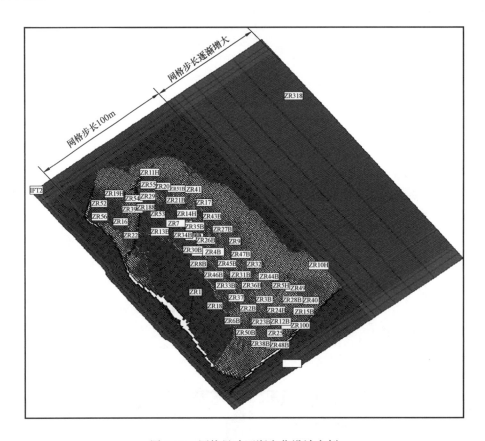

图 4.40　网格尺寸逐渐变化设计实例

4.5　模型质量评价

静态的油藏模型是融合了各不同专业、不同渠道基础数据信息和阶段研究成果的综合体现,由于受客观技术方法和主观认识水平、人为操作等多种因素影响,需要对油藏模型进行全面的质量检查和评估,为油藏数值模拟计算和分析提供可靠的基础。

4.5.1 质量评价方法

静态模型的质量评价主要集中在模型参数的合理性及油藏认识的可靠性两个方面。模型的合理性即为通过离散化处理后的油藏构造、储层等属性参数分布与地质认识是否一致,是否满足油藏数值模拟计算的技术要求;模型的可靠性则体现在油藏地质描述是否与油藏的实际情况相一致,能否准确预测油藏的生产动态。动态历史拟合是检验模型可靠性的重要方法,详细内容见第 7 章,在此不予赘述。下面主要介绍几种模型合理性的评价方法。

4.5.1.1 可视化对比

可视化对比用软件的可视化功能,展示静态模型中油藏构造、储层、流体在空间(平面、剖面或三维)分布的描述结果,例如构造形态、断层组合与切割、砂体展布、储层物性分布及油气水关系等,与已知的井点数据和地质成果认识进行对比,发现矛盾并分析产生的原因。

4.5.1.2 数学统计分析

数学统计分析是应用概率分析方法,统计分析静态模型中储层参数,如孔隙度、渗透率、砂层厚度、有效厚度等分布规律,与已知岩心分析和测井解释等方法得到的参数结果概率分布情况进行对比,定性或定量判断参数分布特征的一致性和存在的误差范围。

4.5.1.3 井抽稀检查

井抽稀检查是在原有建模流程和方法基础上,人为抽出部分井减少已知参数信息量,重新进行插值运算,对比抽稀前后整个模型参数分布规律及井点属性值变化。该方法主要检查模型参数插值算法的合理性,当参数井较少且分布不均匀时,对抽稀前后的对比结果影响较大。

4.5.2 模型评价标准

根据模型评价方法的技术要求,确定模型合理性评价标准。

4.5.2.1 地质特征要素一致性

对所有可以通过二维或三维图形形式显示的油藏地质特征属性,应用可视化检查方法直观观察对比,定性判断其合理性。主要存在以下几种可能的情况。

(1)模型构造面趋势与认识一致。对于所有已进行二维成图的地层构造面,要保证与模型对应层构造面的趋势一致;单井的地质分层数据其相应层面深度数据点要落在模型构造面上;无井控制区、岩性尖灭区、断层夹缝区等部位的构造特征要符合地质的逻辑关系。

(2)断层特征要素刻画合理正确。断层面要穿过断点或者使其近断面分布;同一条断层的上下盘断线应尽量平行;断层的走向和倾向与断点数据分布平行;两条断棱尽量等间距平行,高度相等或者渐变。

(3)模型分层特征信息与认识一致。以小层平面图为主要参考,对比分析模型砂体形态与展布、岩性砂体边界线及有效厚度零线、无井控制的边水水域等特征要素与小层平面图之间的差异,原则上要基本保持一致。

(4)离散网格化属性参数合理正确。网格方向要与砂体主沉积方向基本一致,上下层网格之间不能出现交叉重叠现象,网格形态规则且主体网格正交。应用网格属性过滤功能,检查有效砂体内网格体积不能出现负值现象。

4.5.2.2 属性参数分布一致性

油藏模型的属性参数通常是基于已知的井点解释参数插值得到的,井点原始参数主要来源于岩心分析和测井解释,少量来源于试井解释。数学统计分析和井抽稀对比方法可以定量判断模型属性参数的合理性。

(1)累积频率分布直方图法。

应用数学统计分析方法,绘制直方图比较岩心分析、测井解释、井点粗化和模型网格属性参数值的频率分布特征,判断模型属性参数的合理性。

岩心分析、测井解释、井点粗化和网格属性参数代表了属性模型建立过程中不同阶段的数据处理结果,理论上应该保持其统计规律的一致性。对比不同类别间的数据统计分布特征,可以反映不同环节采用技术方法的合理性问题。例如,岩心分析与测井解释参数的主频值相对误差、主频分布概率相对误差及其分布形态,反映了模型所用测井解释模型的准确性问题;测井解释与井点粗化参数的主频值相对误差、主频分布概率相对误差及其分布形态,反映了模型纵向网格划分的合理性问题;井点粗化与模型网格参数的主频值相对误差、主频分布概率相对误差及其分布形态,反映了平面插值方法的合理性问题。

鉴于此,建立综合考虑以上四类参数的属性参数评价标准,见表4.2。分层、分沉积相统计并绘制不同属性参数的累积分布直方图,按照评价标准分层次分析属性建模过程中的合理性。

表4.2 属性参数一致性评价标准

评价目标	对比指标	评价标准		
		主频值相对误差,%	主频分布概率相对误差,%	分布形态
测井解释公式的准确性	岩心分析	<10%	<5%	基本一致
	测井解释			
纵向网格划分的合理性	测井解释	<10%	<5%	基本一致
	井点粗化			
平面插值方法的合理性	井点粗化	<15%	<10%	基本一致
	模型网格			

(2)参数相关性分析法。

对于开发中后期的老油田,井数多、井网密度大,模型参数信息量相对丰富。针对这类油藏所建立的静态模型,可以采用井抽稀检查方法评价模型质量。

通过绘制井抽稀后模型构造深度、砂体厚度、孔隙度、渗透率等属性参数的井点计算值与实际值相关关系图,根据相关性误差分析,判断井点附近局部区域属性参数分布的合理性。定义相对误差 <5%、5%~15%、>15% 评价结果为好、中、差三级。在此基础上,还可以计算抽稀井点局部区域模型质量较好的井数占总抽稀井数的比例,依据其百分比评价整体模型的质量水平。定义合格井数比 >90%、70%~90%、<70% 评价结果为好、中、差三级。

利用抽稀井评价方法评价胜利坨七西区9^{12}层模型质量。该区共有参数井67口井,抽出9口井后重新插值计算,比较抽出前后井点处的属性值变化(图4.41、图4.42)。可以看出,其中

7 口井的砂体厚度的计算值和实际值相对误差 <15%，占比 78%，该模型整体模型质量评价为"中"。

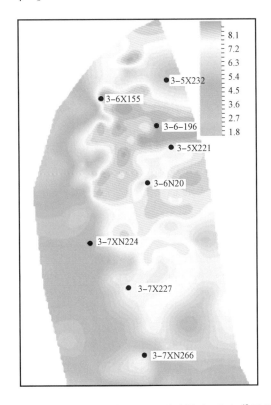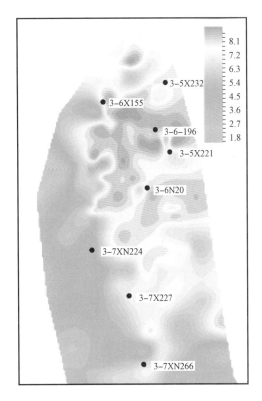

图 4 - 41　胜利坨七西区 9^{12} 层砂体厚度分布图（抽稀井前后对比图）

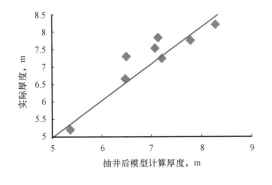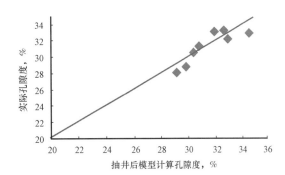

图 4 - 42　胜利坨七西区 9^{12} 层抽稀前后属性参数相关图

4.5.3　不确定性分析

　　模型质量评价解决的是基于现有地质认识上的数据转换误差问题，但不可否认，在整个地质模型建立过程中，时时处处都存在不确定性。例如，基础数据测量的随机性及系统误差、代表性数据的缺失、解释方法的适应性及多解性等。而且这些类别的不确定性产生于油藏模型建立的各个专业及不同研究环节。开展不确定性分析，对于油藏开发技术可行性优选、开发经济评价等重大决策分析具有重要指导意义。

4.5.3.1 不确定性来源

油藏地质模型不确定性的主要来源有以下几种形式。

（1）与数据质量和解释相关的不确定性,这部分内容涉及所有相关基础数据的来源渠道、测量技术、解释方法、处理方法等,第 3 章已做了详细的分析和说明。

（2）与构造和地层模型相关的不确定性,包括构造研究地震解释中的拾取错误和深度转换问题,地层模型建立中的地层对比、油藏流动单元确定及基于油藏内部沉积单元空间结构的地层网格划分问题。

（3）与随机建模和其参数相关的不确定性,包括随机模型选取的主观性及其模型的相关参数选择问题。

（4）与等概率实现有关的不确定性,与油藏地质模型相关的总体不确定性相比,随机函数的统计学变量所产生的不确定性空间更大。

4.5.3.2 不确定性参数识别

如此普遍的不确定性问题给油藏模型的不确定性分析带来极大困难,但对于油田开发而言,问题的关键是要找到影响油藏开发决策指标的最主要参数,这就需要对不确定性参数进行筛选和识别。具体工作程序如下。

（1）确定可能的不确定参数。

油藏模型的不确定性参数众多,因为无法把每一个理论上的变量都作为不确定参数,所以必须关注那些对油藏有影响的关键参数。这取决于对油藏的构造储层特征和主要开发机理的认识和判断,例如,多层整装油藏纵向隔夹层的空间分布及其渗透性大小、复杂断块油藏断层的封堵性、厚层块状油藏的垂向渗透能力大小、边底水油藏的水体大小、裂缝型油藏的窜流系数等。这些参数既存在认识上的难点,又对流体运动规律和开发动态具有重要影响,是关键不确定性参数的主要选择对象。另外,所有与油藏储量相关的地质及流体参数,根据对其认识程度大小,也可以作为不确定参数的考察范围。

（2）定义不确定参数的可变范围。

最简单的方法是对所有的不确定性参数按照一定的百分比进行上下浮动,产生一定的变化范围,如增大 10%、50%、100%,或者减小 10%、50%、100%。这种处理方式虽然简便,但由于不同类型的参数所代表的物理意义不同,相同的数值比例变化并不都能真正反映油藏参数可能的分布范围。例如,储层渗透率可能有几倍甚至十几倍的幅度变化,而孔隙度的变化幅度只能控制在 20% 以内,含油饱和度的可变化幅度更小。因此,这种纯粹的数学扰动建立的不确定性参数变化实际意义不大,同时会产生大量的对比预测方案,大大增加了计算和分析工作量。

比较有效的方法是借助于数学统计、类比分析或经验判断,结合油藏地质认识情况来估算不确定性参数的可变范围。例如,块状底水砂岩油藏的垂直渗透率大小,根据油藏经验一般取值为水平渗透率的 0.1,可以结合纵向隔夹层的分布频率和微裂缝发育情况,确定垂直渗透率与水平渗透率的变化幅度为 0~1.0,因为砂岩油藏中垂直渗透率大于水平渗透率的情况极为少见。

4.5.3.3 模型不确定性评估

模型不确定评估的常用分析方法是敏感性分析,即依据筛选识别的不确定性参数及其变化范围,建立具有统计意义的一套预测方案,通过模型模拟计算,差生一系列的生产曲线,通过这些曲线计算结果进行概率分布统计,以评估模型的不确定性。微小幅度的参数变化就会产生明显的生产指标波动,即为敏感性参数。通过不确定性参数的敏感性研究,一方面可以深化对关键地质参数的认识,一方面可以依据地质参数的不确定性认识程度来评价生产指标的潜在风险,为管理决策提供重要参考。

由于不确定参数计算方案数量巨大,为提高工作效率,节省计算时间,简单、直观、快速的流线模拟技术具有很大优势。正因为流线模拟计算速度快,没有时间步长限制,可以直接对大规模网格的地质模型进行动态指标预测计算。需要说明的是,模型不确定性评估一般用于未开发油田,而对于已开发油田,可以利用流线模拟方法计算对比不确定性参数变化对于动态历史拟合的误差影响,确定历史拟合的可调参数,或者评价分析随机模拟产生的等概率地质模型的可靠性。

◆ 5 模型初始化

5.1 油(气)水系统

油(气)水系统是指具有统一压力系统和油(气)水界面的流体基本聚集单元,即一个单一的油气藏及其外围水体的组合。

5.1.1 静水力学平衡

大多数油藏在发现时及未投入开发前都处于静水力学平衡状态,即油藏中每一点上,流体处于毛细管压力和重力平衡状态,油、气、水在连通的储集体中按照流体密度在垂向上以重力分异规律分布,一般情况下自上而下存在五个流体区,即纯气区、油气过渡带、纯油区、油水过渡带、纯水区(图5.1)。

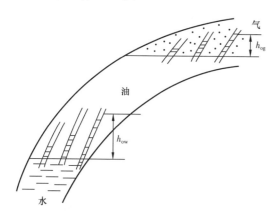

图5.1 油、气、水分布示意图

流体过渡带的产生主要受流体物化性质和储层孔隙结构等因素影响。油藏岩石孔隙可作为一系列大小不同的毛细管,若油藏岩石是均匀的,整个油藏将具有相同的孔隙分布。在油水界面处,由于毛细管力的作用,水将沿各毛细管上升(亲水油藏)或下降(亲油油藏);对于油—气界面,油将沿各毛细管上升(图5.2)。由于各毛细管中水(或油)上升高度不同,因此形成一过渡带。

当流体过渡带储层非均质性较强,岩石—流体毛细管压力关系变化较大,则会形成高低起伏不平的过渡带界面。根据毛细管压力原理,可以得到油气过渡带 h_{og} 及油水过渡 h_{ow} 带高度大小计算公式:

$$h_{og} = \frac{2\sigma_{og}\cos\theta_{og}}{(\rho_o - \rho_g)gr} \tag{5.1}$$

$$h_{ow} = \frac{2\sigma_{ow}\cos\theta_{ow}}{(\rho_w - \rho_o)gr} \tag{5.2}$$

式中 h_{og}、h_{ow}——油气、油水过渡带高度;

σ_{og}、σ_{ow}——油气、油水界面张力;

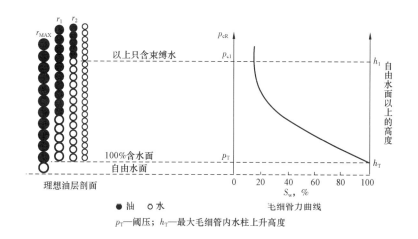

图 5.2　油水过渡带形成机制示意图

θ_{og}、θ_{ow}——油气、油水界面润湿角；

ρ_{o}、ρ_{g}、ρ_{w}——油、气、水的密度；

g——重力加速度；

r——岩石孔喉半径。

由于油气密度差异大,且界面张力和润湿角小,因此油气过渡带高度一般很小,而油水过渡带要比油气过渡带宽。原油越稠,密度越大,油水密度差异越小,油水过渡带越宽。

5.1.2　油气水界面

通常把油藏中油与水之间的接触界面称为油水界面,气藏中气与水的接触界面称为气水界面,带气顶的油藏或带油环的气藏中油与气的接触界面称为油气界面。

各种原始流体界面并非是一个截然分开的面,而是一个具有一定厚度的油水或油气过渡段(带)。过渡段(带)的厚度大小主要受油层渗透率好坏、均匀程度,以及油水或油气密度差异的大小影响。

以边底水油藏为例,根据流体饱和度与生产动态关系,可以依据纵向油水接触关系划分三个不同的界面,把流体划分为四个不同的区域。如图 5.3 所示,三个界面从上到下分别是:

(1)油底界面。油水过渡带的顶界面,此界面以上,孔隙中的含油饱和度达到最大值,含水饱和度等于束缚水饱和度;

(2)油水界面。位于油区底界面以下,随储层深度增加含水饱和度不断增大,含油饱和度逐渐减小,直至含油饱和度等于残余油饱和度处的界面;

(3)自由水面。位于油水界面以下,随储层深度增加,含油饱和度低于残余油饱和度并持续减小,直至孔隙中全部充满水的界面。

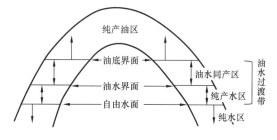

图 5.3　油气水接触关系图

对应的四个区域从上到下分别是：

（1）纯产油区。油底界面以上,储层孔隙中水呈束缚状态,此区域内投产只产油不产水；

（2）油水同产区。油底界面以下、油水界面以上区域,该区间含水饱和度大于束缚水饱和度,含油饱和度大于残余油饱和度,投产油水同出；

（3）纯产水区。油水界面以下、自由水面以上区域,该区间存在微量原油,其含油饱和度小于残余油饱和度呈不流动状态,投产只产水不出油；

（4）纯水区。自由水面以下区域,孔隙内100%充满地层水,投产只产水。

油底界面以下、自由水面以上区域称为油水过渡带,该区间包含油水同产和纯产水两个区。油水过渡带区别于纯水区的最大特点是储层孔隙内存在游离态的水和不同状态的油。矿场为了确定油藏参数,人为地定义油水过渡段中某一深度为该油藏的油水接触面,通常取纯油层的底部界面。

正确判识和划分油气水界面对于油气储量计算、确定布井方式、注采方式及油气层射孔方案具有重要意义。油藏数值模拟中,油气水界面及其过渡带流体饱和度的准确描述,既是精确核实静态地质储量的基础,也是模型流体初始化的重要内容。

5.1.3 油气水界面确定

油气水层判别要以试油资料为依据,以岩心资料为佐证,以测井资料为手段进行综合判识。以构造因素控制为主的油气藏,油气水界面确定主要采用以下两种方法。

5.1.3.1 压力—深度关系曲线法

对于不同的油气水组合系统,可以分别绘制水层原始地层压力、油气层原始地层压力与深度的关系曲线。油水层、油气层两条地层压力与深度关系曲线的交点深度,分别为油水界面深度和油气界面深度(图5.4)。

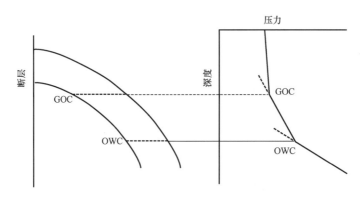

图5.4 油藏压力—深度曲线

5.1.3.2 饱和度—深度关系曲线法

对于不同的油气水组合系统,可以分别绘制构造边部井测井解释或测试饱和度与深度的关系曲线,饱和度随深度增加基本保持不变的位置即为油水界面(图5.5)。

5.1.3.3 相对渗透率曲线与毛细管压曲线法

由相对渗透率曲线可求得束缚水饱和度、残余油饱和度及不同饱和度下的相对渗透率；由

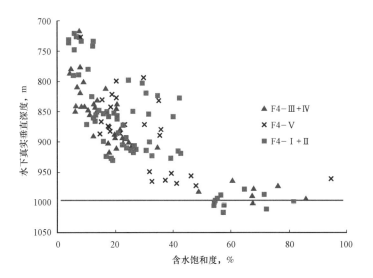

图 5.5 某油田油水界面确定

毛细管压力曲线又可知不同油水饱和度所对应的自由水面以上的高度。因此在储层均一的情况下,将相对渗透率曲线再结合毛细管压力曲线,就可确定油水在储层中的分布,即地层不同高度下的含油饱和度,从而划分出地层中的产纯油区、纯水区及油水同产区等(图 5.6)。

其中,束缚水饱和度对应的液柱高度 A 点代表了该类孔隙体系的油水过渡带顶界,A 点以上只含束缚水,为产纯油区;残余油饱和度对应的液柱高度 B 点代表了该类孔隙体系储层的油水过渡带底界及油水接触面,A、B 点之间油水共存,为油水同产区;100% 含水饱和度对应的液柱高度 C 点代表了该类孔隙体系储层的自由水面,或毛细管压力为零的面,B、C 之间只含残余油,为纯产水区;C 点以下为 100% 含水,也是只产水区。

由此可见,自由水面是一个假想的面,实际上并不存在。受储层非均质影响,同一油水系统中自由水面始终为相同的水平面,但过渡带底界 100% 产水的油水接触面并不相等。储层物性越好,均质性越强,油水接触面与自由水面越接近,反之则相差较大。

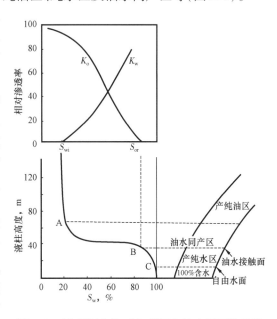

图 5.6 相对渗透率、毛细管压与油水界面关系图

5.1.4 倾斜油水界面

经典水动力理论认为,均质油藏油水界面在静水动力平衡条件下为水平且其水平投影与构造线平行,具有统一的深度。而在实际油藏中,受水动力系统、毛细管压力和新构造运动等

因素影响,同一油藏中油水界面存在差异分布甚至倾斜的状态。

5.1.4.1 水动力因素

根据 Hubbert 理论,水动力条件下油水界面的倾斜程度取决于下伏地层水的流动强度以及运动流体的密度。当区域性水压梯度足够大时,可以使本来应当聚集在背斜构造顶部,呈水平油水界面的油藏,顺水动力方向下移,在背斜构造内形成偏向一翼的油藏。背斜构造适当的闭合高度,与区域性水压梯度的耦合,是形成倾斜油水界面油藏的基本条件。油水界面的倾斜要求地下水具有一定的渗流速度,而形成高强度水压的必要条件是储层在地表一端存在露头作为地下水补给的入口,地表另一端存在露头作为地下水流的出口(图 5.7)。美国怀俄明州西北湖湾油田、南 Glenrock 油藏等存在水动力因素造成的油水界面倾斜的地质现象。

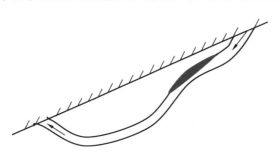

图 5.7　水动力倾斜油水界面

5.1.4.2 毛细管力因素

受沉积环境下的水动力作用,储层物性及孔隙结构特征沿古水流方向存在规律性差异分布。水源方向沉积颗粒较粗,渗透率较高,毛细管排驱压力较低;水流方向沉积颗粒较细,渗透率较低,毛细管排驱压力较高。流体运移成藏过程中,原油分布受控于毛细管压力。储层物性好、排驱压力低的区域,油水界面高;储层物性差、排驱压力高的区域,油水界面低。当物性差异较大时,毛细管压力曲线也存在很大的不同,由此导致油水分别呈现规律性变化,即油水界面沿古水流方向向上倾斜。例如大庆长垣为南北方向河道沉积,沿古水流方向自北向南,岩石物性由好变差,由此导致油水界面南高北低。

5.1.4.3 新构造运动因素

油气成藏全过程可分为前油藏阶段、油藏阶段和后油藏阶段三个阶段,油藏消亡过程的动态油气聚集单元称为"后油藏"。后油藏阶段油气运移的主要动力为浮力和构造应力,运动方式以体积流为主。当构造运动引起圈闭的溢出点发生变化时(如构造翘倾),油气在浮力作用下发生连续的侧向运动;当圈闭的盖层被断层破坏时,油气沿断层发生垂向运动;当油藏被抬升至地表储层上倾方向被削蚀时,油气发生侧向运动和垂向漏失。由于后油藏阶段是一个相对长期的过程,此阶段油气总体表现为散失最后形成残余油,但在散失过程中可能发生多次聚集,这种动态聚集的后油藏通常具有油水界面倾斜的特征。这种后油藏理论突出了油气聚集的动态概念,与传统油藏存在较大差异。例如哥伦比亚 Putumayo 盆地 Puerto Colon 油田的 Caballos 油藏,受新近纪中新世发生的地质构造挤压运动,使已经存在的 Puerto Colon 构造向东发生倾斜,导致油藏从北西—南东方向油水界面逐渐下降,与地层压缩的调整方向一致,油水界面最大高差达 53m。

5.2 初始化方法

初始化是指根据给定的油藏地质、储层物性、流体性质和温压系统,计算油藏初始条件下压力和流体分布状况的过程。模型初始化参数主要包括不同相流体(油、气、水)状态参数(压力、饱和度)和性质参数(溶解油气比、饱和压力等)的空间分布。初始化方法主要有平衡初始化和非平衡初始化两种。

5.2.1 平衡初始化

在给定的饱和度函数(相对渗透率及毛细管压力曲线)、流体界面深度、参考深度下的压力等参数条件下,按照流体静力学平衡原理计算初始油藏流体压力和饱和度分布。

图5.8为网格块(i,j)及其相邻的四个网格$(i-1,j)$、$(i+1,j)$、$(i,j-1)$、$(i,j+1)$,把参数定义在网格块中心。数值模拟模型初始化计算过程为:

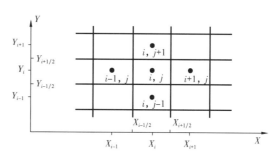

图5.8 块中心网格示意图

5.2.1.1 计算几何参数

网格块几何参数包括网格块孔隙体积、块间渗透率和单相传导率。

各网格块(i,j,k)的孔隙体积:

$$\Delta V_{i,j,k} = \phi_{i,j,k}\Delta x_i \, \Delta y_j \, \Delta z_k \, \text{NTG}_{i,j,k} \tag{5.3}$$

网格块间渗透率又叫连接渗透率,沿x轴两网格单元块中心之间的平均渗透率按照$(K_x)_{i-1,j}$与$(K_x)_{i,j}$的调和平均值计算:

$$(K_x)_{i-1/2,j} = \frac{(K_x)_{i-1,j}\,(K_x)_{i,j}}{(K_x)_{i-1,j}\,\Delta x_i + (K_x)_{i,j}\,\Delta x_{i-1}}(\Delta x_{i-1} + \Delta x_i) \tag{5.4}$$

有时也可用算术平均值计算:

$$(K_x)_{i-1/2,j} = \frac{(K_x)_{i-1,j}\,\Delta x_{i-1} + (K_x)_{i,j}\,\Delta x_i}{\Delta x_{i-1} + \Delta x_i} \tag{5.5}$$

网格块$(i-1,j)$与(i,j)之间的传导率:

$$(T_x)_{i-1/2,j} = \frac{2(k_x)_{i-1/2,j}\,h\Delta y_i}{\mu(\Delta x_{i-1} + \Delta x_i)} \tag{5.6}$$

h为沿Z轴方向的网格单元尺寸,μ为流体黏度。

5.2.1.2 计算初始相压力

首先利用在流体属性部分提供的油、气、水地面密度折算地下密度:

$$\rho_o = \frac{\rho_{o,sc} + \rho_{g,sc} R_s}{B_o} \tag{5.7}$$

$$\rho_w = \frac{\rho_{w,sc} + \rho_{g,sc} R_{sw}}{B_w} \tag{5.8}$$

$$\rho_g = \frac{\rho_{g,sc}}{B_g} \tag{5.9}$$

式中,流体体积系数$B_{o,w,g}$和溶解系数R_s依据差异分离结果得到。

由于在计算地下流体密度时要用到各个网格的初始溶解油气比,依据用户定义的流体性质(包括 API、饱和溶解气油比、泡点压力、饱和溶解油气比 OGR 和露点压力等)与深度变化关系表插值求得。

基于已知油水界面深度Z_{woc}处和压力p_{woc},结合油、水地下密度,从油水界面开始计算油水界面以上各网格中心(或结点)处其他深度处的油、水相原始压力:

$$p_o(z_{i,j,k}) = p_{woc} - g\rho_o(Z_{woc} - Z_{i,j,k}) \tag{5.10}$$

$$p_w(z_{i,j,k}) = p_{woc} - g\rho_w(Z_{woc} - Z_{i,j,k}) \tag{5.11}$$

同理,从油气界面深度Z_{Goc}计算油气界面以上各网格中心(或结点)处其他深度处的气相原始压力:

$$p_g(z_{i,j,k}) = p_c(Z_{Goc}) - g\rho_g(Z_{Goc} - Z_{i,j,k}) \tag{5.12}$$

根据公式(5.10)至公式(5.12)可以绘制如下垂向相压力分布图(图5.9):

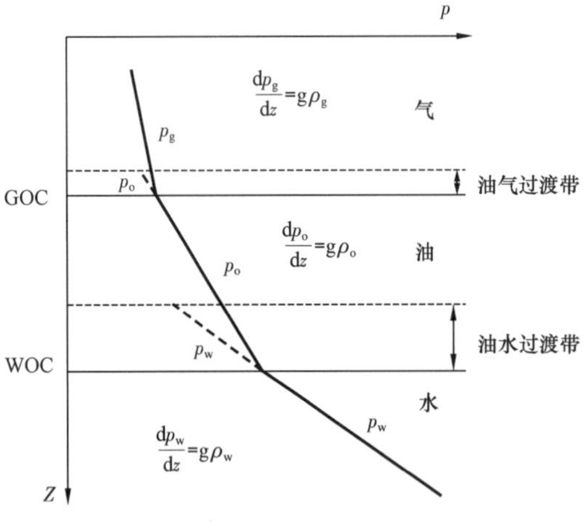

可以看出,在初始平衡状态下,油藏流体垂向上从上到下分为五个区:纯气区、油气过渡区、纯油区、油水过渡区、纯水区。在纯油、气、水区域内,流体的垂向相压力梯度大小与流体密度相关,即:

$$\frac{\mathrm{d}p_i}{\mathrm{d}z} = g\rho_i \ (i = o, g, w) \tag{5.13}$$

流体过渡带高度和饱和度的分布取决于油气、油水相间毛细管压力。

图 5.9 垂向流体相压力分布

5.2.1.3 计算相间毛细管力

由每个网格的油、气、水相压力计算油水和油气毛细管压力,计算公式为:

$$p_{cow}(z) = p_o(z) - p_w(z) \tag{5.14}$$

$$p_{cgo}(z) = p_g(z) - p_o(z) \tag{5.15}$$

参照图5.9可知,过渡带内垂向不同位置处的毛细管压力大小等于两条相压力线(实线和虚线)的间隔差值。在纯水相、纯油相的顶界,即过多带的底界,相间毛细管压力为0;在纯油相、纯气相的底界,即过渡带的顶界,相间毛细管压力达到最大值。

5.2.1.4　计算初始饱和度

计算初始相压力之后,初始化程序会为每一个网格赋予相饱和度。其赋值的方法可以分为两类。

一类是纯油、气、水区域流体相饱和值。饱和度值大小取决于用户定义的饱和度函数表(即相对渗透率曲线)的端点值,计算顺序是先求取水相、气相饱和度,油相饱和度通过三相饱和度归一的原则计算得到(图 5.10)。

对于纯气区,气相饱和度(S_g)等于输入的气相饱和度函数表中最大的含气饱和度值(S_{gmax});水相饱和度(S_w)等于输入的水相饱和度表中的最小含水饱和度值(S_{wmin}),即原生水(S_{wcr})或束缚水饱和度(S_{wco})值;油相饱

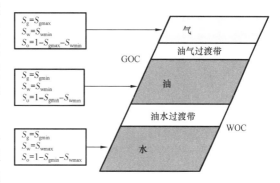

图 5.10　不同流体区相渗曲线端点取值示意图

和度(S_o)等于$1 - S_{gmax} - S_{wmin}$。通常而言,在不考虑原油凝析或油侵情况下,气区内的含气饱和度等于$1 - S_{wco}$,含油饱和度等于0。

对于纯水区,水相饱和度(S_w)等于输入的水相饱和度表中的最大含水饱和度值(S_{wmax});气相饱和度(S_g)等于输入的气相饱和度表中的最小含气饱和度值(S_{gmin}),即原生气饱和度(S_{gcr})值;油相饱和度(S_o)等于$1 - S_{wmax} - S_{gmin}$。通常而言,水区内的含水饱和度取值为1,含气饱和度取值为0。

对于纯区区,水相饱和度和气相饱和度均等于输入饱和度含水表中的最小值,含油饱和度等于$1 - S_{gmin} - S_{wmin}$。通常而言,等于$1 - S_{wco}$。

另一类是过渡区内的流体相饱和度赋值。该区域内的相饱和度受毛细管压力控制,而相间毛细管压力已通过计算任意深度处相间压力差得到。利用计算得到的毛细管压力值,结合用户提供的饱和度含水表中的毛细管压力曲线反查计算含水和含气饱和度,含油饱和度值通过三相饱和度归一的原则计算得到(图 5.11)。

例如,某油藏初始化平衡后纯油、纯水、纯气区相饱和度大小如图 5.11 所示,油区内初始含水饱和度为 0.23,初始含油饱和度为 0.77。在油水过渡带某深度位置处通过油、水相静压力差值计算油水毛细管压力 P'_{cow},利用该毛细管压力值反查油水毛细管压力曲线得到对应的含水饱和度为 0.25,计算含油饱和度为 0.75。

值得注意的是,理论上当含水饱和度为 0 时,水相毛细管压力曲线趋于无穷大。但实际上毛细管压力曲线最大值在束缚水饱和度处终止,这样才能保证毛细管压力在最小含水饱和度处的连续性和计算的收敛性。

由流体相饱和度的初始化计算方法可知,纯油、纯气、纯水区的流体相饱和度值大小受用户提供的相对渗透率曲线饱和度端点值影响,过渡带的饱和度分布受用户提供的毛细管压力曲线形态及毛细管压力端点值的影响。如果模型初始化的饱和度分布与测井分析、动态监测

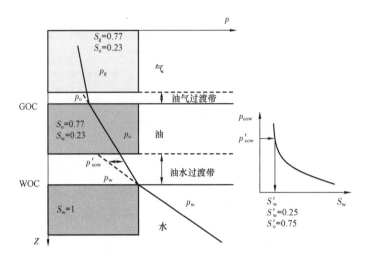

图 5.11　过渡带相饱和度计算示意图

结果存在较大偏差时,需要重点关注输入饱和度函数表(相对渗透率曲线及毛细管压力曲线)的正确性,以及饱和度端点的一致性,必要时在历史拟合过程中做合理性修正。

5.2.1.5　计算流体初始体积

在已知网格各相流体物性、压力和饱和度情况下,初始化程序可以按照用户的任意分区原则计算单网格或分区单元流体初始体积及相关的平均参数。假设单个网格的孔隙体积用 ΔV_p 表示,则

油藏(或分区)总孔隙体积:

$$V_p = \sum_T \Delta V_p \tag{5.16}$$

油藏(或分区)中油的体积:

$$NB_{oi} = \sum_T S_o \Delta V_p \tag{5.17}$$

油藏(或分区)中水的体积:

$$WB_{wi} = \sum_T S_w \Delta V_p \tag{5.18}$$

油藏(或分区)中平均含水饱和度:

$$\overline{S}_w = \frac{WB_{wi}}{WB_{wi} + NB_{oi}} \tag{5.19}$$

油藏(或分区)中自由气的体积:

$$GB_{gi} = \sum_T S_g \Delta V_p \tag{5.20}$$

标准条件下原油地质储量:

$$N = \sum_T \frac{S_o \Delta V_p}{B_{oi}} \tag{5.21}$$

标准条件下天然气地质储量：

$$G = \sum_T \frac{R_{si}S_o\Delta V_p}{B_{oi}} + \sum_T \frac{S_g\Delta V_p}{B_{gi}} \qquad (5.22)$$

式中　B_{oi}、B_{gi}、B_{wi}——原始状态下原油、天然气和水的体积系数；

　　　　S_o、S_g、S_w——某个网格或分区单元内的含油、含气、含水饱和度。

利用以上参数的计算结果，与容积法储量计算结果进行对比，可以较好地指导开展储量核实和静态参数修正。

5.2.2 非平衡初始化

5.2.2.1 列举法

列举法就是显式地指定每一个网格的初始参数值来定义模型的初始条件。由于模型初始化参数类型多（压力、饱和度、溶解油气比等），数据量大，采用人工指定方式想保证初始静水力平衡几乎是很难实现的。因此，只有在提供了足够充足且准确的数据条件下，才选择列举方式的平衡初始化方法，且要考虑到人为赋值的网格压力和饱和度参数，与输入的毛细管压力和饱和度曲线是否匹配。

例如，对于初始含水饱和度的分布，可以在全油藏储层范围内进行井下含水饱和度取样，然后用插值产生平面图，或者用相关分析的方法产生全油藏范围内初始含水饱和度 S_w 的分布。毛细管力必须与初始含水饱和度一致，否则初始解就不会是稳定的。但是，由于含水饱和度是在相对比较小的范围内测量的，然后外插到整个油藏范围，所以毛细管力也必须进行同样的粗化。但是这个过程可能非常困难，而且一旦完成，任何在历史拟合过程中，对初始含水饱和度的调整之后，都必须对粗化的毛细管力进行调整。

由此可见，对于平衡初始化，列举法不是一种理想的选择，一方面要获取全油藏的饱和度和压力分布，另一方面还要保证毛细管压力与饱和度的一致性处理，应用中存在较大的风险。

但是，列举法为非平衡初始化条件的模拟提供了技术可能。例如，由于历史数据的缺失只能获取当前油藏的非平衡状态参数，或者油藏本身处于动平衡状态，例如油水界面倾斜或呈起伏状态，列举法直接定义油藏压力和饱和度参数，油水的运动规律受控于后续的开发行为，毛细管压力与饱和度的匹配关系弱化为较为次要的因素。

5.2.2.2 重启法

所谓重启，是指利用从之前某个时间步的计算结果作为继续计算的初始模型，即把上一次计算的输出作为下一次计算的初始输入。

重启的目的是可以在任意指定的时间处开始模拟运算，而不需要重复之前的模拟计算，从而缩短整个模拟时间。例如，历史拟合结束后需要进行产量预测，在进行产量预测计算时，不需要再从历史拟合开始时进行计算，可以直接从历史拟合结束的时间接着往下算，这就需要重启。

重启计算要直接从之前的运算结果中获取模型初始化数据，得到每一个网格块的压力、饱和度等参数。因此，要进行重启计算，首先要定义重启时间步的输出，即记录、保存当前时间步计算状态和结果数据的重启文件。可以采用多文件输出格式输出每时间步，每月，每年或每隔几月几年重启时间步文件,也可以采用单文件输出格式把所有时间步的数据输出到一个统一的文件。

重启文件记录了一个对模拟在输出时间时状态的完整的描述,包括每时间步模型压力分布、饱和度分布、溶解油气比分布,同时也记录所有井的井位、射孔位置、产量控制。不过重启文件没有记录垂直管流表(VFP 表)信息,所以在应用垂直管流表功能时要记住重启时需加上垂直管流表。

依据重启计算时是否计算网格传导率参数将重启分为快速重启和完全重启两种。快速重启不需要重新处理计算网格的传导率,对于大规模网格模型重启计算速度快,可以有效节约计算时间。完全重启则需要重新处理模型的静态属性参数,计算网格传导率,重启计算时间长,但允许对历史拟合部分参数进行修改,有利于满足更加灵活的应用需求。例如,开展分阶段历史拟合时,可以应用完全重启法在每个阶段时间点设置重启计算,把每一阶段的拟合结果视作下一阶段拟合的重启。

5.2.3　初始饱和度校正

前面介绍了油藏初始相饱和度的计算方法,对于一个常规的流体模型,按照一个标准化的饱和度函数表平衡初始化后,其流体饱和度呈区域性单一分布,即同一油水系统内纯油区、纯水区、纯气区饱和度为一个饱和度平均值,过渡区饱和度根据毛细管压力曲线平衡处理。然而,真实的流体饱和度往往在空间上分布不均匀,且过渡带上的饱和度分布也因毛细管压力曲线的代表性问题无法与实际测试结果完全一致,这就需要对初始饱和度进行校正。

5.2.3.1　饱和度函数标定

要实现饱和度空间分布的非均匀描述,需要每一个网格具有不同的束缚水饱和度和残余油饱和度,仅有的一条或几条相对渗透率曲线无法描述,这就要求对饱和度函数进行标定。

所谓的饱和度函数(相对渗透率曲线数据表)标定就是对饱和度函数中的各端点值进行重新定义,在不改变油水相对渗透率大小的条件下,调整初始饱和度大小。例如,对于一个油水两相模型,饱和度含水表中存在 4 个端点,即束缚水饱和度 S_{wco},临界水饱和度 S_{wcr},最大水饱和度 S_{wmax},残余油饱和度 S_{ocr}。模型可以定义任意网格的以上 4 个端点值,当需要计算一个特定饱和度下的毛细管压力和相对渗透率时,可通过线性变换求得一个相应的饱和度,然后在相渗曲线表中查得该饱和度对应的毛细管压力及相对渗透率值。

饱和度的线性变换公式为:

$$\frac{S_u^s - S^s}{S_u^s - S_1^s} = \frac{S_u^t - S^t}{S_u^t - S_1^t} \tag{5.23}$$

公式中上标 s 和 t 分别表示用户定义标定值和原始饱和度函数数据表值,u 和 l 分别表示上(UP)下(LOW)饱和度端点值,在油水两相系统中,对于油相相渗曲线分别表示原始含油饱和度($1 - S_{ocr}$)和束缚水饱和度(S_{wco}),对于水相相对渗透率曲线分别表示最大水饱和度(S_{wmax})和临界水饱和度(S_{wcr})。

标定过程如下:假设某网格含水饱和度为 S,标定束缚水饱和度 S_{wco},标定临界水饱和度 S_{wcr},标定残余油饱和度 S_{ocr},标定最大水饱和度 S_{wmax},它属于一个饱和度函数区域;与之对应的未标定的束缚水饱和度 S'_{wco}，未标定临界水饱和度 S'_{wcr}，未标定残余油饱和度 S'_{ocr}，未标定最大水饱和度 S'_{wmax}，它属于另一个饱和度函数区域。从区间 $[S_{wco}, 1 - S_{ocr}]$ 上一点 S 到区间 $[S'_{wco}, 1 - S'_{ocr}]$ 上的一点 S' 可通过它们之间的线性变换关系求得，进而通过毛细管力函数表查得 S' 对应的毛细管力值；从区间 $[S_{wco}, 1 - S_{ocr}]$ 上一点 S 到区间 $[S'_{wco}, 1 - S'_{ocr}]$ 上的一点 S' 可通过它们之间的线性变换关系求得，进而通过油相相渗曲线表查得 S' 对应的油相相渗值；从区间 $[S_{wcr}, S_{wmax}]$ 上一点 S 到区间 $[S'_{wcr}, 1 - S'_{wmax}]$ 上的一点 S' 可通过它们之间的线性变换关系求得，进而通过水相相对渗透率曲线表查得 S' 对应的水相相渗值。

按照以上的标定方法，实际上是将相对渗透率曲线沿着饱和度轴进行水平方向的拉伸或压缩。这种处理方式改变了相对渗透率的饱和度端点值，但保持了端点处的相对渗透率值不变，其余饱和度对应的相对渗透率值被重新计算。其标定前后的相对渗透率曲线变化示意图如图 5.12 所示。

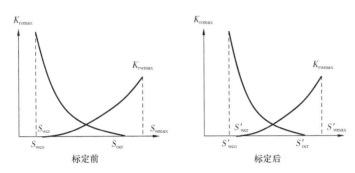

图 5.12　相对渗透率曲线标定示意图

当对模型每一个网格重新赋予端点饱和度值进行标定时，相当于每一个网格产生一条不同的相对渗透率曲线，应用该曲线的饱和度函数平衡初始化模型，会产生非均匀的原始饱和度分布，提高了饱和度描述的精度。

5.2.3.2　过渡带饱和度校正

通常情况下，处于静水力平衡的油水界面为一水平面。由于油水界面附近网格方向、大小的不规则性，很难保证所有网格的边界线正好与水平油水界面重合，往往是油水界面穿过大量网格。由于块中心平衡模拟模型把网格块中心深度处的饱和度作为整个网格块饱和度，这样会导致许多中心高于油水界面的网格块落入水区，而中心低于油水界面的网格块落入油区，油水界面被模拟为锯齿状，初始原油储量计算不精确。即便如此，块中心平衡得到的油藏初始模型其压力、饱和度和毛细管压力是统一的，流体处于稳定状态。为此，为了提高油水界面穿过网格情况下的饱和度及储量的描述精确，需要进行两种校正处理。

（1）静平衡校正。

该方法首先采用精细网格划分方法把每一个穿过油水界面的网格细分为 $2N$ 个子网格，各子网格中的相饱和度按照块中心平衡方式计算，所有细分子网格的饱和度算术平均（或孔隙体积加权平均），即为网格块总饱和度（图 5.13）。这种处理的网格饱和度与原块中心平衡计算的饱和度有所差异，储量精度提高了，但也会导致因网格块饱和度与毛细管压力不一致而产生不稳定的初始状态。为此，可以对这些网格的毛细管压力应用端点平衡功能，或者调整水和气的静压力梯度,强制毛细管压力与饱和度一致,实现流体初始稳定,防止零平衡运算时网格间的流体流动。

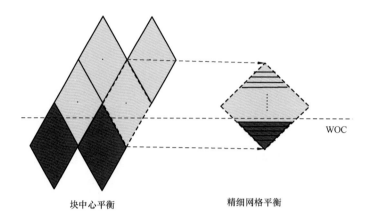

块中心平衡　　　　　　精细网格平衡

图 5.13　静平衡校正示意图

(2)可动流体校正。

对于处于过渡带处的网格,由于块中心平衡处理方法把网格块中心位置的饱和度作为整个网格的饱和度,这样当油水界面位于网格块中心上部时,整个网格块的饱和度取值高于实际平均饱和度,当油水界面位于网格块中心下部时,整个网格块的饱和度取值低于实际平均饱和度,由此导致该区域网格的可动储量计算值偏高或偏低,必须对其进行校正。校正的基本方法如下。

图 5.14 为过渡带一典型网格块流体饱和度及储量分布示意图。图中,网格块体积为 V,网格块上下被油水界面分为水区和过渡带,过渡带中可动油体积为 A,残余油体积为 B,则网格块孔隙体积 V 为:

$$V = A + B + C + D \tag{5.24}$$

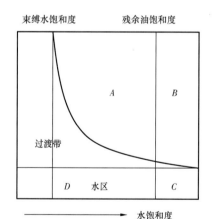

图 5.14　网格块中流体储量
分布示意图

式中,$A + B$ 为含油体积,$C + D$ 为含水体积。

平均含油饱和度 S_o 为:

$$S_o = \frac{A + B}{V} \tag{5.25}$$

残余油饱和度 S_{owcr} 为:

$$S_{owcr} = \frac{B + C}{V} \tag{5.26}$$

可动油饱和度 S_{omob} 为:

$$S_{omob} = S_o - S_{owcr} = \frac{A - C}{V} \tag{5.27}$$

则可动油体积 V_m 为：

$$V_m = V \times S_{omob} = A - C \tag{5.28}$$

这样计算得到的可动油体积较实际减小了体积 C。可以通过采用拟临界饱和度方法予以校正，具体步骤为。

第一步，采用精细网格划分方法将网格单元纵向分为 N 个小层，计算确定各小层的含油饱和度 S_{oi}、临界含油饱和度 S_{ocri}、孔隙体积 $V_i(i=1,2,\cdots,N)$。

第二步，计算每个小层的可动油体积 V_{mi}：当 $S_{oi} < S_{ocri}$ 时，则 $V_{mi} = 0$；当 $S_{oi} > S_{ocri}$ 时，则 $V_{mi} = V_i(S_{oi} - S_{ocri})$。

第三步，计算整个网格单元的可动油体积 V_m 和总油体积 V_T：$V_m = \sum V_{mi}$；$V_T = \sum V_i S_{oi}$。

第四步，计算整个网格单元的平均含油饱和度 S'_o 和平均可动油饱和度 S'_{om}：$S'_o = V_T / \sum V_i$；$S'_{om} = V_m / \sum V_i$。

第五步，计算整个网格单元的拟临界含油饱和度 S'_{ocr}：对于处于过渡带上的网格单元，其拟临界含油饱和度 $S'_{ocr} = S'_o - S'_{om}$；对于过渡带以外的网格单元，其拟临界含油饱和度 $S'_{ocr} = \sum V_i S_{ocri} / \sum V_i$。

至此，完成可动流体校正。

5.2.4 零平衡检查

对于平衡初始化模型，为检验模型初始化处理参数的合理性，需要对模型进行零平衡检查。所谓零平衡检查，就是使模型在产注量为零的情况下，从历史拟合的起始时间运算到动态预测结束，分析油藏压力、饱和度变化及不同平衡系统之间的流体交换量。合理的平衡初始化模型满足在零平衡运算过程中，其初始的压力和饱和度基本保持不变，平衡区间没有流体交换。

5.3 水体描述

5.3.1 认识水体

油气藏在成藏过程中始终与地层水接触，当油气聚集成藏在静水压力平衡作用下，构造低部位含油圈闭外围存在一定体积的水层，称之为水体。

水体作用的大小是通过水层的膨胀能量补充和水的侵入来实现的。由于水体的存在，油藏在开采过程中，会产生油藏压力下降，并以有限的速度向外与油藏水力连通的水层传播，从而引起水的膨胀和侵入。不同的水体形状、大小及其渗透能力对油气藏开采的影响差异较大。

水体的形状常常通过区域地质研究得到，由于水层资料信息少，其形状只能通过简单的几何特征(圆形、半圆形或线性)来粗略地描述，如图 5.15 所示。

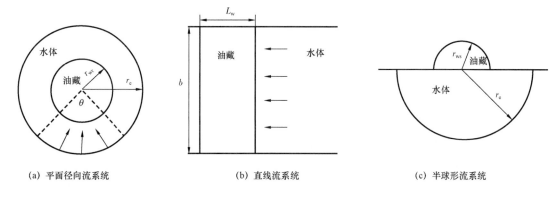

图 5.15　三种水体形态分布示意图

　　油藏水体的大小一般用水体指数来描述,即为水体体积与油层原油体积之比。水体的渗透率反映了水层与油层的连通性能。水体体积越大,渗透能力越强,则水体作用越大。如油气储层与水层之间存在非渗透遮挡带或水层渗透率极低,即使水体体积很大,水体作用发挥也有限,这种情况下水侵的影响可以忽略。

5.3.2　油藏水侵动态

　　为正确估算与水层连通的油藏未来产能和压力动态,有必要深入了解水侵动态特征及水侵量计算方法。

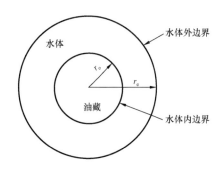

图 5.16　油藏与水体关系示意图

5.3.2.1　无限与有限水体

　　油藏与水层相连,原油采出导致油藏压力下降,地层水自水层补充侵入油藏。这里,可以把油藏整体看作是一口对周围水层进行排水的巨大的井(图 5.16)。水的侵入动态取决于水层本身的状态属性以及水层与油层之间的对比关系。当水层面积巨大,或水层与外部敞开的天然水域相连,油藏开采过程中产生的压力降落很快被外部水侵补充,水体表现出充足的能量供给,可称之为无限大水体。同理,当与油层相连的水层面积有限,油藏开采过程中水侵速度缓慢,部分减缓油藏能量下降,这类水体称之为有限水体。

5.3.2.2　稳态与非稳态水侵

　　不同的水体大小和形态,不同的水层渗透率,水侵动态特征不同。按照水侵的流动状态,把水侵分为稳态水侵和非稳态水侵两种。

　　(1)稳态水侵。

　　为了方便说明,定义单位压差下的水侵流量为水侵系数。油藏开采过程中,随着地层压力的下降,外域水侵减缓压降速度,当水侵速度与采出速度平衡时,地层压力保持稳定。当采液速度变化时,水侵速度自动调节至新的地层压力水平下保持与采出速度的平衡。在这个过程中,水侵系数保持恒定的常数不变,这种水侵速度或水侵流量不随时间变化的水侵模式称之为稳态水侵(或定态水侵)。

其水侵量速度计算公式为：

$$q_e = J(p_i - p) \tag{5.29}$$

式中　q_e——水侵速度，m^3/ks；

　　　p_i——油藏原始压力，即水体外边界压力，MPa；

　　　p——油藏目前压力，即水体内边界压力，MPa；

　　　J——水侵系数，$m^3/(ks \cdot MPa)$。

累计水侵量计算公式为：

$$w_e = \int_0^t q_e dt = J \int_0^t (p_i - p) dt \tag{5.30}$$

实现稳态水侵的先决条件是水体的渗透能力极强，油藏的压力变化很快就可以传播到水体。符合稳态水侵的油藏条件存在两种情况。

一是具有无限大水体，水体倍数大于 10 倍以上，可以为油藏提供足够的能量，开采过程中油藏的压降永远传播不到水体外边界。该水侵模式反映的是具有恒定外边界压力的水层向油藏的水侵动态，忽略了油藏中压力变化引起的任何瞬变效应。当水层体积不大，但与地表广阔的天然水域相连，形成定压边界，也可以达到稳态水侵。

二是特小型水体，水体倍数接近 1 倍左右，油藏压降变化瞬时传遍整个水体，即水层中任意位置的压力在任何时刻都与油藏外边界(水体内边界)压力相等。该水侵模式反映的是依靠水层中水的膨胀和油层中岩石的压缩而引起的水侵动态，忽略了油藏中压力变化引起的任何瞬变效应。

这种水侵模式的累计水侵量计算公式为：

$$w_e = V_w C_t (p_i - p) \tag{5.31}$$

式中　C_t——水体总压缩系数，MPa^{-1}，$C_t = C_w + C_p$；

　　　V_w——水体中水的体积，m^3；

　　　C_w——水的压缩系数，MPa^{-1}；

　　　C_p——岩石的压缩系数，MPa^{-1}。

其水侵速度计算公式为：

$$q_e = - V_w C_t \frac{dp}{dt} \tag{5.32}$$

此方法应用于展布有限且渗透率高的水层，油层压力与水层压力同步下降。

(2)非稳态水侵。

在油藏开采过程中，当水侵速度(或水侵量)随时间发生变化，按照定态水侵公式计算出的水侵系数逐渐减小，这种水侵模式称为非稳态水侵。根据不同的水体形态及其流动特征，提供三种水侵量计算方法。

一是层状边水油藏平面径向流系统，即油藏和水体系统构成一个圆形或扇形的地层，水侵沿着径向流动方向进行(图 5.15a)。水侵量遵照范弗丁根(Van Everdingen)和赫斯特(Hurst)方法计算,公式为:

$$W_{\mathrm{e}} = B_{\mathrm{R}} \sum_0^t \Delta p_{\mathrm{e}} W_{\mathrm{eD}}(t_{\mathrm{D}}, r_{\mathrm{D}}) \tag{5.33}$$

$$B_{\mathrm{R}} = 2\pi r_{\mathrm{WR}}^2 h\phi C_{\mathrm{t}} \frac{\theta}{360} \tag{5.34}$$

$$t_{\mathrm{D}} = \frac{Kt}{\phi \mu_{\mathrm{w}} C_{\mathrm{t}} r_{\mathrm{WR}}^2} \tag{5.35}$$

$$r_{\mathrm{D}} = \frac{r_{\mathrm{e}}}{r_{\mathrm{WR}}} \tag{5.36}$$

式中　Δp_{e}——油藏内边界(即油藏平均)的有效地层压降,MPa;

　　　W_{eD}——无量纲水侵量,无量纲生产时间t_{D}和无量纲半径r_{D}的函数;

　　　B_{R}——水侵系数,$\mathrm{m}^3/\mathrm{MPa}$;

　　　r_{WR}——等效油藏半径,m;

　　　ϕ——水层的有效孔隙度;

　　　h——水层的有效厚度,m;

　　　C_{t}——水体总压缩系数,MPa^{-1};

　　　θ——油藏的水侵角,(°);

　　　K——水层的有效渗透率,mD;

　　　μ_{w}——地层水的黏度,$\mathrm{mPa \cdot s}$;

　　　r_{e}——水体半径(即水体外边界),m。

　　二是直线流系统,即油藏和水体构成一个直线流系统,水侵沿着直线方向进行(图 5.15b)。水侵量按照纳沃尔(Nabor)和巴勒姆(Barham)方法计算,公式为:

$$W_{\mathrm{e}} = B_{\mathrm{L}} \sum_0^t \Delta p_{\mathrm{e}} W_{\mathrm{eD}}(t_{\mathrm{D}}) \tag{5.37}$$

$$B_{\mathrm{L}} = bh L_{\mathrm{w}} \phi C_{\mathrm{t}} \tag{5.38}$$

$$t_{\mathrm{D}} = \frac{Kt}{\phi \mu_{\mathrm{w}} C_{\mathrm{t}} L_{\mathrm{W}}^2} \tag{5.39}$$

式中　B_{L}——直线流系统水侵系数,$\mathrm{m}^3/\mathrm{MPa}$;

　　　b——水体宽度,m;

　　　L_{w}——内水体界面到外水体界面的长度,m。

　　其他参数同前。

　　三是块状底水油藏半球形流系统,即油藏和水体是一个底水半球形流系统,水侵沿着球半径方向进行(图 5.15c)。水侵量按照查塔斯(Chatas)方法计算,公式为:

$$W_{\mathrm{e}} = B_{\mathrm{S}} \sum_0^t \Delta p_{\mathrm{e}} W_{\mathrm{eD}}(t_{\mathrm{D}}, r_{\mathrm{D}}) \tag{5.40}$$

$$B_{\mathrm{S}} = 2\pi r_{\mathrm{WS}}^3 \phi C_{\mathrm{t}} \tag{5.41}$$

$$t_D = \frac{Kt}{\phi \mu_w C_t r_{WS}^2} \tag{5.42}$$

$$r_D = \frac{r_e}{r_{WS}} \tag{5.43}$$

式中 B_S——球形流系统水侵系数,m³/MPa;

r_{WS}——油藏等效半径,m。

其他参数同前。

在水侵量计算过程中,可以根据不同的水体供水流动系统特征,选择不同的水侵量计算方法。整个油藏压力变化曲线离散成不同的阶段,根据各阶段求出的无量纲时间t_D,结合无量纲半径r_D大小,通过查找相应曲线图版求得各阶段无量纲水侵量W_{eD},乘以阶段压降即为阶段水侵量。整个压降过程中的累计水侵量等于各阶段水侵量之和。

5.3.3 油藏模拟水体描述

水体的类型和大小对于油藏动态具有直接的影响。油藏数值模拟可以应用三类五种水体,分别是网格水体、数值水体、解析水体(包括 Carter – Tracy、Fetkvovick 及恒流量水体)。不同类型的水体具有不同的特点、不同的数据要求和一定的适用条件,可以根据油藏描述的认识结合动态历史拟合与分析综合设定。

5.3.3.1 网格水体

网格水体就是将低于油水界面以下的几个或多个网格视为水体,通过调整网格的孔隙体积来描述水体大小。

在具有边底水的油藏模拟中,可以将模拟网格人为地扩展到油水界面以下,但不包含所有的水域。为了反映实际水体的能量,选择与油水界面以下的部分或全部网格,通过修改孔隙体积乘子或网格属性来拟合测量得到的水体特征。这种描述方法虽然灵活方便,但应用中存在一定局限。

一是此类水体一般用于有限水体的模拟,只有模拟的水区与油区相比很小时,该方法才是一种有效的方法。因为从理论上讲,对于比油区大很多的水体,可以通过增大水区网格块的孔隙体积来实现,但当水体网格的孔隙体积比它相邻网格块的孔隙体积大于超过 3 个数量级时,就可能会引起流通量相关的收敛性问题。二是描述水体的网格与其他网格一样,在计算过程中也要求解其相压力、饱和度和溶解气油比。因此,当水体包含的网格块很多时,会极大地增加运算时间。

5.3.3.2 数值水体

数值水体就是选择几个多余的网格块或低于油水界面的网格块充当水体,并且专门指定水体与油区或气区的连接(连接位置、方向、传导能力等)。由于该水体借用模型中的具体网格充当水体,为了防止水体单元与其相邻单元间发生流动,模拟器自动设置水体网格与相邻网格的传导能力为 0,且一旦被确定为水体网格,无法再通过其他方式来使水体网格无效,水体的性质与所在网格的原始性质之间没有关联。

数值水体虽然定义在模型网格上,其实际的体积大小和渗流能力通过给定的面积、长度、

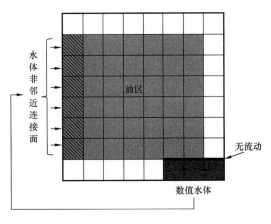

图5.17 数值水体连接示意图

孔隙度、渗透率等参数确定,模拟过程中可以根据油藏认识进行修改。此类水体适用范围较广,可以较好地描述实际水体状况。

图5.17为数值水体连接示意图。定义网格$(6-8,8,1)$为数值水体,通过非相邻连接到油藏网格$(1,2-7,1)$边界。

水体网格内的流动路径为:从$(8,8,1)$到$(7,8,1)$到$(6,8,1)$,再从水体网格$(6,8,1)$流到油藏网格。水体网格单元间(第i和第j网格单元间)传导率是跟邻近两个水体网格之间的接触面大小、网格的长度和渗透率相关的数,用OLDTRAN块中心法计算,计算公式为:

$$T_R = \frac{C_D}{1/T_i + 1/T_j} \qquad (5.44)$$

$$T_i = \frac{2 K_{xi} A_{xi}}{\Delta y_i} \qquad (5.45)$$

$$T_j = \frac{2 K_{xj} A_{xj}}{\Delta y_i} \qquad (5.46)$$

式中 C_D——达西常数;

K_{xi}——i网格的渗透率,mD;

A_{xi}——i网格的横截面,m^2;

Δy_i——i网格的长度,m。

水体网格$(6,8,1)$与油藏网格$(1,2-7,1)$间的传导率采用笛卡尔网格传导系数计算方法,计算公式为:

$$\frac{1}{T} = \frac{1}{T_{aq}} + \frac{1}{T_{grid}} \qquad (5.47)$$

$$T_{aq} = \frac{2 K_{aq} A_{aq}}{L_{aq}} \qquad (5.48)$$

式中 T_{aq}——水体网格传导率;

T_{grid}——油区网格传导率;

K_{aq}——水体网格渗透率,mD;

A_{aq}——水体网格截面积,m^2;

L_{aq}——水体网格长度,m。

数值水体是以网格的一维形式表示,采用数值解计算水侵,应用中水体比较直观,可以描述与实际水区一致的水体属性。但在应用中需要注意两方面的问题。

一是水体网格的选择问题。当数值水体定义的网格直接与油区网格相连接，相邻网格之间的孔隙体积倍数相差大于 1000 时，容易产生流通量相关的收敛问题。因此，一般建议在水体及油区间设置一排网格作为缓冲区。二是压力平衡问题。数值水体网格推荐选择在油水界面以下，这样处理会保证水体的初始压力与其他网格的压力保持流体静止平衡。但是如果油水界面深度与水体网格块的深度不一致时，就会在油水界面的深度和水体深度之间存在一个高度差，即水体与油区间的静水压差，这就会导致初始化阶段的压力不稳定。为了避免该情况，建议在设计油藏网格时予以关注。

5.3.3.3 解析水体

只有大小和形状已知的小水层才作为油藏网格的一部分直接加以模拟，否则只能使用解析水层。解析水层的存储量和计算量均很小，且易于调整水层参数拟合油藏的开采历史，模拟时将油水边界处理成封闭的，并在边界的网格块上附加边水侵入的源项。解析水体主要由 Fetkovitch、Carter-tracy 和恒流量水层模型三种。

（1）Fetkovitch 水层模型。

Fetkovitch 水层模型是建立在拟稳态生产指数及水体压力和累计流入量之间的物质平衡基础上的。水体与油藏的关系类似于井与油藏的关系，即把油藏当作一口井来，而把水体当作油藏来处理。在给定相同的边界条件下，水体的水侵指数与井的生产指数在形式上是相同。为此，该水体的水侵入量计算公式为：

$$Q_{ai} = A_i J [p_a - p_i + \rho g (h_i - h_a)] \tag{5.49}$$

式中　Q_{ai}——水体到网格 i 的流入量，m^3/d；

　　　J——水体的侵入指数，$m^3/(d \cdot MPa)$；

　　　A_i——网格 i 的连接面积，m^2；

　　　p_a——t 时刻水体压力，MPa；

　　　p_i——t 时刻网格压力，MPa；

　　　ρ——地层水的密度，kg/m^3；

　　　h_i——网格 i 的深度，m；

　　　h_a——水体的基准深度，m。

根据水体压力与累计流出量的物质平衡关系，计算累计水侵量为：

$$W_{ai} = C_t V_{wo} (p_{a0} - p_a) \tag{5.50}$$

式中　W_{ai}——水体到网格 i 的累计流入量，m^3；

　　　C_t——水层总压缩系数，MPa^{-1}；

　　　V_{wo}——初始水体体积，m^3；

　　　p_{a0}——初始水体压力，MPa。

结合以上两式，并对整个油藏压力变化曲线进行分阶段离散化处理，得到水体与网格间的水侵量计算公式为：

$$Q_{ai} = A_i J [p_a - p_i + \rho g (h_i - h_a)] \left[\frac{1 - \exp(- J\Delta t / C_t V_{wo})}{- J\Delta t / C_t V_{wo}} \right] \tag{5.51}$$

Fetkovitch 水层模型可以有效地代表很广泛的水体类型,从处于稳定状态能够提供稳定压力的无限大水体,到与油藏相比体积很小,其形态由油藏的流入来决定的特小型水体,都可以用 Fetkovitch 水体来表示。如果水体能够长时间保持稳定,则油藏压力的变化对它影响会很小,它的形态就接近于稳定状态的水体。如果水侵指数很大,则稳定时间会很短,它的形态就接近于特小型水体,它与油藏在所有时间压力平衡的联系都是很紧密的。

此类水体定义水体体积、深度、初始压力、综合压缩系数、水侵指数等参数来描述水体性质,通过非相邻网格连接指定水体与油区或气区的连接关系(连接位置、方向、传导能力等)。动态拟合过程中主要调整原始水体体积及水侵指数这两个参数。

(2)Carter – Tracy 水层模型。

Carter – Tracy 水层模型是一个近似的、完全瞬时的(不稳定的)水体模型。该类水体需要用户提供一个关于无量纲时间与无量纲压力数据表的影响函数。主要的参数为:决定水体动态的时间常量 T_c(量纲为时间)和水体流入常数 β(量纲是每下降一个压力时的总流入量)。其计算公式分别为:

$$T_c = \frac{\phi \mu_w C_t r_o^2}{K} = \frac{t}{t_D} \tag{5.52}$$

$$\beta = h\theta\phi C_t r_o^2 \tag{5.53}$$

在时刻 t 到 $t + \Delta t$ 的时间里,从水体到 i 网格单元的平均流入率为:

$$p_{a0} - \bar{p} = \frac{Q_a}{\beta} p_D(t_D) \tag{5.54}$$

$$Q_{ai} = a_i\{a - b[p_i(t + \Delta t) - p_i(t)]\} \tag{5.55}$$

时间常数 T_c 用于将时间 t 转换成无量纲时间 t_D。求解 Carter – Tracy 水体影响的过程为:根据某一时间 t,结合公式计算 T_D;利用 T_D 与 p_D 关系表查值得到 p_D,从而得到水体边界压力降;利用公式计算 Δt 时间内流入 i 单元的平均流入率 Q_{ai}。

此类水体定义水体厚度、孔隙度、渗透率、深度、初始压力、综合压缩系数、水体外半径、水侵角等参数来描述水体性质,并且专门指定水体与油区或气区的连接(连接位置、方向、传导能力等)。Carter – Tracy 水体使用无量纲压力关于无量纲时间的关系表格来决定流入量。模型近似为一个完全瞬间模型。很少用 Carter – Tracy 水体来表示稳定状态的水体和受油藏影响很大的小水体。它的优点是可以模拟瞬间形态,即初始时是稳定状态,然后逐渐变成受油藏影响很大的水体。

(3)恒流量水体。

一种近似于解析水体的特殊水体,不需要描述水体性质,但要专门指定水体与油区或气区的连接(连接位置、方向、传导能力等),水体的作用大小根据动态分析的要求直接给定水侵入量(或水侵出量),使用时要十分谨慎。

5.3.4 水体参数敏感性

油藏模拟中,可以应用以上三类五种水体模型描述不同的水层特征。虽然每种水体的建立都具有一定的假设条件,如最早 Carter - Tracy 水体是描述环状水体围绕径向对称油藏,Fet-kovitch 水体是基于拟稳态生产指数,适用于小水体,但在模拟模型中均可以通过水层模型不同参数设置,实现水侵动态特征的拟合。对于动态预测而言,不同类型的水层模型对油藏压力及水侵动态的作用不同。下面应用概念模型进行对比说明。

5.3.4.1　模型设计

建立一个顶部具有一口生产井的单斜边底水油藏概念模型,储层渗透率为 1000mD,孔隙度为 0.3。假设油井全部打开油层,定液量 10m³/d 生产。为比较四种水体的影响规律,设置水体体积相同,通过扩大水体体积(5 倍、100 倍、3000 倍)来反映油藏降压开采、稳压开采、升压开采三种情况下,不同水层模型的水侵量变化规律。

5.3.4.2　水侵动态对比

(1)降压生产。

图 5.18、图 5.19 分别为水体倍数为 5 倍、单井日产液量 10m³ 情况下油藏降压生产时油藏压力及水侵量变化曲线。可以看出,网格水体油藏压力下降最快,其次为 Fetkovitch 水体,而 Carter - Tracy 水体和数值水体的油藏压力基本保持稳定;从累计水侵量上分析,Carter - Tracy 水体水侵量最大,其次为 Fetkovitch 水体,而网格和数值水体水侵量小且规律相近。

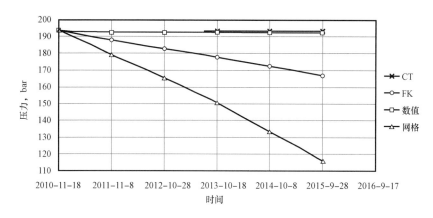

图 5.18　压力变化图(水体倍数为 5 倍,日产液量 10m³)

(2)稳压生产。

保持单井日产液量 10m³ 不变,增大水体倍数至 100 倍,图 5.20、图 5.21 分别为油藏降压生产时油藏压力及水侵量变化曲线。可以看出,水体体积增大对油藏压力影响明显,四种水体压力都基本保持稳定;从累计水侵量上分析,Carter - Tracy、网格和数值水体水侵规律变化不大,但 Fetkovitch 水体水侵量大幅度降低。

(3)升压生产。

保持单井日产液量 10m³ 不变,继续增大水体倍数至 3000 倍。很显然,增大水体倍数并不能抬升油藏压力,但 Carter - Tracy 水体水侵量减小,Fetkovitch 水体水侵量进一步大幅度降低(图 5.23、图 5.24)。如提高单井产液量 3 倍,则 Carter - Tracy、数值和网格水体侵入量明显上升,而 Fetkovitch 水体侵入量基本不变(图 5.25)。

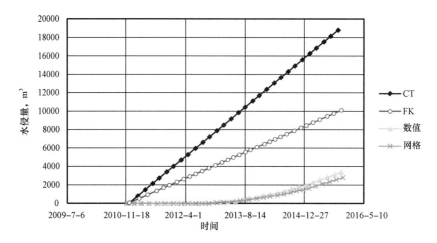

图 5.19　不同水体水侵量(水体倍数为 5 倍,日产液量 10m³)

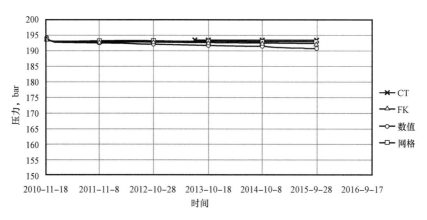

图 5.20　压力变化图(水体倍数为 100 倍,日产液量 10m³)

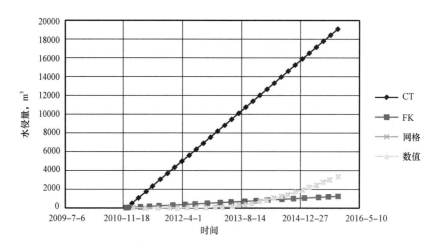

图 5.21　不同水体水侵量(水体倍数为 100 倍,日产液量 10m³)

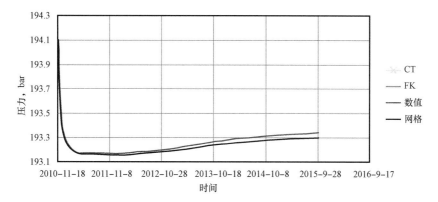

图 5.22　压力变化图（水体倍数为 3000 倍，日产液量 10m³）

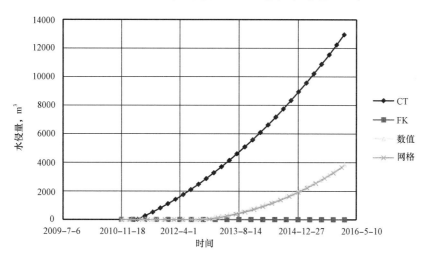

图 5.23　不同水体水侵量（水体倍数为 3000 倍，日产液量 10m³）

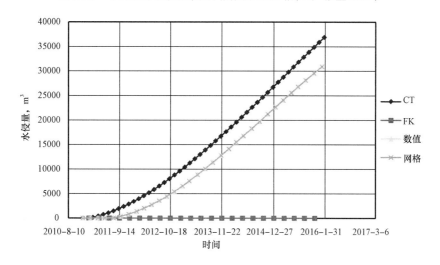

图 5.24　不同水体水侵量（水体倍数为 3000 倍，提液至 30m³）

5.3.4.3　水侵规律认识

通过上述模型分析认为,各类水体模型的适用条件如下。

(1)网格水体适用较小的水体,可以通过修改孔隙体积的方法来增大水体体积,但当大于与它相邻网格块的孔隙体积超过3个数量级时,就可能会引起流通量相关的收敛性问题。

(2)数值水体适用条件较好,可将一些多余的网格块或油水界面以下的网格块指定为水体网格,应用中水体比较直观,可以描述与实际水区一致的水体属性。数值水体水侵量大小和水体倍数无关,和油藏开采条件有关。

(3)Carter - Tracy 水体在反映大的外溢水量方面比较有优势,但 Carter - Tracy 水体由于其水体能量大小不好直接计算得到,而且与作用角度等其他不直接因素相关,在实际应用中不好分析,因此,应谨慎使用。

(4)Fetkovitch 水体可以有效地代表很广泛的水体类型,从处于稳定状态能够提供稳定压力的无限水体,到与油藏相比体积很小,其形态由油藏的流入来决定的水体,都可以用 Fetkovitch 水体来表示;但 Fetkovitch 水体要在较大的水体体积下才表现出与其他水体或者实际水区一致的能量反映,也就是说 Fetkovitch 水体对外溢水量及水体大小反应不敏感。

(5)流量水体可以用在动态分析基础之上认为存在类似露头等稳定流量的油藏类型当中。

综上分析,建议首先选择数值水体来拟合外溢水量,而 Carter - Tracy 水体可以在外溢量计算偏小、而调整难度较大时使用,因为使用 Carter - Tracy 水体很难解释水体的实际物理意义。

◆ 6 历史拟合

6.1 历史拟合概论

历史拟合是指通过修改不确定性的参数(最先被修改的是难以确定的参数),使模拟计算的油藏动态与实际观测值达到某种逼近(逼近程度由实际问题而定)的过程。

6.1.1 历史拟合目的

历史拟合是油藏数值模拟研究的重要环节,也是影响模拟预测结果的关键技术。历史拟合的目标是使模拟计算的油藏动态与实际观测值达到某种逼近(逼近程度由实际问题而定),其目的是提高模型预测结果的可靠性。实践表明,历史拟合的作用已经远远超过了对于预测结果准确性的控制,而成为一种有效的油藏描述技术方法,即动态反演。因此,通过历史拟合,可以验证地质模型的可靠性,调整完善油藏地质模型,加深对油藏静动态的认识。

例如,在静态认识方面,包括断层的密封性、储层的连通性、水体大小及活跃程度、储层的非均质性等;在动态认识方面,包括分层、分区开发效果、水淹程度、剩余油潜力、后期调整方向等。

基于以上原因,历史拟合质量的好坏不仅仅在于拟合精度的高低,而在于满足历史拟合要求之上的对油藏静动态特征的合理认识和判断。

6.1.2 历史拟合指标

历史拟合指标从大的方面可以分为两类,即压力指标和产量指标,其中产量指标的实质是饱和度。

6.1.2.1 压力指标

压力是油藏动态监测的重要指标,也是油藏数值模拟研究中反映油藏地质模型可靠性的重要依据。压力反映了油藏能量水平和剩余物质(油气水)状况,压力的变化情况可以反映出油藏的采出比例与油藏总物质基础之间的关系。压力指标包括油藏压力和单井压力。其中,油藏压力又包括油藏平均压力水平和压力分布,单井压力包括井口压力和井底压力。

常规的压力拟合指标主要有:油藏(或单元)平均地层压力、井的静压、井底流动压力以及井口压力等,其中,油藏(或单元)平均地层压力、井的静压是较为重要的压力指标。

6.1.2.2 产量指标

产量指标是油藏动态监测中最完整的资料,它反映了油藏流体在多相流状态的客观运动规律。产量的变化实质上反映的是油藏内部饱和度的变化,其主要的表征参数为含水和气油比。含水是油水两相之间宏观渗流规律的反映,气油比是油气两相之间宏观渗流规律的反映,因此,在三相模拟研究中,气油比的拟合与含水的拟合同等重要。产量指标与压力指标一样,分为油藏综合指标和单井指标。

常规的产量拟合指标主要有:油藏(或单元)含水、单井产水(包括见水时间、见水动态)、单井产量(定液生产,拟合产油量或定油生产,拟合产液量)、单井气油比动态、单井水气比动态等。其中,油藏(或单元)含水、单井含水及产油量是较为重要的产量指标。

6.1.2.3 指标校正

实际的油藏动态拟合指标要根据历史资料的收集状况及项目研究的目标精度要求来确定,但首先要确保历史拟合指标数据的可靠性。矿场应用研究中需要对一些不真实的动态数据进行校正还原。

(1)静压点校正。

油田绝大部分的采油井是抽油井,抽油机井在测压前根据动液面的高低决定是否清水压井,而后才起油管、泵和再下压力计,因而测得的是不完整的压降曲线或恢复曲线,人们称它为静压点。由于关井时间较短,会导致压井的测试静压点高于油藏静压,不压井的测试静压点低于油藏静压。

(2)含水率校正。

由于钻井和完井过程中钻井液滤液侵入油层,几乎全部采油井一开井就产水,在拟合含水和产水量时这部分的误差应予校正。清水压井作业也可能暂时引起单井含水的虚假上升。

(3)生产气油比校正。

采油井在高含水后产油少,产水多,溶解在水内的气量使生产气油比随含水的上升而上升,表现为油层压力高于原始泡点压力,但生产气油比却明显大于原始溶解气油比。因此,应该考虑溶解水气比对生产气油比的影响。

(4)吸水剖面校正。

因为水质较差引起低渗透层堵塞不吸水,而按测井解释提供的渗透率计算的井层吸水量却很大。为此,在历史拟合时应将吸水剖面上那些不吸水的层卡封。

(5)产量输差校正。

当联合集输站的产油量低于各油井井口分离器的产油量之和时,称这种情况为负输差,相反地为正输差。

人为因素是造成原油负输差的主要原因。如果产水率准确,产液率人为偏高,则含水人为偏低,那么产油率是负输差。如果井口产液率准确,含水人为偏低,那么产油率是负输差,产水率是正输差。如果井口含水准确,产液率人为偏高,那么产油率和产水率均为负输差。通常的情况是产液率准确,含水人为偏低。一年之中,负输差随月份有规律的变化,年底大年初小。产量输差会降低用历史拟合反演油藏参数的精度,需要与矿场充分结合获取第一手真实的产量数据。

6.1.2.4 指标顺序

为了提高历史拟合的科学性和效率,拟合指标顺序一般遵循以下原则。

先拟合压力、后拟合饱和度(或含水及气油比);先拟合油藏指标、再拟合区块指标、最后拟合单井指标;先拟合关键井、后拟合非关键井;先拟合平面、后拟合剖面。

这里所说的关键井是指单井拟合指标数据相对比较完整可靠、生产历史时间相对较长、基本能够反映油藏主要动态规律的井。

6.1.3 历史拟合特点

在历史拟合过程中,通过模型的运算,暴露动静态的矛盾,按照油藏描述一体化的研究思路,油藏地质、油藏工程、数值模拟等多专业紧密结合,进行综合分析,找出问题的根源,按照有理、有据原则调整静态参数,反复修正地质模型,不断提高模型的可靠性和指标预测的准确性。历史拟合的综合性要求和主客观条件决定了历史拟合所具有的显著特点。

6.1.3.1 多解性

历史拟合是一种由结果推条件的动态反演活动,必然存在反演问题的多解性特征。而产生多解性的客观原因是:

(1)井的历史太短;

(2)井点可供拟合的动态数据较少;

(3)井距太大控制不了油藏非均质性的变化;

(4)拟合可调参数太多,范围太大。

实践表明,不同的参数调整可以得到近乎相同的动态特征。因此,建立在综合分析基础上的合理参数调整至关重要。

6.3.1.2 复杂性

历史拟合的复杂性源于油藏特征认识的局限性、静动态参数关联关系的多解性和从业者经验能力的差异性。合理的参数调整所包含的因素是极其复杂的,其复杂性表现在:

(1)由于个人认识的不同,会产生不同的参数调整方式;

(2)参数调整的内容较多,既有静态的,也可能有动态的,难以确保调参的合理性与一致性;

(3)历史拟合模型是油藏描述的最终成果,存在不同环节不同方面的不确定性。

由此可见,历史拟合是一项系统工程,需要基于多专业一体化项目组研究平台,确保项目组成员的密切协作与配合。

6.1.3.3 综合性

历史拟合研究包含的数据信息庞杂,涉及的专业类别众多,包括地震、地质、测井、钻井、实验、试井、测试等,而且需要应用的相关数学原理、物理化学机理类型多样。如何通过有限的信息分析和判断获得决策认识和观点,本身就赋予历史拟合许多艺术性的要素。这就需要从业者既要有综合性的专业知识,又要有综合性的分析能力,还要有丰富的实践经验。

简而言之,成功的历史拟合依赖于数值模拟研究人员对目标油藏的地质认识、对动态现象的工程判断、自身掌握的油藏经验和项目研究人员之间的专业协作等综合因素。

6.1.4 实战原则

鉴于历史拟合的多解性、复杂性和综合性特征,要求从业研究人员要具有严谨科学的分析态度、灵活丰富的想象思维和顽强坚韧的意志品质,通过一体化、系统化的研究思维方法,寻找科学合理的拟合方案。这里给出几条历史拟合实践过程中需要遵循的原则。

(1)明确并时刻牢记问题的本质。

（2）知道模型的限制并相信自己的判断。

（3）要特别关注实验及测试基础资料。

（4）敢于对拟合调整参数提出疑问。

（5）不要轻易忽视或均化极端的动态现象。

（6）善于利用图表等可视化的分析工具。

（7）做好拟合过程信息记录和经验积累。

（8）参数的确定性和敏感性分析有助于提高拟合效率。

（9）要分阶段分步骤开展拟合工作。

（10）熟练掌握和应用油藏工程基本原理。

6.2　历史拟合基本原理

油藏动态历史拟合的根本是对油藏空间流体孔隙体积、储层连通性及油水（气）两相（或三相）渗流规律状况的再认识。所有历史拟合指标的影响因素及其影响规律都遵循三大基本原理：物质平衡方程、达西定律和分流量方程。如何正确理解基本原理内涵，熟练掌握"什么时候应用、应用到什么地方、如何应用"的问题，就能够抓住历史拟合的关键，做到精细拟合、科学拟合、高效拟合。

6.2.1　物质守恒与能量变化规律

物质平衡方程描述的是一个完整的油气藏在整个开采期限内油、气、水等流体物质基础水

图 6.1　物质平衡方程示意图

平及其变化，遵循的原则是油气和束缚水所占的体积、外来水层侵入和/或地面注入水的体积、油气藏压力下降引起的岩石压缩导致的孔隙减小体积之和等于其初始连通孔隙体积（图 6.1）。

无论是对于一个网格，还是一个指定的区域，抑或是一个模拟层，甚至整个模拟油藏模型，都遵循如下物质守恒方程：

$$\Delta Q = C_t P_v \Delta p \qquad (6.1)$$

式中　ΔQ——累计采出量与累计注入量的差（亏空）；

　　　C_t——综合压缩系数；

　　　P_v——油藏的孔隙体积；

　　　Δp——油藏的总压降。

物质平衡方程很好地反映了油藏压降与油藏累计注入、累计采出、边底水侵入以及流体、岩石性质之间的关系。公式（6.1）的左边体现了流体物质大小的变化，公式（6.1）的右边体现了能量（压力）水平的变化，该方程建立起了所有油藏流体体积相关参数（如注采生产动态、流体流动状态等）与所有油藏压力变化相关参数（如流体性质、岩石性质等）之间的量化函数

关系。

　　油藏内流体物质基础大小决定油藏能量水平,而油藏能量的变化幅度反映了流体体积的亏空程度。也就是说,油藏内流体能量维持状况与流体体积的存储状况相关,而流体体积流量的变化满足物质守恒定律。因此,正确理解物质平衡原理,合理应用物质平衡方程,对于任何与压力相关的历史拟合及动态分析至关重要。

　　不同性质的参数,在不同的油藏条件、不同的开采阶段,对油藏压降影响的敏感程度不同。因此,对于任意一个特定条件的油藏,如封闭、带气顶、有边底水等,可以通过适当简化的物质平衡方程来分析各个相关因素对油藏压降大小的敏感程度,从而确定优先选择的调整参数来拟合油藏压力变化。必要的时候,可以利用物质平衡方程绘制影响参数与压降变化关系曲线图版,指导油藏动态分析和历史拟合。

　　以一个自定义区域为研究对象,在历史拟合应用过程中,关键是如何应用好如下物质平衡关系式:

$$V_{init} + V_{in} - V_{out} = V_{now} \tag{6.2}$$

式中　V_{init}——原始流体体积;

　　　V_{in}——流入流体体积;

　　　V_{out}——流出流体体积;

　　　V_{now}——当前流体体积。

　　原始流体体积大小及分布在模型初始化和储量核实阶段已经完成,当前的流体体积状况是历史拟合的研究目标,问题的关键是如何正确分析理解研究对象的流入、流出关系及其累计亏空量。

　　假设研究对象为油藏中任意一网格区域,其流入的流体既包括该区域周围相邻网格流体在压差作用下的流进量(三维空间多方向),还包含区域内注入井的累计注入量;同样,流出的流体包含与该区域相邻网格流体在压差作用下的流出量和区域内生产井的累计采出量。当计算压力水平偏高时,则净流入的流体量过多,可以从外部流体补充速度过快、区域内注入流体过多、区域内采出流体过少、内部流体对外泄流速度过慢等方面进行原因分析,然后结合因素敏感性关系开展参数调整。与此相反,当计算压力水平偏低时,分析的思路一致,但参数调整的方向相反。

6.2.2　达西定律与储层连通性

　　达西定律描述的是流体的渗流速度与流体性质(黏度、体积系数)、地层系数(渗透率、储层厚度)及生产压差之间的关系,是油藏模拟研究中流量及产量分析的基础。基本表达式为:

$$v = \frac{K}{\mu} \cdot \frac{\Delta p}{\Delta L} \tag{6.3}$$

式中　v——流速;

　　　K——渗透率;

　　　μ——流体黏度;

　　　Δp——驱替压差;

ΔL——驱替距离。

达西定律提供了关于流体传导能力和驱替强度的数学模型。基于达西定律,可以得到离散模型网格块之间流体的传导系数(X方向):

$$T_x = \frac{K_x \cdot \Delta Y \cdot \Delta Z \cdot \text{NTG}}{\Delta X} \qquad (6.4)$$

式中　T_x——X方向传导率;

　　　K_x——X方向渗透率;

　　　ΔX、ΔY、ΔZ——三个方向上的网格步长;

　　　NTG——净毛比。

可以看出,传导系数大小反映了流体流动能力大小,与储层的渗透率、渗流面积、流体流度等参数相关。油藏中不同区域的流体流动能力体现了补充或供给能力的大小,流动能力强的部位,油藏能量和质量传导速度快,油藏储藏和释放能量速度快,压力回升和降落速度快。由于存在渗透率的方向性,可以很好反映不同方向流动能力的各向差异性,对于具有定向沉积特征的储层提供了方便的描述方法。

油藏自投产之日起,原有的静压力平衡系统被打破,受外来作用力的影响,区域间流体发生交换,流体体积及油藏压力的空间分布处于动态非平衡状态。达西定律很好地反映了流体在区域间进行物质交换的普遍规律,基于达西方程,可以得出任一区域流体流量计算模型:

$$Q = T \cdot M \cdot \Delta p \qquad (6.5)$$

式中　Q——流体流量;

　　　T——储层传导系数;

　　　M——流体流度;

　　　Δp——生产压差。

物质平衡方程描述的是油藏区域中流体质量与能量的关系,基于达西定律的流量方程建立了区域间流体质量传递对能量传导的影响。可以看出,油藏中流体的流动速度受控于压力梯度和储层的连通状况。油藏中不同位置间压力的差异都会引起流体的运移,非均质油藏中,任意相邻网格间、不同区域间储层的连通关系会影响流体的运移速度大小或方向,进而影响低压区的压力补充快慢,最终影响油井产量。

在正确判断油藏计算压力偏高或偏低的原因后,通过储层连通性的调整改变流体流速是实现时间、空间两个维度压力拟合的主要手段,而达西定律为连通性调整提供最简单直接的原则。因此,所有与流量和产量相关的动态分析都可以应用达西方程指导储层连通性调整。增加局部区域储层渗透率或厚度,可以提高流体流速,增加单位时间流量,加快低压区压力恢复。

6.2.3　分流量方程与渗流规律

分流量方程描述的是给定点的驱替相流量占总流量百分数的方程,是多孔介质中两种非均相流体流动的基本公式,在水驱油规律分析及含水拟合中具有重要指导作用。

当油藏中多相流体共存混合流动时,忽略重力和毛细管压力影响,空间任意位置油水间的流动规律满足分流量方程:

$$f(S_w) = \cfrac{1}{1 + \cfrac{\mu_w}{\mu_o} \cdot \cfrac{K_{ro}}{K_{rw}}} \qquad (6.6)$$

式中 $f(S_w)$——含水率;

μ_w、μ_o——水、油的黏度;

K_{rw}、K_{ro}——水、油的相对渗透率。

分流量方程给出了油藏任意位置(网格或区域)油、水两相流体流动条件下的含水率与流体饱和度的关系。可以看出,含水率的大小主要取决于油水黏度比及某饱和度条件下的流体相对渗透率大小,受油水相对渗透率曲线特征和该时刻的饱和度大小影响。

利用分流量方程可以正确指导油藏或油井含水动态的拟合。当计算含水率偏高时,增大水油黏度比、降低含水饱和度、提高油相渗透率或减小水相渗透率,都可以达到降低计算含水率的目标,反之亦然。因此,所有与含水率相关的动态分析都可以利用分流量方程来开展敏感性分析、优选调整参数、判断调参方向。其中,相对渗透率曲线是最重要的调整参数,在应用中要结合室内实验、储层类型、流体性质等进行综合分析。

6.3 历史拟合方法

卢卡·劳森蒂诺说:"没有标准的拟合程序,每个研究只能用自己的解决程序解决自己的问题!"正因为如此,在谈到历史拟合的方法时,大家往往众说纷纭,无法统一。也正是因为该技术方法的多元化及缺乏权威性,使众多的从业者迷茫甚至混乱,从而导致方法五花八门,结果千奇百怪。一旦面临复杂的、多井的、多指标的、长时期的历史拟合问题时,拟合效率十分低下。但有一点毋庸置疑,合理的结果只有一个。因此,合理的参数调整方式也应该是唯一的。如何科学调参,减少迭代,降低风险,提高效率,是高效历史拟合方法追求的目标。

6.3.1 参数确定性

根据参数的可靠性分析,确定参数的确定性及可调范围。

根据油藏参数获取的数量、质量及对油藏认识的客观过程,一般认为油藏地质参数的不确定性大小顺序依次为:

(1)水体传导能力;

(2)水体大小;

(3)油藏传导能力;

(4)相对渗透率和毛细管压力;

(5)油藏孔隙度和厚度;

(6)构造定义;

(7)岩石压缩系数;

(8)储层油气性质;

(9)流体界面;

（10）水的性质。

历史拟合的参数调整应按照不确定性的大小进行选择。确定性参数一般不可调或微调，不确定性强的参数可以允许较大幅度的调整。

一般而言，地质参数的大致可调范围是：

（1）孔隙度：根据油藏描述结果，确定孔隙度分布范围与平均值之间的偏差幅度，作为孔隙度调整的允许范围；

（2）渗透率：渗透率是不确定性较强的参数，尤其是井间，可以允许在渗透率分布范围之间作 3 倍或更多倍数的调整；

（3）有效厚度：由于受钙质层和泥岩夹层的影响，有效厚度的可调范围为 −30% ~0；

（4）岩石与流体压缩系数：流体压缩系数认为是比较确定的参数，一般不易修改；岩石的压缩系数，考虑到实验测试误差及非储层的弹性作用，允许 2 倍之内的修改；

（5）初始流体饱和度与初始压力：比较确定参数，必要时允许小范围的修改；

（6）相对渗透率曲线：不确定性参数，可以做较大幅度的修改；

（7）油气的 PVT 数据：为确定性参数，不易修改；

（8）油水界面：在资料不多的情况下，允许一定范围的修改。

6.3.2　参数敏感性

在建立相对规范的历史拟合方法之前，弄清楚所有历史拟合指标的影响因素十分必要。所有的参数调整都是建立在因素的敏感性分析及认识基础之上，准确地把握拟合指标与调整参数之间的相互关系，并辅以合理的油藏地质与动态认识，可以加快历史拟合的速度。

历史拟合指标从大的方面可以分为两类，即压力指标和产量指标，其中产量指标的实质是饱和度。而压力指标可以细分为油藏压力和单井压力，产量指标可以细分为油藏综合指标和单井指标，表现形式为含水和气油比。拟合指标的因素分析按照压力和产量两类分别论述。

6.3.2.1　压力指标的影响因素

分析压力指标的影响因素，不仅要区分压力指标类型，还要确定影响不同压力指标参数的敏感性及可能性。

（1）油藏指标。

综合研究表明，影响油藏压力水平的主要参数有：水体性质、地层压缩系数、地层孔隙度、有效厚度、流体饱和度、气顶性质、断层封堵性、外部边界条件等参数。另外，压力系数及压力梯度也会影响初始压力水平，其中，影响压力梯度的最基本参数是原油的体积系数和密度。

从敏感性大小区分，与油藏的总孔隙体积相关的参数都比较敏感，如地层孔隙度、有效厚度、流体饱和度等，其次为岩石的总压缩系数，即岩石地层压缩系数，再者就是油藏的内外边界条件，如水体性质、气顶性质、断层或外边界的封闭性等。

从确定性大小区分，应视油藏地质的认识程度而论。一般而言，开发初期及早期，油藏总孔隙体积（或储量）参数作为确定性参数对待，只有到了开发中后期，油藏动静矛盾十分突出的情况下，可以结合地质再认识调整储量参数；而油藏的总压缩系数视为最不确定的参数，但其调整幅度不宜超过 10 倍；其次为油藏外边界条件参数，如水体性质、外边界的封闭性等；油藏的内边界条件，即气顶性质（如果存在的话）可以在考虑外边界条件的基础上再予以调整。

关于油藏压力水平的初始拟合,首先以调整压力系数为主要手段,其次考虑流体性质参数的合理性。对于油藏压力分布,在总水平基本一致的前提下,影响压力分布的主要参数是局部区域的渗透率,改变局部区域渗透率的主要目的是改变流体的流动方向,从而达到改变储层压力的目的。如增加低压带的渗透率,可以提高低压带压力,反之亦然。其次,对于不连续储层或内部存在断层分隔的油藏,可以通过修改储层连通性及断层封闭性来改善压力分布状况。

(2)单井指标。

单井压力既与油藏压力水平及分布相关,又有其特殊性。油藏压力水平及分布反映的是油藏静压状况,而单井压力侧重于井底周围及井筒内部压力的动态分布状况。油藏静压水平会影响单井的油压及流压动态,但单井压力调整一般不会影响油藏静压水平。从压力指标的影响参数上,两者各不相同。

研究表明,影响单井压力的主要参数有:措施井的表皮系数、井筒周围局部区域的渗透率、井筒周围局部区域的储层厚度、井筒周围局部区域的相对渗透率曲线、合采井的分层产出比例及合注井的分层注水比例等。由以上参数类型可见,影响单井压力的主要参数是与井的生产指数(包括地层系数及井的采油采液指数、表皮系数等)相关的参数,通过生产指数的调整改变生产压差,拟合井底压力。

井口压力的拟合主要依赖于合理 VFP 表(井筒垂直管流模型)的建立。当然,在缺乏井底流压测试资料的情况下,井口油压变化在一定程度上也反映出井底流压的变化,此时,也可以通过调整影响井底流压的参数来拟合井口油压。

对于合采及合注井,单井压力的变化受多层压力大小及产注比例分配的影响最大,因此,生产及注水剖面的调整是单井压力拟合的主要手段。在有充足生产及注入剖面测试资料的前提下,可以优先拟合好剖面情况,再通过调整分层的静压水平来拟合单井压力。

6.3.2.2 产量指标影响因素

产量指标与压力指标一样,分为油藏综合指标和单井指标,所不同的是,油藏综合产量指标与单井产量指标是紧密相连的,影响二者的参数类型基本一致,只不过调整的范围不同而已。

(1)油藏指标。

综合产量指标侧重于整体或大区域调整,着重于趋势的把握,而单井产量指标的拟合则是在综合产量指标拟合上的精细微调,侧重于局部修改。两者之间的关系相当于宏观与微观的关系。

具体到指标的影响因素上,影响综合产量指标的主要参数有:整体渗透率大小、分层及区域渗透率大小、油藏相对渗透率曲线、垂向渗透率大小、网格的划分方式等。理论上说,渗透率不影响油藏含水及气油比,但可以影响产能及水侵速度。相对渗透率曲线是影响含水及气油比的最重要的参数,由于其不确定性,通常优先选择。垂向渗透率大小主要针对底水油藏或底部水的锥进拟合。网格的划分方式一是受其方向性的影响,改变了实际流动路径;二是网格尺寸太大,无法反映局部饱和度的较大变化。

(2)单井指标。

影响单井产量指标的主要参数虽然大部分与油藏综合产量指标相同,但调整的方式不太一致。

首先判断油水井的注采关系或水、气的驱动方向,局部渗透率或方向渗透率的修改主要在井间及驱动方向上,而相对渗透率曲线的修改区域一般覆盖单井。另外,位于流体界面附近的油井,可以优先考虑油气及油水界面位置的不确定性。内部存在断层或裂缝的油藏,断层的封堵性及裂缝的方向、发育程度也会影响流体的驱动方向。多层油藏层间的连通性以及厚层内部夹层的纵向传导能力对局部油井的含水动态影响较大。多层合采的油井,在产液剖面资料缺乏的情况下,调整层间的产油水比例也会影响油井含水。

综上所述,相对渗透率曲线是油藏及油井含水及气油比拟合的最主要调整参数,储层非均质性的调整主要侧重于井间,其目的是调整水或气的驱动方向和能力。

6.3.3 历史拟合程序

6.3.3.1 压力拟合程序

压力指标动态历史拟合一般遵循以下顺序。

第一步,分析影响压力历史的地质参数及可能的变化范围,建立判别压力历史拟合精度标准。

第二步,利用简化模型开展影响压力水平的敏感性分析。

第三步,检查油藏平均压力变化与实际情况的一致性,通过调整水体性质、地层压缩系数、地层孔隙度、有效厚度和流体饱和度等参数来拟合,并适当考虑外部边界条件,如气顶、断层、不封闭边界等的影响。

第四步,检查地层压力分布的合理性,通过修改局部区域的渗透率,从而改变流体流动方向来拟合。

第五步,检查单井压力的匹配程度,根据单井投产及投注后压力不匹配的时间调整井的表皮系数、局部区域的渗透率或方向渗透率及相对渗透率曲线来拟合。合采与合注井要考虑分层产(注)量的分配不合理对单井压力的影响。

6.3.3.2 产量拟合程序

产量指标动态历史拟合一般遵循以下顺序。

第一步,分析影响水或气流动的油藏或水层的主要特征参数,估算这些参数的大致变化范围,建立判断气、水运动情况的拟合精度标准。

第二步,分析油藏开采过程,确定锥进和指进对油气比和油水比变化的影响,并根据需求引入井拟函数或局部加密网格。

第三步,检查油藏全区油气比及水油比的拟合情况,与地质师沟通并整体调整分层渗透率大小或部分选定区域的渗透率分布以及油藏相对渗透率曲线,并根据需求适当考虑垂向渗透率取值、网格划分方式等的影响。

第四步,检查单井油气比及水油比的拟合情况,根据注采对应关系及水、油驱动方向调整局部区域的渗透率或方向渗透率、相对渗透率曲线、油气或油水界面来拟合。与地质师沟通并考虑油藏内部断层、裂缝、隔夹层等渗流屏障影响。

第五步,再次检查单井压力拟合情况,防止饱和度拟合对压力拟合的影响,并根据需求再次对模型参数进行调整。

第六步,检查油藏产量,确保整个油藏累计产量与实际情况的一致性。

6.3.4 历史拟合方法

6.3.4.1 井的目标速率设定

历史拟合模拟运算中需要提前给定油、水井的计算目标速率,如油井日产油量、日产水量、日产液量等,水井日注水量。模型在满足给定目标速率条件下,通过参数调整计算匹配其他相关动态指标。不同的目标速率设定,对历史拟合参数调整的影响和策略不同。

根据零维物质守恒方程有:

$$\Delta Q = C_t P_v \Delta p \qquad (6.7)$$

式中 ΔQ——累计采出量与累计注入量的差(亏空);

$\quad\quad C_t$——综合压缩系数;

$\quad\quad P_v$——油藏的孔隙体积;

$\quad\quad \Delta p$——油藏的总压降。

根据式(6.7)可以看出,为了拟合总压降 Δp,ΔQ、C_t、P_v 均为可调的未知量。但对油水两相模型而言,如果注水井给定注水速率、采油井给定采液速率,那么累计采出与注入量的差(亏空)ΔQ 就是已知的,而且是确定的,拟合总压降可调的未知量就从三个减少成两个。相反地,如果采油井给定采油(或)水速率,由于含水是待拟合的,因此 ΔQ 就成了可调的未知量,于是拟合总压降可调未知量又变成了三个。显然,为了加快拟合,采油应给定采液速率(两相问题),或采出流体速率(三相问题),给定采油井的产油率只会使拟合复杂化。

一般情况下,油藏压力历史拟合阶段采用油井定采液速率,一则可以避免因含水拟合误差产生的油藏注采亏空误差,影响压力拟合参数调整的不确定性,二则可以避免因含水拟合误差(计算含水比实际偏高)产生的计算单井液量超出油藏模型最大供液能力,从而导致油井井底压力过低,引起数值计算不收敛问题。在油藏压力及含水拟合较好的情况下,可以采用油井定采油速率进行重新拟合计算,以保证模型计算累计产油量与实际一致,这样为未来产油量预测奠定可靠基础。

6.3.4.2 压力拟合方法

(1)拟合方法。

给定注水井的注水速率和采油井的采液速率以后,就可以计算出油藏的平均压力。通常油区的孔隙体积是已知的,为了拟合油区平均压力只需调整水体的大小、水区与油区的连通性(连通表现为油区的平均 K 的量级)以及综合压缩系数。

第一步,核实油藏实际压力数据,尽量减少测量误差和油藏压力求取方法的影响;

第二步,分析影响压力的主要因素:岩石压缩系数、水体大小、储量、油藏的传导性;

第三步,充分考虑储层骨架的弹性膨胀作用对油藏压力的影响,调整岩石压缩系数(一般模型的给定值大于实验室测定值);

第四步,结合边底水附近井的拟合状况,调整水体大小;

第五步,结合油藏采出程度的拟合,进一步核实地质储量。

(2)参数调整经验。

一是检查基础数据校正油藏压力水平。原始地层压力梯度大小直接影响整个油藏压力水平。如果油藏压力水平普遍偏高或偏低,首先要检查输入的基准面深度及其对应的油相压力是否符合压力梯度关系,如果不符合则需要校正。其次是根据压力梯度大小结合计算关系式校核地下原油密度,如果输入参数与校核值有误差,则需要修改。第三是检查原油的体积系数。根据地下、地面原油密度与体积系数的计算关系,结合校核地下原油密度大小,计算原油的体积系数,如果与输入参数有误差,则需要修改。

二是增加或减少压力异常带的储量。如果油藏压力水平过高,则往往表示油藏地质储量过高,此时若减少孔隙度,就可降低地质储量,而使压力水平降低;如果油藏压力水平过低,则相反,相应增加孔隙度值。改变油层厚度、原油饱和度或压缩系数,也可改变地质储量,其调整的方式与孔隙度相同。

三是改变压力异常带的流体流动方向。改变渗透率可以使流体从高压带向低压带流动,从而改变压力异常区。一般采用对低压带增加渗透率,对与低压带相连的水体增加水区渗透率或增加水体体积。

四是正确把握单井压力拟合调参策略。对于机采井,主要拟合井底流压,而自喷或气举井需要拟合井口压力。如果大部分采油井的井底流压偏大,而且大部分注水井的井底流压偏小,那么区块的 K 数组应缩小同一个倍数。相反地,K 应增大同一个倍数。如果计算的流压无以上的系统偏差,那么主要是通过调整采注井的表皮因子去拟合井底流压。

注水井的流压相对要比采油井的容易拟合,但是它的表皮因子可能随时间逐渐地增大,因为水质的原因井底堵塞可能会越来越严重。采油井流压的升降受含水、采液速率、井底污染和相邻注水井的注水速率四个因素变化的影响。但是输入的单井速率是一个时间阶段的平均值,客观上反映不出流压的瞬时变化。按阶段时间的中点舍入注、采井的速率,又会增大拟合流压的误差。

另外,含水的拟合直接影响到流压的拟合,譬如计算的含水偏大,那么计算的流压也会偏大。对于注水保持油藏压力的问题来说,似乎拟合流压的意义不大,因为泵通常下得很深。但是对油藏的枯竭式开采来说,较大的流压拟合误差会严重地影响到预测阶段泵抽产率的高低。

输入井速率的能力值和井的时率。打印输出时井的速率是水平值,而井底流压、井口流压与油层压力却是用能力值计算的。如果输入的是水平值,且时率为100%,那么流压、油层压力、含水的计算值与观测值之间可能有大的偏差。

6.3.4.3 产量拟合方法与参数调整

(1)拟合方法。

产量拟合包含累计产量和含水拟合两部分。

累计产量具体的拟合方法如下:

第一步,核实单井累计油气水产量和生产层位,确保生产数据的准确性;

第二步,首先拟合累计产液量,观察是否出现单井供液不足的现象,分析影响产液量的主要因素:岩石压缩系数、单井控制储量、井附近区域的传导性、井层流动系数和表皮因子;

第三步,如果大批量的井出现供液不足现象,结合油藏压力拟合,适当调整岩石压缩系数;

第四步,分析该井处的砂体分布、有效厚度、孔隙度、饱和度,进一步核实单井控制储量;

第五步,分析该井及相邻井的渗透率分布,调整该井附近区域的渗透率;

第六步,调整该井的流动系数(KH)和表皮因子;

第七步,结合单井含水的拟合,拟合累计产油量。

含水具体的拟合方法如下:

第一步,核实单井含水率和生产层位,确保生产数据的准确性;

第二步,分析含水原因及来源:边水影响还是注入水影响;

第三步,若是边水影响,调整相应层位的水体大小及边水附近区域的渗透率或传导率;

第四步,若是注入水影响,分析注入井与生产井之间的受效性,调整注入井与生产井之间的渗透率或传导率;

第五步,结合实验室资料,调整相对渗透率曲线和毛细管压力曲线;

第六步,结合沉积相及储层物性分析,局部调整束缚水饱和度和残余油饱和度。

(2)参数调整经验。

一是调整相对渗透率拟合区块、单井含水。用模拟输出的原始油储量与孔隙体积计算油藏的原始平均束缚水饱和度。根据油藏的平均束缚水饱和度与平均渗透率,从区块实测的多条相对渗透率曲线中选出有代表性(即平均的意思)的一条,修正这条曲线的形状去拟合区块的综合含水变化曲线。认为各网格块具有与代表性曲线相同的规格化相对渗透率曲线,根据区块的 K 分布以及 K 与相对渗透率曲线的定性关系,输入网格块数组 S_{wc}、S_{orw}、K_{rwro}、K_{rocw} 去拟合各采油井的见水时间与含水的上升,必要时甚至可以输入某些采油井井块的拟相对渗透率曲线。拟相对渗透率曲线可用 Hearn 方法计算或用 J. R. KYTE 等人的方法计算。如果拟合还有问题,可直接调整水的相对渗透率数据。

二是调整渗透率拟合或油水界面局部地区单井含水。模拟之前,应结合地质、动态、井网、井距和测试资料分析每口采油井可能的见水方向和见水层位。如果计算的与分析的不相符,那么应调大相邻注采井间某个层的渗透率。地质上提供的油水界面是过渡带的中界面,而数模的油水界面是油水过渡带的下界面($S_w = 1.0$)。因此,当其计算的含水比实际的偏大时,特别是靠油水界面的大多数采油井均如此,那么可以调大油水界面的深度,在一个有边水的油层平面上调大采油井与油水边界线的距离。

6.3.4.4 需要注意的问题

压力拟合过程中,在进行全区压力拟合时,也考虑单井情况,附带做局部修改。压力拟合中有时也需要使用虚拟井,但只有在遇到特殊困难,其他办法无效时才使用,这时应尽量查明工程上或地质上的原因。例如作为模拟模型的边界——断层可能不密封,模型内的流体可能向断层的另一侧漏失或从另一侧得到补充。这时就在断层附近设虚拟井反映这种影响。又如固井质量不好,可能有流体来自外层系,则在井网格内增设虚拟井。一般情况下,应尽量避免使用。因为虚拟井的未来动态不好估计,不利于动态预测。另外,压力拟合时,同时要照顾到含水拟合的情况,有时可从含水拟合情况得到某些启示,修改方向渗透率。

产量及含水拟合过程中,拟合油田含水还需检查毛细管压力曲线,改变束缚水饱和度,可改变初始含水饱和度分布。拟合时还应注意使用拟毛细管压力曲线。全区拟合基本满意后,再作单井拟合。在这个阶段花费的时间可能要很长,在拟合含水饱和度(或拟合含气饱和度)的时候也可能出现油藏压力拟合的问题,所以还要兼顾油藏压力拟合。在上述压力和饱和度拟合基本完成后,拟合单井的流动压力。

6.3.5　拟合常见问题分析

拟合中遇到的问题比较多,可能的原因也比较多,以下仅列出常见的问题与最可能的原因,具体问题应具体分析。

6.3.5.1　油藏指标拟合问题

(1)拟合油藏压力问题。

一是压力整体偏低,可能出现压力下降快、大部分井供液不足的现象,或是压力整体偏高,一般认为与岩石压缩系数、水体大小、地质储量、油藏连通性有关。

二是前期弹性开采阶段压力偏低,后期注水开采阶段压力偏高,一般认为可能是由于给定的岩石压缩系数过小或水体小或连通性差造成前期压力偏低,而后期的大面积注水以及岩石压缩系数过小又造成了压力恢复过快;前期弹性开采阶段压力偏高,后期注水开采阶段压力偏低,这种情况比较少见。

(2)拟合采出程度问题。

一是采出程度整体偏低,有两种可能:一是大部分井供液不足,采不出给定的油量或液量,一般认为可能是由于给定的岩石压缩系数过小或水体过小或地质储量过小或油藏连通性差造成的;二是油藏见水过早或含水过高,一般认为可能是由于给定的水体过大或原油黏度过大或油藏连通性好造成的。

二是采出程度整体偏高,一般认为可能是由于给定的水体过小或地质储量过大或原油黏度过低,造成了油藏见水晚、含水低,从而导致了采出程度偏高。

三是前期弹性开采阶段采出程度偏低,后期注水开采阶段采出程度偏高,一般认为可能是由于给定的岩石压缩系数过小或水体过小造成了部分井供液不足,导致采出程度偏低,而随着注采系统的完善,压力迅速回升,如果给定的原油黏度过小,必然造成含水偏低,采出程度偏高。

四是前期弹性开采阶段采出程度偏高,后期注水开采阶段采出程度偏低,一般认为可能是由于给定的岩石压缩系数过大或水体过小造成了油藏见水时间晚,导致采出程度偏高,而随着注水开发的进行,如果给定的原油黏度过大,必然造成注入水指进或舌进现象的出现,导致含水偏高,采出程度偏低。

(3)含水拟合问题。

一是含水整体偏低,一般认为可能是由于原油黏度过小或水体过小或油藏连通性差或水相相对渗透率偏小造成的;含水整体偏高,一般认为可能是由于原油黏度过大或水体过大或水相相对渗透率偏大造成的。

二是前期弹性开采阶段含水偏低,后期注水开采阶段含水偏高,一般认为可能是由于给定的水体过小或水相相对渗透率偏小造成了前期含水偏低,而随着注水开发的进行,如果给定的原油黏度过大或水相相对渗透率偏大,必然造成注入水指进或舌进现象的出现,导致含水偏高;前期弹性开采阶段含水偏高,后期注水开采阶段含水偏低,可能是由于给定的水体大或水相相对渗透率偏大造成了前期含水偏高,而随着注水开发的进行,如果给定的原油黏度过小或水相相对渗透率偏小,必然导致含水偏低。

6.3.5.2　单井指标拟合问题

（1）压力拟合问题。

一是压力整体偏低或偏高，一般认为可能是由于局部地质储量、局部连通性或油水井干扰造成的；

二是前期弹性开采阶段压力偏低，后期注水开采阶段压力偏高，一般认为可能是由于局部地质储量小或连通性差造成前期压力偏低，而后期的油水井干扰或局部连通性差又造成压力偏高；

三是前期弹性开采阶段压力偏高，后期注水开采阶段压力偏低，这种情况比较少见。

（2）含水拟合问题。

一是含水整体偏低或偏高，一般认为可能是由于水体过小、油水井干扰、局部连通性、水相相对渗透率造成的；

二是前期弹性开采阶段含水偏低，后期注水开采阶段含水偏高，一般认为可能是由于局部水体过小或连通性差或水相相对渗透率偏小造成前期含水偏低，而后期的油水井干扰或水相相对渗透率偏大又造成了含水偏高；

三是前期弹性开采阶段含水偏高，后期注水开采阶段含水偏低，一般认为可能是由于局部水体大或连通性好或水相相对渗透率偏大造成了前期含水偏高，而后期的油水井对应干扰或水相相对渗透率偏小又造成含水偏低。

6.3.5.3　其他特殊拟合问题

一是见水时间，一般认为可能是由于水体、束缚水饱和度、初始水饱和度、局部连通性或水相相对渗透率造成的。

二是含水"漏斗"，指含水突然下降或上升，一般认为是由补孔改层或水驱前缘突破造成的。

三是前高后低或前低后高现象，往往前期拟合上了，后期拟合得更差，或后期拟合上了，前期拟合得更差，即所谓的"跷跷板"现象。一般认为具体问题具体分析，结合动静态资料，全面分析，找出问题的根源。

6.4　高含水期油藏历史拟合方法

6.4.1　历史拟合的特征

6.4.1.1　阶段性特征

历史拟合的目标载体是油藏，与自然界任何事物一样，油藏的动态变化从投产到废弃都与油藏本身的地质特征、油藏所处的阶段及人工干预措施紧密相关。

不同的油藏类型，其自然动态的变化规律略有不同；不同的开发措施调整阶段，油藏的动态变化特征也有所不同。无论如何，某一个具体油藏的整个开发历程总是呈现阶段性特征，而且不同的阶段影响其动态特征的主导因素不同。准确把握油藏阶段性特征表征参数及其影响因素，对于提高动态历史拟合参数调整针对性至关重要。

另外,从历史拟合角度出发,由于拟合指标与调整参数之间的复杂对应关系,无法保证纯粹开发阶段特征动态与所调整静态地质参数之间的独立性及对应性。因此,为了突出不同阶段拟合指标的特殊性及参数调整的针对性,避免多参数与多指标之间的交叉影响,加快拟合速度和效率,有必要在考虑油藏开发调整阶段划分方法的基础上,结合油藏动态拟合指标与影响参数之间的关系,合理划分动态历史拟合阶段。

研究认为,一般的高含水油藏的历史拟合可以划分为四个阶段,即:弹性开采阶段、注水补充能量阶段、综合调整阶段、提高采收率阶段。这四个阶段,不仅符合油藏开发调整的要求,又满足了历史拟合阶段特征动态指标与影响参数之间的独立性。

6.4.1.2 层次性特征

历史拟合是一门复杂的系统工程,而对于复杂系统的研究往往存在一个由表及里、由浅入深、由宏观到微观的客观认识过程。从工作程序的角度出发,也应遵循先主要后次要、由简单到复杂的研究次序。

具体到历史拟合,从拟合指标的质量要求上,可以划分为三个明显的层次:储量拟合、趋势拟合及精确拟合。

分析表明,三个不同的层次,其参数调整的内容和方式大不相同,这样便于操作,提高效率。对于储量拟合,主要调整参数为静态储集参数;趋势拟合主要做整体参数调整;而精确拟合主要做局部参数调整。由此可见,历史拟合具有比较明显的层次性特征。

6.4.1.3 指标类型特征

历史拟合的指标类型大致分为压力及产量两类。分析发现,两类拟合指标之间及同类指标内部的不同拟合指标之间,存在不同的逻辑关系。

首先,从逻辑顺序上讲,压力指标先于产量指标,压力是物质和能量的基础,而产量是物质及能量内部所遵循的规律。

其次,从影响参数上讲,影响压力指标的参数主要以与体积相关的参数为主,而影响产量指标的参数主要以岩石—流体特征参数(如相对渗透率曲线、毛细管压力曲线、流体PVT等)为主。当然,两者之间也存在共性的影响参数,如渗透率,但压力指标的渗透率调整主要是通过改变储层的渗透能力来改变压力(或能量)的传导速度,而产量指标的渗透率调整主要是通过改变储层的非均质性来改变驱替相流体(水或气)的流动方向。

再者,压力指标中的油藏压力水平、压力分布及单井压力指标的影响参数各不相同,可以独立调整,而产量指标中的油藏综合含水和气油比与单井含水与气油比之间紧密相连,其影响参数大致相同。由此可见,历史拟合指标影响参数既有区别,又有联系,但特征比较明显。

6.4.2 阶段多级控制方法

在准确分析历史拟合特征及历史拟合指标影响参数的基础上,确定高效历史拟合方法的主要目标是:在通用历史拟合策略的指导下,建立标准的历史拟合程序,充分考虑历史拟合的阶段性、层次性和指标类型特征,保持不同阶段拟合指标和参数调整的独立性和针对性,加快拟合速度,提高拟合精度。

6.4.2.1 拟合策略原则

首先,确定拟合顺序:先储量拟合,再趋势拟合,后精确拟合。趋势及精确拟合中,先拟合压力,再拟合产量,后循环检查。其次,确定每层次各阶段拟合主要指标及主要调整参数,并提出拟合方法。

6.4.2.2 储量拟合方法

储量拟合的主要影响参数:构造、厚度、净毛比、孔隙度、饱和度、毛细管压力。为准确把握具体的影响参数,对于储量拟合,提出如下拟合步骤:

① 输入油藏构造和厚度,初始化模型,计算总岩石体积,并与地质数据比较,校正相关参数;

② 输入网格净毛比,初始化模型,计算净岩石体积,并与地质数据比较,校正相关参数;

③ 输入网格孔隙度,初始化模型,计算有效孔隙体积,并与地质数据比较,校正相关参数;

④ 初始化毛细管压力函数,计算原始地质储量,并与地质数据比较,校正相关参数。

6.4.2.3 分阶段趋势拟合方法

(1)首先,开展分阶段压力趋势拟合,主要拟合指标:油藏平均压力。

第一阶段,在满足定油生产情况下模型计算阶段产油量与实际的一致性的基础上,主要调整岩石压缩系数和水体性质;

第二阶段,主要核实油藏实际注采量;

第三阶段,落实油水井的实际层位变更并核实阶段注采量;

第四阶段,基本不需要调整。

(2)接下来,开展分阶段产量趋势拟合,主要拟合指标:产能、含水、气油比。

第一阶段,拟合油井产能,主要调整储层渗透率;

第二阶段,拟合含水及气油比初期动态,主要调整相对渗透率曲线前部分及垂向渗透率;

第三阶段,落实油水井的实际层位变更并核实阶段注采量;

第四阶段,主要调整相对渗透率曲线后部分。

6.4.2.4 分阶段精确拟合方法

(1)首先,开展分阶段压力精确拟合,主要拟合指标:油藏压力分布及单井压力。

第一阶段,主要调整油藏压力系数、油藏气顶、断层封堵性及外边界条件;

第二阶段,分析注采关系,调整区域渗透率及区域方向渗透率;

第三阶段,主要调整合采及合注井的分层注采比例、井表皮系数;

第四阶段,基本不需要做太大的调整。

(2)接下来,开展分阶段产量精确拟合,主要拟合指标:单井含水及气油比。

第一阶段,无水采油期,基本不需要做调整;

第二阶段,分析注采关系、驱动方向上的渗透率、区域相对渗透率曲线、断层封堵性及流体界面;

第三阶段,主要调整层间连通状况及分层产油水比例;

第四阶段,基本不需要做太大的调整。

6.5 历史拟合的质量分析

历史拟合的精度要求要与项目研究的目标要求保持一致,必须保证预测目标指标的可靠性,可以根据不同的研究问题建立不同的拟合精度标准。

6.5.1 拟合质量与拟合率

6.5.1.1 拟合精度与拟合率

历史拟合的最终目标是建立一个完全符合地下油藏实际的三维地质模型。然而受各种主客观因素的影响,理想的拟合目标难以实现。那么,如何评价历史拟合质量、衡量历史拟合精度,需要探讨历史拟合精度的判别指标问题。有学者用拟合率大小来评判历史拟合的质量精度,对此存在以下几方面的疑问。

一是模拟模型必须要体现控制油田生产的主要机理,不可能预测所有油田驱替过程规律中的例外情况。但由于实际油藏储层流体的客观复杂非均质性,基于已有认识建立的模拟模型难以包含所有特殊例外的渗流现象,过度追求高的拟合率容易诱导唯拟合率的问题,实质上是不科学的。

二是牺牲油藏地质的完整性或生产过程中的物理规律的拟合虽然拟合率高,但拟合质量不高。把握宏观认识,反映主体规律,在现阶段对于提高油藏认识仍还有很大的发展空间,拟合率只能在一定程度上间接反映综合研究工作的质量,而不是唯一指标。

三是拟合的目的是为了合理的预测,把拟合当作一种概率的工具,只要主要的规律把握住了,预测基本就可靠。一般而言,高于85%以上拟合率的油藏模型基本可以满足油藏工程研究的需求,其关键是油藏数值模拟的研究结论对于综合油藏方案的决策判断具有支撑而非决定作用。

6.5.1.2 拟合质量量化方法

历史拟合指标类型和数量众多,对于每一项指标的拟合精度判断,基于油藏工程原理,从历史拟合质量的多个方面,建立6个标准化的拟合质量定量评价指标。

(1)离差和的平均值。

计算公式为:

$$\varphi(a) = \sum_{i=1}^{N} [U_i - U(t_i, a_i)]/N \tag{6.8}$$

式中　U——模型计算目标拟合量;

　　　a_i——第 i 个被估参数;

　　　t_i——第 i 个时间步;

　　　N——实际测量的点数;

　　　U_i——t_i 时刻实测目标拟合量。

该指标可以用来粗略评价计算值与测量值之间的偏离情况。若该值大于0,则说明计算数据点居于实测数据点上面的较多;若小于0,则说明计算数据点居于实测数据点下面的较多;若等于 0,则说明计算数据点平均分布在实测数据点两侧。

(2)离差的绝对值和的平均值。

计算公式为:

$$\varphi(a) = \sum_{i=1}^{N} |U_i - U(t_i, a_i)| / N \tag{6.9}$$

参数意义同上。该指标可以用来评价计算值与实测值之间的平均偏离程度,值介于 0 ~ 1 之间,越小越好。

(3)离差的均方根。

计算公式为:

$$f(a) = \left[\sum_{i=1}^{N} [U_i - U(t_i, a_i)]^2 / N \right]^{1/2} \tag{6.10}$$

该指标可以用于拟合效果的纵向对比,值介于 0 ~ 1 之间,越小越好。

(4)极值。

计算公式为:

$$\text{MAX}_d = \max_{1 \leqslant i \leqslant N} |U_i - U(t_i, a_i)| \tag{6.11}$$

$$\text{MIN}_d = \min_{1 \leqslant i \leqslant N} |U_i - U(t_i, a_i)| \tag{6.12}$$

该指标可以用来评价拟合计算值与实测值之间的最大、最小偏离程度,值越大,偏离程度越严重。

(5)最大最小值。

计算公式为:

$$\text{MAX}_d = \max_{1 \leqslant i \leqslant N} [U_i - U(t_i, a_i)] \tag{6.13}$$

$$\text{MIN}_d = \min_{1 \leqslant i \leqslant N} [U_i - U(t_i, a_i)] \tag{6.14}$$

该指标可以用来评价拟合计算值与实测值之间的正向最大或负向最小偏离程度,值越大,偏离程度越严重。

(6)趋势判断。

计算公式为:

$$Var(U_1, U_2, \cdots, U_N) = \frac{1}{N} \sum_{i=1}^{N} (U_i - \overline{U})^2 \tag{6.15}$$

该指标可以用来评价拟合计算曲线与实测曲线趋势一致性,值越大,表明趋势一致性越差。

以上 6 个评价指标适合于无量纲的拟合指标,例如含水等。对于有量纲的拟合指标,如产液量、压力等,则需要进行离差参数的无量纲化处理。无量纲离差定义为:

$$\Delta U_D = \frac{U_i - U(t_i, a_i)}{U_i} \tag{6.16}$$

根据无量纲离差参数计算相关质量评价指标,其评价标准与评价方法与无量纲指标相同。

6.5.1.3 拟合精度一般要求

基于油藏模拟拟合指标与影响因素之间的逻辑关系,历史拟合精度控制一般遵循以下要求。

区块或油田的拟合精度应高于单井的拟合精度,历史末期的拟合精度应高于历史初期和中期的拟合精度(因为前者决定了下步预测的精度),含水的拟合精度应高于压力的拟合精度,高产井的拟合精度应高于低产井的拟合精度,主力层的拟合精度应高于非主力层的拟合精度。

只要瞬时拟合误差不超过20%,累计拟合误差不超10%就可满足工程设计的要求。拟合的精度应与油藏模型和动态模型的精度相一致,不可要求太高。

6.5.2 拟合标准建立方法

6.5.2.1 拟合误差特征值

为了开展量化的拟合误差分析,引入历史拟合的三个误差特征值,建立相应的拟合标准。

正向最大相对误差:取所选时间点中正向相对误差的最大值,表征计算值与实际值正向的最大偏离程度。

负向最大相对误差:取所选时间点中负向相对误差绝对值的最大值,表征计算值与实际值负向的最大偏离程度。

相对误差平均值:取所选时间点相对误差绝对值的平均值,表征计算值与实际值总体上的相对偏离程度。

6.5.2.2 区块指标拟合标准

区块指标拟合标准:包括压力、采出程度、含水等指标。

(1)压力:正向最大相对误差小于10%;负向最大相对误差小于10%;相对误差平均值小于5%。

(2)采出程度:正向最大相对误差小于5%;负向最大相对误差小于5%;相对误差平均值小于2%。

(3)含水指标:以拟合高含水期和特高含水期的含水为主。在高含水期,正向最大相对误差小于10%;负向最大相对误差小于10%;相对误差平均值小于5%。在特高含水期,正向最大相对误差小于5%;负向最大相对误差小于5%;相对误差平均值小于2%。

6.5.2.3 单井指标拟合标准

单井指标拟合标准:主要拟合累计产油量和含水等指标,对于测压资料齐全的井还需拟合单井压力指标。

(1)压力:正向最大相对误差小于15%;负向最大相对误差小于15%;相对误差平均值小于8%。

(2)累计产油量:正向最大相对误差小于10%;负向最大相对误差小于10%;相对误差平均值小于5%。

(3)含水:以拟合高含水期和特高含水期的含水为主。在高含水期,正向最大相对误差小于15%;负向最大相对误差小于15%;相对误差平均值小于8%。在特高含水期,正向最大相对误差小于10%;负向最大相对误差小于10%;相对误差平均值小于5%。

6.5.2.4 拟合精度量化标准

以拟合率表征拟合精度,拟合率是指拟合上的井数占所选拟合井数的百分数。拟合率要在 80% 以上。

6.5.3 拟合质量评价方法

一个高质量的历史拟合体现了油藏数值模拟研究者的综合水平和能力,历史拟合的质量评价同样也需要从多个方面综合分析。

(1)拟合指标的多类型和多层次。

不同的动态指标,反映了油藏静、动态特征的不同方面。受监测资料的限制,常规的历史拟合主要为油井含水和产量,以及少量的油层压力资料。拟合指标越少,对油藏实际静、动态特征的响应越少,所反映的油藏客观信息越少,不确定性风险增大。因此,在拟合指标类型方面,既要有反映油藏流体孔隙体积大小分布的压力指标,还要有反映不同相流体(油、气、水)饱和度大小分布的产水率或气油比指标,以及反映油藏流动能力大小的产量指标。在拟合指标层次方面,既要有油藏整体单元或区块的动态指标,还要有单井或井组的动态指标;既要有纵向整个生产井段的产注剖面指标,还要有单层压力、饱和度指标。总之,拟合的指标类型越多、指标层次越多,指标信息代表的空间分布范围越广,模型的可靠性越强。

(2)参数调整的依据科学合理。

基于纯粹的数学自动优化理论或人工试凑方法调参拟合在实际油藏模拟应用研究中并不值得优先推荐。在充分的油藏认识基础上,通过地质沉积规律的约束指导,结合渗流力学理论,科学有序地开展动态历史拟合参数修改,可以较好地保证参数调整的科学合理性。鉴于此,动态历史拟合的参数调整要在遵循历史拟合科学方法基础上,通过多专业一体化协同研究讨论来确定,注重拟合误差原因分析,把握动态变化宏观趋势。参数调整幅度不得超越地质认识范围界限,参数调整要符合整体与局部的过渡演化规律,避免"开天窗"式的破坏性调整。

(3)拟合指标具有较高的拟合率。

从数学的观点看问题,动态预测就是历史拟合的外推计算。经验表明,如果预测的时间不超过历史拟合的时间,那么预测的结果很可能是正确的,反之预测的结果可信度就会降低,预测的时间越长可信度越低。因此,根据历史拟合精度标准要求,在确保参数合理调整基础上,区块和单井动态拟合指标的拟合率越高,有效期内模型预测的准确性越高。动态历史时间越长,拟合指标项目越多,油水井数目越多,油水井空间分布越广泛,拟合率大小所代表的拟合质量水平可信度越高。

(4)经得住动态监测资料验证。

高质量的数值模拟预测模型,要经得起不同层面动态资料的验证。一是与新增动态监测资料验证。在数值模拟研究期间或后期,通过新钻密闭取心井、开发调整井获取的饱和度、压力等指标,抑或是新增的水井吸水剖面、油井产液剖面测试资料等,与模型计算值进行对比,两者的符合程度越高,模型质量越可靠。二是与后续动态生产指标验证。应用拟合完善的数值模拟模型开展区块后期动态跟踪预测,在没有任何参数调整情况下,对比模型预测动态指标与实际生产动态指标,两者的符合程度越高,模型质量越可靠。

◆ 7 模型收敛性

油藏数值模拟预测模型的运行时间直接影响数值模拟项目研究的效率和周期,而影响预测模型运行时间的因素众多,包括模型网格规模、模型的复杂程度、动态模型中的油水井数目、油藏动态历史的时间、运行的时间报告步数目、模型的计算收敛性及模拟软件性能、计算机硬件性能等。然而,在满足模型描述及预测精度的前提下,从模拟预测模型角度出发,可以控制和改善的主要因素是模型的计算收敛性问题。实践表明,提高模型的收敛性对于改善模型的运算时间其效果是异常显著的。

7.1 收敛性原理

油藏数值模拟的收敛性包含两方面的含义:非线性迭代(外迭代)的收敛性和线性代数方程组求解(内迭代)的收敛性。

7.1.1 非线性迭代收敛性

由于油藏数值模拟的方程是非线性的(所谓偏微分方程的非线性指的是偏导数项的系数是待求未知数的函数),如两相条件下含水饱和度方程:

$$\nabla \cdot \left[\frac{KK_{rw}}{B_w \mu_w} \left(\nabla p_w - \gamma_w \nabla D \right) \right] + q_{ws} = \frac{\partial}{\partial t} \left(\frac{\phi S_w}{B_w} \right) \tag{7.1}$$

若式(7.1)把重力忽略,可简写为:

$$\nabla \cdot \frac{KK_{rw}}{B_w \mu_w} \nabla p_w + q_{ws} = \frac{\partial}{\partial t} \left(\frac{\phi S_w}{B_w} \right) \tag{7.2}$$

式(7.2)中,未知数为饱和度 S_w 和水相压力 p_w,而 p_w 的系数中相对渗透率 K_{rw} 是饱和度的函数,因而为非线性方程。

在上述流体的偏微分方程离散(所谓离散就是将满足物理规律的偏微分方程按照差分或者其他的方式在有限的网格点上近似表示)过程中,对于非线性系数,或者进行线性化处理,或者通过迭代方法处理,否则无法直接求解。

最简单的线性化方法就是用上一个时间步的值近似代替(相当于显式处理),以式(7.2)为例,在计算当前时刻(t^{n+1})的饱和度时,非线性系数 $K_{rw} = K_{rw}(S_w^n)$ 可以根据上一时间步的饱和度求出来,这样直接把非线性方程组变成了线性方程组,可以直接求解,但缺点是时间步长不能放大,否则两个时间步的饱和度变化较大,在计算当前时间步结果时系数采用上一个时间步的数据,计算误差太大。

另一种方法是简单迭代方法,为保障计算稳定性和精度,一般采用隐式方法离散,以式(7.2)为例,在计算当前时刻(t^{n+1})的饱和度时,非线性系数 $K_{rw} = K_{rw}(S_w^{n+1})$ 属于未知数,这样离散得到的方程组为非线性代数方程组,仍然无法直接求解,需要通过对非线性部分赋初值、在当前时间步对方程组不断线性化、逐步逼近的方式进行求解,即迭代求解。

同样以式(7.2)为例,简述其思路与步骤如下:

(1)对离散得到的非线性系数 K_{rw},首先给它一个初始值,比如可以用上一步的饱和度求得一个相渗值作为初值 $K_{rw} = K_{rw}(S_w^n)$,这样式(7.2)离散得到的就是一个线性代数方程组,可以通过现成的方程组解法直接求解,得到一个饱和度的值 S_{w1};

(2)如果 S_{w1} 和初值 S_w^n 相比较误差较小,则认为 S_{w1} 就是式(7.2)的解,否则 $K_{rw} = K_{rw}(S_{w1})$,代入式(7.2)中,计算得到新的饱和度值 S_{w2};

(3)继续如上的步骤,直至达到人为制定的最大迭代次数,或者 S_{wi} 和 S_{wi+1} 的值相差很小(比如差的绝对值是 10^{-8}),认为外迭代收敛,停止计算,更新时间步,进入到下一个时间的求解。

以上是简单迭代的思路,其他常用的外迭代方法主要是牛顿迭代,以及在此基础上的一些变形。

外迭代对于初值的选取要求较高,初值越接近真解,迭代越容易收敛,因此,提高外迭代的收敛速度,一般采取的办法有:适当减小时间步长,提高收敛条件(如增加最大迭代次数或降低迭代容许误差)。

7.1.2 线性迭代收敛性

油藏数学模型离散得到的线性代数方程组维数较大(与网格数、井数有关),难以直接求解,一般需要通过线性代数方程组的迭代解法进行求解。求解方法分为直接法和迭代法两大类,其中直接法包括高斯消去法、克莱姆算法等,一般用于求解低阶稠密矩阵方程组。油藏数学模型离散得到的一般为高阶大型稀疏矩阵方程组,迭代法是解这类方程组的重要方法。

目前,求解油藏数值模拟中的线性代数方程组的最主要迭代方法为预处理类共轭梯度求解算法,这类算法的好处是通过预处理,能够有效改善系数矩阵的病态性质,加上共轭梯度算法的快速收敛性,能够实现方程组的快速求解。

7.2 模拟应用中的收敛性

7.2.1 迭代求解过程

以常用的牛顿迭代为例,假设非线性方程为 $f(x) = 0$,则非线性牛顿迭代求解公式为:

$$x_{k+1} = x_k - \frac{f(x_k)}{f'(x_k)} \quad (k = 0, 1, 2, \cdots) \tag{7.3}$$

迭代求解思路如下:过$(x_k, f(x_k))$点作切线,与 x 轴交点即为 x_{k+1},即沿着曲线导数方向上不断向曲线与 x 轴交点逼近。牛顿迭代法也称为切线法,具体迭代过程是(图7.1,图7.2)。

首先估计一个结果值 x_1,在 $f(x_1)$ 处将方程线性化,求解线性化方程得到 x_2,判断 x_2 与实

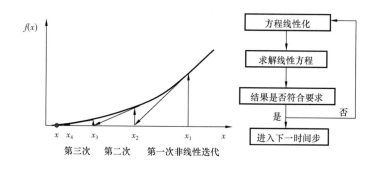

图 7.1　非线性迭代收敛的示意图

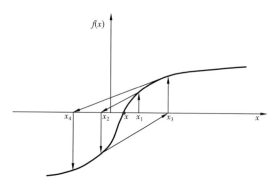

图 7.2　非线性迭代不收敛的示意图

际计算结果 x 是否满足计算误差,这一过程称为一次非线性迭代,其中求解 x_2 的过程称为线性收敛。如果满足计算误差,则取 x_2 作为计算结果,如不满足再次在 $f(x_2)$ 处将该非线性方程线性化,求得 x_3,再次比较与 x 目标值的误差,满足就接受,不满足再次线性化,这称为第二次非线性迭代,如果连续 12 次非线性迭代计算结果仍不满足要求,这时就会截断时间步,时间步变为原来时间步的 0.1 倍,即通过缩小时间步来促进收敛性,如果时间步阶段到 0.1 倍时,收敛成功,则下一时间步将会以 1.25 倍的速度进行递增,如果时间步截断到 0.1 倍依然不能收敛,再次截断。油藏模拟软件一般预先指定默认的最小截断时间步长 $\Delta t_{\min}$ 天,如在 $\Delta t_{\min}$ 时间步内依然不能收敛,那么模型就会接受这个时间步,虽然其物质平衡误差没有在要求范围内。

图 7.1 代表经过三次非线性迭代处理求得目标值 x_4 满足精度要求,图 7.2 则代表非线性迭代不收敛的情况。

7.2.2　收敛性相关概念

在考虑模型计算收敛性之前,首先了解几个与收敛性有关的基本概念。

7.2.2.1　报告步长

报告步长是用户设置的输出运行报告的时间间隔。运行报告一般包括产量报告和动态场(重启)报告,其内容由用户通过相关关键字指定。报告步的长短不限,可以为每个月、每季度或每年等,也可以根据需要设置成不等时间间隔的变报告步长。可以看出,相同的历史(或预测)时间,报告步长越短,则报告步数越多。由于每一个报告步结束时要记录用户指定的大量相关信息,因而报告步数的多少在一定程度上会影响到模型的运行时间。

7.2.2.2　时间步长

一个报告步包括多个时间步,而时间步是软件自动设置(或用户设置),即通过多个时间步的计算来达到下一个报告步。以 ECLIPSE 为例,假如报告步为一个月,在缺省条件下,第一个时间步取 1 天,然后以 3 倍增加,即第二个时间步取 3 天,然后取 9 天,下一个时间步是 27 天来达到 30 天的报告步,然后会以每 30 天的时间步来计算。时间步可以通过关键字来修改,该值的设置应根据模型情况综合确定,其合理性对于模型运算收敛性的影响是明显的。

7.2.2.3 迭代与收敛性

迭代法是求解线性代数方程组的逐次逼近的方法。在迭代法求解线性代数方程组时,存在收敛性和收敛速度的问题。

对于一般的 n 阶线性代数方程组 $AX = b$,首先给定其迭代初值 $X^0 = (x_1^0, x_2^0, \cdots, x_n^0)^T$,然后代入迭代公式,经过反复迭代可得一向量序列 $X^k = (x_1^k, x_2^k, \cdots, x_n^k)^T$,如果极限

$$\lim X^k = X^* \qquad (k \to \infty)$$

存在,就说迭代格式是收敛的,否则就是发散的。式中,$x^* = (x_1^*, x_2^*, \cdots, x_n^*)^T$ 是原代数方程组的真解。

油藏数值模拟中的方程组,其系数矩阵通常满足严格对角占优性质,可以证明,对这种矩阵,用简单迭代法或高斯—赛德尔迭代法求解时,一般都是收敛的。

收敛速度指的是如果一种迭代方法是收敛的,那么对于给定的精度要求,若迭代很多次才能达到,则它的收敛速度是慢的,若只要少数几次迭代计算就能得到,那么它的收敛速度是快的。一般来说,高斯—赛德尔迭代法比简单迭代法收敛得快,但也有反常的情况。

7.2.2.4 迭代次数

迭代次数分为非线性迭代次数和线性迭代次数。

非线性迭代次数是指一个时间步包括多次非线性迭代。以 ECLIPSE 软件为例,在缺省情况下,如果通过 12 次的非线性迭代没有收敛,模拟器将对时间步自动减小 10 倍。比如下一个时间步应该是 30 天,如果通过 12 次的迭代计算不能达到收敛,模拟器将把时间步缩短为 3 天。3 天的时间步如果达到收敛条件,则下一个时间步将以 1.25 倍增长,即 3.75 天,4.68 天,……如果在计算过程中经常发生时间步的截断,即出现计算的不收敛,则模型计算将很慢。当然,一个时间步所允许的最大非线性迭代次数(如 12 次)是可以通过相关关键字(如ECLIPSE 中的 TUNING)来修改的,这样可以改善模型的收敛性。

线性迭代次数是指一个非线性迭代包括多次线形迭代,线性迭代是用于求解矩阵方程。在缺省情况下,ECLIPSE 允许一个非线性迭代内部最多可以进行 25 次的线性迭代,否则视为不收敛。该值也可以通过相关关键字(如 ECLIPSE 中的 TUNING)来修改的,这样可以改善模型的收敛性。

对于一个确定的模拟模型,其模拟计算的时间在很大程度上取决于时间步的大小。如果模型没有发生时间步的截断而且能保持长的时间步,那表明该模型没有收敛性问题,反之如果经常发生时间步截断,那模型收敛性差,计算将很慢。而时间步的大小又主要取决于非线性迭代次数。如果模型只用一次非线形迭代计算就可以收敛,那表明模型很容易收敛;如果需要 2~3 次,模型较易收敛;如果需要 4~9 次,那模型不易收敛,大于 10 次的话,模型可能有问题;如果大于 12 次,时间步将截断。因此,如何避免时间步的截断,是提高模型收敛性的关键问题。

7.3 收敛性影响因素

模型的收敛性实际上是指数学方程求解的收敛性,影响模型的收敛性实质上是影响数学方程数值化求解的速度和精度。因此,所有用于数学方程迭代求解的相关参数如果满足不了计算收敛性条件,都将影响到模型的收敛性。从模拟应用的角度出发,影响模型收敛性的主要因素包括两个方面:初始化数据和模型设计。

7.3.1 初始化相关因素

7.3.1.1 流体高压物性

流体高压物性数据主要是指流体 PVT 数据表。

流体 PVT 数据表一般来自于早期的实验分析,如果实验的压力及气油比变化范围太小,而模型运行的压力(尤其是注水井井底压力过高)及气油比变化范围超过数据表提供的区间大小,则会发生 PVT 参数的外插。在没有进行人工合理控制的情况下,模型按照自己默认的处理方式外插往往会产生没有实际物理意义的属性计算(如 ECLIPSE 软件内部把 PVT 数据存储为 $1/B$ 和 $1/(B\mu)$,在外插过程中 $1/B$ 和 $1/(B\mu)$ 的微小变化会导致其倒数的巨大变化,从而产生不合理的插值结果),从而引起收敛性问题。

另外是 PVT 数据表的数据光滑性问题,模型在计算求解过程中会对数据表在给定的数据之间进行线性内插,任何一个数据点的梯度为无限值都会导致收敛上的困难。

再者,在没有实验数据的情况下,通过相关公式求取或者根据人为经验给定的 PVT 数据表,往往没有考虑到油、气之间的相互协调性,会出现不合理的 PVT 参数结果,从而在高压物性的自检过程中出现总压缩系数为负值的情况,这显然是不符合理论规律的,因而也会产生模型的不收敛性。

7.3.1.2 饱和度表数据

饱和度表数据包括相对渗透率曲线数据和毛细管压力曲线表数据。

与 PVT 数据表不同,这类数据一般不会因为数据表物理性质的不合理而产生收敛性的问题,往往是由于给定的数据表的数据光滑性及特异性造成的。主要表现在:饱和度和相对渗透率/毛细管压力数据的小数点位数过多;饱和度值相邻太近,导致相对渗透率/毛细管压力曲线的倾角变化太大;饱和度有很小的变化而相对渗透率发生很大的变化。以上现象归结为一类问题,即相对渗透率/毛细管压力曲线倾斜度太大,即曲线在很小饱和度范围内发生很大变化,从而导致收敛性问题。

另外一方面是使用饱和度端点标定功能后,可能产生标定后的相对渗透率曲线倾角太大,或标定后的毛细管压力太大。其问题的实质与导致收敛性问题相同。

7.3.1.3 井筒垂直管流数据

在考虑井筒流动状况的模拟中,需要加入油水井的 VFP 表。VFP 表一般通过相关模块产生,实际应用中也会由于使用上的不合理产生计算上的收敛性问题。

一是所建立的 VFP 表没有给定包含油藏预期可能的所有情况下的指标(包括产量、压力、持水率、持气率等)变化范围,从而在计算过程中会出现 VFP 曲线的外推。同所有形式的外推一样,其结果不能保证在实际物理意义上的正确性。

二是 VFP 曲线出现交叉。在曲线交叉的地方,对于一口油井,在给定的产量、气油比及含水情况下,存在两个可能的井口压力值。由于模型循环求解井口压力值,因此井在交叉点附近的井口压力值操作时就一定会产生收敛性问题。

当然,并不是所有的曲线交叉都不合理,如果为了表示超声波流而人为地把井底压力设得很高,或者流动的速度超过了腐蚀压力限制,VFP 表自然会出现曲线交叉。这部分叫作 VFP 表监控,可以用一个按钮检测相交曲线。

7.3.1.4 储层属性参数

储层属性参数对收敛性的影响主要体现在奇异分布上,由于不合理的插值会产生物性平面分布的剧烈变化。这种情况一般发生在数值模拟人员利用二维成果自行插值建模或者地质人员利用建模软件建立三维地质模型过程中对物性采用随机模拟。总之,储层物性的平面奇异性剧烈变化是储层物性参数影响收敛性的主要原因。

另外,在双重介质模型中,极低的基质渗透率与极高的裂缝渗透率之间构成高渗低孔储层,基质很难给裂缝供油,而裂缝很容易将原油送到井底,两者之间的巨大差异通常会导致计算上的不收敛。

7.3.1.5 初始化参数

初始化参数导致模型不收敛的主要原因是给定的压力及饱和度分布场在初始状态下不平衡,即流体在初始状态下会发生流动,从而导致初始模型不稳定,不稳定的模型收敛性一般较差。从应用角度出发,产生模型初始化不平衡的主要原因如下。

一是采用非平衡处理技术,人工赋予模型压力及饱和度分布;

二是为了拟合初始饱和度分布,人为修改初始化参数。因为人工设定的初始化参数很难保证不破环流体的平衡条件;

三是模型由于其他的原因而没能达到零平衡检查的要求。

7.3.1.6 井数据

井数据对计算收敛性的影响主要表现在井轨迹网格化后的不合理及动态数据处理上的不合理。

连续的井轨迹曲线被网格化后一般以之字形在网格中穿过,这样处理往往会发生井的实际穿过方向与模型关键字定义的方向不相符,从而导致不收敛。

再者,由于在网格死活节点的定义过程当中没有考虑到与井之间的相互关系,有时会出现井轨迹穿过孤立的网格单元,这样也会导致模型的计算不收敛。

其次,动态数据的信息与实际不一致,如某油井在某时刻后停产,而动态模型中却仍旧使该井以 0 产量生产,这样在运算过程中该井井口产量为零,但井筒之间射孔节点还会根据压力及饱和度变化计算产出量,从而引起计算不收敛。

7.3.1.7 模型文件数据

以关键字和相关参数信息表征的模型文件数据的错误排列会引起信息失真,这样的情况类型多样,无法一一列举。但需注意,任何软件都对模型文件的格式要求有一定的规定,使用时需谨慎小心为佳。

7.3.2 模型设计相关因素

7.3.2.1 网格参数

网格的正交性及网格尺寸是影响模型不收敛的主要网格参数。

网格的正交性差,会给矩阵求解带来困难。极其不规则或过分扭曲的网格一般正交性差,这往往发生在运用角点网格描述复杂断层或裂缝时。

网格尺寸的影响表现在两方面,一是相邻网格尺寸相差太大。当相邻网格孔隙体积的大小比值大于1000:1时,很可能大网格就决定了小网格的流动,小网格的饱和度就会发生很大范围的波动,实际就无法计算了。二是网格尺寸太小,这样当某网格在一个时间步内的流量超过孔隙体积的很多倍时,也可能会有收敛性问题。这种情况通常发生在尖灭、局部网格加密或径向模型附近。因此,过分地细化网格也会发生相同的情况。

7.3.2.2 局部网格加密

使用局部网格加密模拟后,在求解局部网格加密过程中会有很多数据在全局网格和局部网格之间进行传递,由于设计上的不合理,如果存在压力及饱和度的分布不连续光滑,就有可能导致收敛性错误。主要表现在:存在局部网格与全局网格之间的物质平衡问题,或运算过程中存在由于气顶膨胀或底水锥进到局部网格内部从而发生流体相变,使得局部网格内部小网格与本地全局大网格之间的流体相混合物不同等问题。

7.3.2.3 收敛性控制参数

为了提高模型计算的收敛性,模拟程序一般提供可供用户修改的收敛计算参数关键字。以 ECLIPSE 为例,该关键字中提供了对时间步长控制、时间截断和收敛控制、牛顿和线性迭代控制三部分内容的相关参数设置,详细参数说明如图 7.3 至图 7.5 所示。理论上讲,该关键字中的任何参数都可以调整,但大部分参数是程序已经优化好的,一般不需要调整。在特殊情况下,可以对其中的几项参数进行适当调整,以提高模型收敛性。

第一部分 时间步长控制		
	缺省值	
	IMPLICIT	IMPES
TSITNI 下一个时间步的最大长度	1.0	1.0
TSMAXZ 下一个时间步的最大时间步长	365.0	365.0
TSMINZ 所有时间步长的最少长度	0.1	0.1
TSMCHP 最小可切片时间步长	0.15	0.15
TSFMAX 最大时间步长增加系数	3.0	3.0
TSFMIN 最小时间步长减少系数	0.3	0.3
TSFCNV 收敛失败后时间步长度减少的系数	0.1	0.1
TFDIFF 收敛失败后最大增量系数	1.25	1.25
THRHPT 最大流量比率	1E20	0.2
TSINIT, TSMAXZ, TSMINZ, TSMCHP的单位是天（公制或英制）, 小时（实验室）		

图 7.3 TUNING 第一部分相关参数

第二部分　时间截断和收敛控制		
	缺省值 IMPLICIT	IMPES
TRGTTE　目标 TTE 误差	0.1	1.0
TRGCNV　目标非线性收敛误差	0.001	0.5
TRGMBE　目标物质平衡误差	1.0E-7	1.0E-7
TRGLCV　目标线性收敛误差	0.0001	0.00001
XXXTTE　最大 TTE 误差	10.0	10.0
XXXCNV　最大非线性收敛误差	0.01	0.75
XXXMBE　最大物质平衡误差	1.E-6	1.E-6
XXXLCV　最大线性收敛误差	0.001	0.0001
XXXWFL　最大井流动收敛误差	0.001	0.001
TRGFIP　在LGR runs中目标流体储量误差	0.025	0.025
TRGSFT　目标表面活性剂改变量	(Eclipse200)	不限制
最大值总要比目标值大,那么Eclipse将迭代目标值,但如果所有最大允许误差得到满足的话,时间步长就被采用。		

图 7.4　TUNING 第二部分相关参数

第三部分　牛顿和线性迭代控制		
	IMPLICIT	缺省值 IMPES
NEWTMX　在一个时间步长中牛顿迭代最大次数	12	4
NEWTMN　在一个时间步长中最小牛顿次数	1	1
LITMAX　在一个牛顿迭代中的最大线性迭代次数	25	25
LITMIN　在一个牛顿迭代中的最小线性迭代次数	1	1
MXWSIT　井流动计算中的最大迭代次数	8	8
MXWPIT　在 THP 控制井中对 BHP 迭代的最大次数	8	8
DDPLIM　最后一次牛顿迭代的最大压力变化	1.E6	1.0E6
DDSLIM　最后一次牛顿迭代的最大饱和度变化	1.E6	1.0E6

图 7.5　TUNING 第三部分相关参数

7.4　收敛性控制对策

影响模型收敛性的因素众多,然而,在具体的应用过程当中,一般是其中的一个或几个因素,需要对其进行准确诊断。如何合理避免或解决各因素引起的收敛性问题,采取什么样的对策是大家最关心的问题。下面结合模拟应用经验,对该问题进行系统的梳理和总结。

7.4.1　流体 PVT 数据处理

首先,要确保给定的 PVT 数据曲线光滑,应用时最好利用绘图工具绘制出所使用的 PVT 数据表,检查数据既要符合流体性质的变化规律,又要保证数据分布均匀,曲线光滑。

其次,要给足流体 PVT 性质的压力变化范围。在应用之前,要初步估算模型中可能达到的压力区间,对于得到的流体 PVT 数据中压力变化范围不够的情况,可以根据数据的变化趋势适当外推。

再者,就是避免由于 PVT 数据不合理而出现负的总压缩系数的问题。如果该负压缩系数发生在油藏压力范围之外,可以忽略该警告信息;如果发生在油藏压力范围之间,则必须予以处理,其主要方法是局部性修改油和气的体积系数及原油溶解气油比。

这里要弄清楚为什么会产生负的总压缩系数?通常而言,黑油模型中,对于某单个油藏,即使存在两相间的质量传递,流体(油气混合物)的总压缩系数应为正值(综合体积系数随压力增大单调递减)。然而,众所周知,有时由于气体的溶解,使得原油在地层压力增大的过程中体积膨胀。随着压力的增大,如果气体体积的降低小于原油体积的膨胀,则油气混合物的总体积增大,从而出现负的压缩系数。

假设地面条件下体积为V_g的气和体积为V_o的油混合压缩在压力为p、体积为V的条件下达到平衡,则油、气组分的平衡方程为:

$$V_g = \frac{V S_g}{B_g} + \frac{V R_s S_o}{B_o} \tag{7.4}$$

$$V_o = \frac{V S_o}{B_o} + \frac{V R_v S_g}{B_g} \tag{7.5}$$

式中　R_s——液相中的溶解气油比;

R_v——气相中的溶解油气比;

S_g、S_o——分别为气、油饱和度;

B_g、B_o——分别为气、油体积系数。

当气液体系的压力增大时,混合物的体积在理论上会减小,其压缩系数C_t为:

$$C_t = \frac{S_g}{B_g}\left(-\frac{\mathrm{d}B_g}{\mathrm{d}p} + \frac{\mathrm{d}R_v}{\mathrm{d}p} \cdot \frac{B_o - R_s B_g}{1 - R_s R_v}\right) + \frac{S_o}{B_o}\left(-\frac{\mathrm{d}B_o}{\mathrm{d}p} + \frac{\mathrm{d}R_s}{\mathrm{d}p} \cdot \frac{B_g - R_v B_o}{1 - R_s R_v}\right) \tag{7.6}$$

如果$R_s = R_v = 0$时,由于油气的地层体积系数的导数为负值,则$p > p_b$时,有:

$$C_t = -\frac{S_g}{B_g}\frac{\mathrm{d}B_g}{\mathrm{d}p} - \frac{S_o}{B_o}\frac{\mathrm{d}B_o}{\mathrm{d}p} > 0 \tag{7.7}$$

如果$R_s > 0$,$R_v = 0$,则$p < p_b$时,有:

$$C_t = -\frac{S_g}{B_g}\frac{\mathrm{d}B_g}{\mathrm{d}p} - \frac{S_o}{B_o}\left(\frac{\mathrm{d}B_o}{\mathrm{d}p} - B_g\frac{\mathrm{d}R_s}{\mathrm{d}p}\right) \tag{7.8}$$

此时,当S_g很小,且原油的地层体积系数的导数大于溶解气油比导数与气体地层体积系数的乘积时,总压缩系数就会为负。因此,如果总压缩系数为负出现在饱和压力以下阶段,要保证总压缩系数为正,需减小饱和压力以下阶段原油体积系数B_o的斜率,或者增大饱和压力以下阶段溶解油气比R_s的斜率,或者增大饱和压力以下阶段的气体体积系数B_g。而当含气饱和度S_g很大时,总压缩系数为负的可能性就大大减少。

7.4.2　饱和度函数表处理

饱和度函数表中处理的数据主要包括相对渗透率和毛细管压力。通常情况下,首先要保证相对渗透率及毛细管压力曲线数据格式正确,物理性质合理。除此之外,重点注意以下几个方面的问题:

（1）要尽量使饱和度函数表中饱和度、相对渗透率、毛细管压力等列数据值的小数点后位数不超过 2 位；

（2）保证数据间隔分布尽量均匀，并检查曲线导数变化，保持导数光滑；

（3）尽量将束缚水饱和度与临界水饱和度设为不同的值，即便是相差很小，也会十分有效；

（4）在使用毛细管压力标定功能时，为防止毛细管压力曲线斜率过大，要控制毛细管压力的最大值；

（5）在使用相对渗透率端点标定功能时，也要控制标定后所导致的相对渗透率曲线过陡的问题。

7.4.3 井筒垂直管流模型

井筒垂直管流模型一般是借助相关模块计算得到的，因此在使用前首先要利用 VFPi 前处理模块检查 VFP 曲线，保证曲线没有出现交叉现象。

此外，根据油水井的动态变化情况，给足参数的变化范围，防止运用过程中的曲线外插现象，如产量、井口压力、气油比、含水等要覆盖历史值及未来预测可能达到的最小值到最大值。

7.4.4 储层属性参数控制

储层属性参数的主要问题在于参数空间分布的连续性和合理性，通常情况下，基于精细地质建模产生的储层属性参数具有较高的数据质量。但在实际应用中，在保证储层属性参数对地质认识客观描述的基础上，还要注意以下几点：

（1）利用数值模拟前处理模块建立地质模型时，要加强对奇异参数的控制，保证属性参数分布更加合理；

（2）储层平面 X 及 Y 方向的渗透率一般相等，如确实存在差异，要尽量控制两者之间的级差；

（3）在井连通网格的 Z 方向渗透率不要设为 0，如果想控制垂向流动，可给一个很小的值；

（4）通过随机模拟产生的属性参数场要适当控制参数的上下限，防止储层参数的极端不连续；

（5）双重介质模型中当裂缝与基质渗透率相差悬殊时，要适当减小时间步长。

7.4.5 初始化平衡处理

模型初始化时，尽量不要用非平衡初始化方法直接为网格赋压力和饱和度值，而是由通过油水界面及参考压力来进行平衡初始化计算。

要想拟合地质提供的初始含水饱和度分布，应该进行毛细管压力的端点标定，这样毛细管压力会稳住每个网格的水，在初始条件下不会流动。

可以通过让模型在没有任何井的情况下按 10 年期空运算，来检查初始条件下模型是否稳定，如果 10 年间的计算模型压力和饱和度没有变化，说明模型初始是稳定的。

使用饱和度端点标定功能时，要注意满足饱和度端点的一致性要求。

7.4.6　井数据检查

井的轨迹最好通过三维显示模块进行检查,确保其网格化后的失真;如果动态历史上井已经关掉,在模拟时不要给零产量,要用关键字把井关掉;检查井射孔,尽量使井不要射在孤立的网格上。

7.4.7　网格参数优化

网格正交性差通常是在建角点网格时为描述断层或裂缝的走向而造成的。在此情况下,最好能使边界与主断层或裂缝走向平行,这样一方面网格可以很好地描述断层或裂缝,另一方面正交性也很好;在平面上最好让网格大小能够较均匀,在没有井的地方网格可以很大,但最好能够从大到小均匀过渡;纵向上有的层厚,有的薄,最好把厚层能再细分;在检查模型时应该每层都在三维显示中检查;可以通过门槛设置功能把小于给定孔隙体积的网格设为死网格。

7.4.8　局部网格加密设计

如果要研究锥进动态,扩大加密区域使之覆盖整个锥进区;径向局部网格加密时里面最小的网格不要太小;如果因使用局部网格加密限制了时间步长,可以增加 TUNING 中的 TRGFIP 从 0.025 到 0.25;如果由于某个局部加密网格影响模型运算,可用 LGRLOCK(全隐式求解)加快计算速度。

7.4.9　模型收敛性控制参数

如果模型数据没有问题,可以调整模拟器的收敛计算参数。对于 ECLIPSE,通常调整的参数有:调整 TUNING 中的最大时间步。如果模型每计算到 30 天就会截断时间步,可以将最大时间步调整为 20 天,这样计算会快很多;调整 TUNING 中的最大线性迭代次数增大到 70 次;降低 TUNING 中的线形收敛误差标准。

时间步的选择通常受到报告步及 TTE 的限制,时间步不能太大,尤其存在油井重大措施变更时。对于试井分析,第一时间步长可以相当小(10s)。当存在井组控制时,可以用 NUP-COL 设置更新井目标的非线性迭代次数,越大产量目标越精确。或者用 GCONTOL 设置井组控制的目标误差。

关键字 NSTACK 通过提供存储以前的部分解的空间从而有助于收敛。将 LTIMAX 及 NSTACK 同时增大对收敛性的影响很小,相反会剧烈地增大模型运算的存储量。因此,NSTACK 通常小于或等于 LITMAX,但千万不要为负,也不要太小。处理的办法是:减小 TUN-ING 中的 TSMAXZ(时间步长),减小线性收敛误差标准(TRGLCV 和 XXXLCV),应用 TUNING-DP 关键字。

TUNINGDP 的目的是自动减小线性收敛误差标准(TRGLCV 和 XXXLCV)改变求解标准,可以对大的产量情况求解提高速度。另外,在 RPTSCHED 中设置"SUMMARY 和 NEWTON = 2",从而在 *. PRT 文件中输出收敛报告情况。从中分析如果总是由于某个网格节点而使计算不收敛,则可以孤立该网格。如果存在网格节点不断的相变,即 *. RPT 文件中有 NTRAN 不断波动,则应调整 TUNING 中的 TRGLCV 和 XXXLCV。

◈ 8 动态预测

油藏模拟的最后阶段就是动态预测。满足动态历史拟合精度标准或质量要求的油藏模型为准确的动态预测奠定基础,但受油藏开发方案设计要素及油水井生产约束条件的影响,动态预测结果的可靠性需要引起重视。

8.1 预测方案设计

8.1.1 预测方案设计原则

油藏数值模拟动态预测可以提供关于油藏工程分析研究及开发方案经济评价相关的各类生产指标,合理的方案设计及其对预测结果的客观科学认识有利于提高工作效率,提升油藏数值模拟的综合研究价值。

(1)应尽可能采用简单科学的方法,设计尽可能少的预测方案个数,并尽可能全的考虑对开发决策起重要作用的因素。

众所周知,为满足油藏开发分析研究需要,预测方案设计时会把所有可能相关的因素都加以考虑,且在各因素中,又会设计多个不同的水平参数,这样就会产生十分庞大的组合方案数量,给动态预测模拟计算及结果分析带来巨大时间、成本压力。例如,一套完整的新区产能建设方案,为优化确定合理的开发技术政策界限,需要从层系划分、井型井网、合理井距、采油速度、注采比、压力保持水平等多方面设计不同的预测模型进行优化;即使具体到某一方面,如采油速度优化,不仅要考虑采油速度本身的变化水平,假设从0.1%变化到2.0%,还要考虑其他因素对采油速度优化结果的影响。如此分析可知,这种从数学角度穷举的方案设计数量有时候大得惊人,是否可以借助其他的工具或方法进行简化,必要的时候能否引入油藏工程的经验判断或类比分析减少优化因素等。经常出现的情况是,因考虑的因素太多而陷入纯数学问题的旋涡中,从而忽视了优化本身的目标和参数物理意义,不仅花费了大量的时间,还可能考虑因素不全、关键因素缺失抑或盲目优化导致的认识偏差,甚至结果错误。

(2)模拟预测的作用主要体现在对研究问题的不确定性评估上,过度强调某一预测方案的定量计算结果的准确性是不太切合实际的。

油藏数值模拟方法纵然可以提供丰富、定量的生产动态预测指标,包括油田、单元、井组、单井等各层级不同时间阶段的产油、产水、注水指标,以及相关的压力水平和原油采收率等。但必须清醒认识到定量并非等同于精确,正如4.5节中所述,各种因素不确定性的存在,使得油藏数值模拟的预测结果难以保证绝对的准确。这样说似乎在为数值模拟方法的质量要求推托责任,其实不然。只有充分认识到这个问题,才能正确合理地利用数值模拟方便快捷的技术优势,通过油藏地质参数或生产控制参数的可能性变化,结合参数变化条件下的油藏生产动态指标,客观科学地分析油藏动态规律、评价潜在的风险、识别关键的参数、进行综合优化判断。

因此,模拟预测结果的可靠性不是绝对的,而是相对的。例如,对于一个井组注采比优化问题,假设注采比参数设计为 0.8、0.9、1.0、1.1、1.2 五个方案,模拟预测采收率分别为 25.3%、26.2%、27.5%、27.3%、26.1%,我们关注的是最优注采比问题,很明显 1.0 最好,至于其方案采收率值 27.5% 是否绝对准确并不作苛刻的要求。

（3）不确定性评估的方案设计要集中在那些对油藏有关键影响的参数上,花些时间进行预测参数的设计比盲目地运行大量的预测方案更有意义。

如前所述,不确定性分析是模拟预测研究中的重要内容。对油藏的认识和了解在油藏整个生命期间内是不断发展、不断完善的,从油田早期的投产阶段,到中后期的提高采收率阶段,可用的油藏静、动态信息逐渐增多。因此,油藏认识和数值模拟的发展也是一个动态、连续的过程,其间的不确定性问题错综复杂。有数据缺乏、认知不足、测量误差等多种因素,涉及静态地质、流体性质、工程设计、生产管理、经济条件等不同类参数。考虑所有相关参数进行不确定评估预测方案设计显然不可行,这就需要在充分认识油藏特征基础上识别出关键参数,并根据研究目的进行科学的预测方案设计研究,可以达到事半功倍的效果。

8.1.2 三类预测方案

动态预测方案按照其研究目的,可以分为基础方案、对比方案和敏感性方案三类。

8.1.2.1 基础方案

基础方案一般是对于一个油田开发区块来说的,可以将保持目前油藏管理方式不变的方案或预期实施的油藏管理方案选择为基础方案。

对于已开发油藏,以动态历史拟合阶段末期的油/水井生产/注入状况作为预测计算的起始条件,保持油藏现有的井网、生产和注水层位,按照当前的趋势进行模拟预测。对于未开发油藏,由于所有的油藏工程方案参数待定,可以采用类比、借鉴等方法,对每一项技术参数选择一个相对合理的参考值,构成一个完整的基础预测方案。未开发油田的基础方案虽然接近于可能实施的开发方案,但不一定是最优方案。

由于基础方案将作为其他方案的对比基础,需要对所有输入的数据进行全面认真的检查核实,防止把错误传递到其他预测方案中引起难以察觉的系统性误差。

8.1.2.2 对比方案

所有有别于基础方案的设计都可称为对比方案。对比方案设计是油藏开发方案优化和开发技术政策研究中经常应用的技术,对比方案的总体规划与设计对于科学、高效的开发决策十分重要。

首先,要确定需要优化研究的主要内容。围绕项目的研究目标对总体的预测方案进行整体的分析与评价,梳理出需要研究哪几方面的问题、问题简化后的主要影响因素、与之相关联的资料信息等,进而厘定拟开展技术论证的主要研究内容及对比预测的规划策略,在基础方案参数数值上下一定范围内变化,形成可对比的预测方案模型系列。

其次,要立足数值模拟技术优势筛选可优化研究的关键问题。对比方案虽然要求尽可能全的包含对开发决策起重要作用的因素,但并非所有的决策参数都需要通过数值模拟优化对比来完成,一些考虑因素相对简单、常规经验认识相对明确的问题,可以直接根据油藏地质特征分析,结合技术经济原则条件进行综合确定。另外,对于考虑因素过于复杂、需要的技术参数无法获取、模型功能需求特殊、模型计算结果的可靠性难以保证的问题,也不易采用数值模拟方法来解决。

再次,要正确理解优化参数间的内在关系。优化对比研究中经常会遇到不同的工程技术政策问题,从油藏角度分析存在相互关联影响,影响优化方案设计与结果分析。例如,合理注采系统优化研究中,注采比、注采速度、压力保持水平是三个不同的开发技术政策问题,但彼此相互制约,这就需要从因素间的逻辑关系、对油藏开发指标的影响机理、矿场工程工艺实施过程等方面进行综合分析,设计预测对比方案及优化顺序。

最后,要建立科学合理的优化效果评价指标。任何问题的优化对比研究,首先要明确优化参数与评价指标之间的内在关系,千万不要只关注预测结果的数据大小对比,还要清楚产生这种结果的原因及其变化规律;另外,优化参数与评价指标数值之间往往呈单调变化曲线关系,无法直观获取最优拐点,针对这种情况,需要重新构建新的评价指标,满足变化参数与评价指标之间存在"趋利"和"趋弊"的双向关系,只有这样,才能在理论上建立科学的优化模型,实现可能的优化对比。

8.1.2.3　敏感性方案

对于某一对比方案,研究与该方案相关的一些不确定因素对方案结果的影响,由此设计的方案叫敏感性方案。关于不确定性参数的来源在 4.5 节已进行了介绍,这里主要讨论敏感性方案的几种常用情况。

一是用于开发方案预测风险分析。对于通过现有的资料和技术还无法确定的地质认识参数,如储量大小、边水能量、气顶大小等,可以在优化方案基础上,针对各不确定性因素按照可能的变化范围进行敏感性方案设计及预测,对比动态生产指标变化,评价开发方案存在的风险。

二是用于动态历史拟合参数优选。利用简化的概念模型,也可以是三维非均质油藏模型,根据认识的不确定性程度,调整油藏地质参数,分析对动态历史拟合结果的影响,优选最敏感且不确定性的参数作为优先调整对象,提高动态历史拟合质量和效率。

三是用于油田开发专题机理研究。一些关于油、气、水在多孔介质油藏中复杂的渗流规律或特殊的动态现象,可以通过简化的径向、剖面或均质概念模型,研究油藏地质参数变化对油水运动规律的影响,明确关键因素,揭示致效机理和原因。一般用于室内物理实验研究的验证和拓展,也或是特定油藏类型的专题技术研究,如隔夹层分布对块状底水油藏水锥形成及演化规律的研究等。

四是用于油藏动态监测项目设计。敏感性分析可以为后期收集和监测反映油田生产动态的某些关键数据和资料提供依据。通过典型油藏的敏感性分析,可以确定影响油藏动态的关键性参数,从而指导油田开发管理者规划设计大量相关的实验、测试项目,以获取实际油藏的真实数据资料,为油藏动态分析和科学决策提供重要指导。

8.1.3 方案优化设计方法

8.1.3.1 常规优化设计

假设某一优化问题需要考虑 3 个因素,用 A、B、C 表示,每个因素有 3 个变化水平,即有 $3^3=27$ 种组合方式。

常规方法设计思路是对每一因素分别优化,按照三个水平预测对比,其余两个因素的水平值与基础方案保持一致,取三个水平中的最优结果,假设每个因素的最优水平分别为 A1、B2、C2。对以上三个因素的最优水平进行组合,构成三因素三水平最优结果(A1、B2、C2)。该设计方法流程简化如下(图 8.1)。

图 8.1 常规优化设计流程

常规优化设计的优点是简单、直接,适用于因素彼此相对独立、相互制约作用小的方案设计。很显然,当因素之间关联影响较大时,这种简单最优水平组合的方案没有充分考虑因素间的关联效应,并不能代表组合因素下的最优水平。

8.1.3.2 顺序优化设计

顺序优化设计方法是在常规方法基础上进行了改进,按照决策逻辑及矿场实施先后确定各因素的优化次序,按照该顺序分步进行单因素优化,并把上一个因素的优化结果作为下一个因素优化的基础参数。

仍以上述三因素(A、B、C)三水平模型为例,根据逻辑分析确定因素优化先后顺序为 A、B、C。首先对因素 A 进行三水平优化,因素 B、C 水平大小取基础方案值,假定优化结果为 A1;接下来把 A1 代入因素 B 的优化方案中,因素 C 水平大小取基础方案值,假定优化结果为 B1;最后把 A1、B1 代入因素 C 的优化方案中,最后得到最优方案组合为(A1、B1、C3)。该设计方法流程如下(图 8.2)。

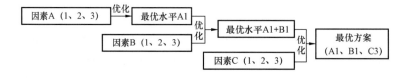

图 8.2 顺序优化设计流程

与常规优化设计方法相比,顺序优化设计方法考虑了因素之间的递进关系和因素间部分关联效应,比较接近矿场操作实际。该方法带入较强的主观意识,因素的优化顺序及基础方案的因素水平取值对最优方案结果都会产生一定影响。

8.1.3.3 正交试验设计

(1)正交试验的内涵。

当试验因素较多且因素之间的内在逻辑关联不清楚时,则需要对所有因素、水平进行全面试验设计,这样会产生大量的计算方案。例如 4 个因素各选定 4 个水平值,共有水平组合方案 $4^4=256$ 个,需要计算 256 个数模方案并从中优选最佳方案,计算工作量太大。

正交试验设计就是针对多试验因素,寻求最优水平组合的一种高效率优化设计方法。该方法的最大特点是用部分试验来代替全部试验,通过对部分试验结果的分析,了解全部试验的情况。同样是上述问题,采用正交表 $L_{16}(4^5)$ 的正交试验设计只需计算 16 个方案就大致可以达到相同的目的。

(2)正交表的性质。

正交试验设计提供了因素和水平相组合的多个正交表,正交表的记号是 $L_m(K_r)$,L 表示正交表,r 是因素个数,K 是水平个数,m 是试验个数。许多数理统计的参考书里给出了 $L_4(2^3)$、$L_8(2^7)$、$L_{12}(2^{11})$、$L_{16}(2^{15})$、$L_9(3^4)$、$L_{16}(4^5)$、$L_{25}(5^6)$ 和 $L_{27}(3^{13})$ 八种可提供使用的正交表。

以正交表 $L_9(3^4)$ 为例来说明正交表的设计需要达到各水平的均匀分布。表现为如下的两个特点:一是在任意一个纵列内各种水平出现的次数相同,如第 1 列内水平 1、2、3 各出现 3 次;二是任意两个纵列内,各种水平组合出现的次数相同,如第 1 列和第 2 列内,水平组合 $(1,1)$、$(1,2)$、$(1,3)$、$(2,1)$、$(2,2)$、$(2,3)$、$(3,1)$ $(3,2)$、$(3,3)$ 各出现 1 次,而且各列的水平之和均是 18(表 8.1)。

表 8.1 正交表 $L_9(3^4)$

水平 因素 试 验 号	A	B	C	D
1	1	1	1	1
2	1	2	2	2
3	1	3	3	3
4	2	1	2	3
5	2	2	3	1
6	2	3	1	2
7	3	1	3	2
8	3	2	1	3
9	3	3	2	1

(3)试验优选算法。

仍以正交表 $L_9(3^4)$ 为例,假设 4 个因素之间无交互作用且每个水平组合仅作一次试验,用 a_i、b_i、c_i、d_i,$i=1,2,3$ 表示因素 A、B、C、D 的主效应,那么,按照多因素的方差分析模型每个试验结果可以表示成:

$$y_1 = u + a_1 + b_1 + c_1 + d_1$$

$$y_2 = u + a_1 + b_2 + c_2 + d_2$$

$$y_3 = u + a_1 + b_3 + c_3 + d_3$$

$$y_4 = u + a_2 + b_1 + c_2 + d_3$$

$$y_5 = u + a_2 + b_2 + c_3 + d_1$$

$$y_6 = u + a_2 + b_3 + c_1 + d_2 \tag{8.1}$$

$$y_7 = u + a_3 + b_1 + c_3 + d_2$$

$$y_8 = u + a_3 + b_2 + c_1 + d_3$$

$$y_9 = u + a_3 + b_3 + c_2 + d_1$$

其中

$$u = (y_1 + \cdots + y_9)/9 \tag{8.2}$$

但因

$$\sum a_i = \sum b_i = \sum c_i = \sum d_i = 0 \tag{8.3}$$

故将式(8.1)内含有 d_1 的那 3 个等式相加,对 d_2、d_3 有类似的情形:

$$y_1 + y_5 + y_9 = 3u + 3d_1$$

$$y_2 + y_6 + y_7 = 3u + 3d_2 \tag{8.4}$$

$$y_3 + y_4 + y_8 = 3u + 3d_3$$

记

$$k_{d1} = (y_1 + y_5 + y_9)/3$$

$$k_{d3} = (y_3 + y_4 + y_9)/3 \tag{8.5}$$

$$k_{d2} = (y_2 + y_6 + y_7)/3$$

因此式(8.4)变成:

$$d_1 = k_{d1} - u$$

$$d_2 = k_{d2} - u \tag{8.6}$$

$$d_3 = k_{d3} - u$$

从式(8.6)看出,k_{d1}、k_{d2}、k_{d3} 的大小与因素 D 有关,而与 A、B、C 无关,是正交的本质。式(8.6)内任何两个算式相减得:

$$d_1 - d_2 = k_{d1} - k_{d2}$$

$$d_1 - d_3 = k_{d1} - k_{d3} \tag{8.7}$$

$$d_2 - d_3 = k_{d2} - k_{d3}$$

记

$$R_d = \max(|d_1 - d_2|, |d_1 - d_3|, |d_2 - d_3|) \tag{8.8}$$

称 R_d 为因素 D 的极差,使用相同的方法可以算出其他因素的 R_a、R_b、R_c、R_d。因素的重要性取决于 R 值大小,极差最大的那个因素最为重要,相反极差最小的那个因素最不重要。另外,因素的优选水平取决于 K 值,假如 k_{d1}、k_{d2}、k_{d3} 中以 k_{d1} 最大,那么因素 D 的优选水平就是 D_1,其他因素类似。

具体的计算过程:用式(8.2)计算全部试验结果的平均值 u,用式(8.5)计算各因素的 K 值,用式(8.7)和式(8.8)计算各因素的 R 值,根据 R 值排列出各因素重要性的顺序,根据 K 值选定各因素的优化水平,再做一次试验求出最优方案的结果。

(4)需要注意事项。

综上所述,对于多因素多水平的方案优化问题可以考虑选用正交设计可以大大减少工作量。但在具体的设计过程中需要注意以下问题。

① 正交表选择。正交表的选择是正交试验设计的首要问题,一旦确定了试验因素及其水平后,可根据因素、水平及需要考察的交互作用多少来选择合适的正交表。其原则是在能够安排试验因素和交互作用的前提下,尽可能选用较小的正交表,以减少试验次数。即:试验因素的水平数一般等于正交表中的水平数,因素个数(包括交互作用)应不大于正交表的列数,各因素及交互作用的自由度之和要小于所选正交表的总自由度。

② 正交表头设计。所谓表头设计,就是把试验因素和要考察的交互作用分别安排到正交表的各列中去的过程。当不考察因素间交互作用时,各因素可随机安排在各列上;若考察交互作用,需要按所选正交表的交互作用列表安排各因素与交互作用,以防止设计"混杂"。

③ 正交表扩展。一是因素个数的扩展。例如 3 个水平的正交表只有 $L_9(3^4)$ 和 $L_{27}(3^{13})$,如果因素的个数在范围(4,13)之内,譬如说是 5,那么就应该使用正交表 $L_{27}(3^{13})$,该表后面 8 个因素列空着不用。令人遗憾的是与 $L_9(3^4)$ 相比,$L_{27}(3^{13})$ 的试验次数增加了 18 次。二是水平个数的扩展。7 个因素的正交表只有 $L_8(2^7)$,如果要优化 7 个因素 3 个水平的问题,那么可把它分解成两个 $L_8(2^7)$ 的子问题,即水平 1、2 为一个正交设计,水平 2、3 为另一个正交设计,从两个子问题的优化方案中再对比结果选出其中之一作为最优方案。

④ 试验结果选优。用优选的因素水平再做一次试验就可以求出最佳方案的结果。模拟模型的一次运算就相当于一次试验,变换因素水平的组合就相当于做了另一次试验。假设方案优化的目标是净现值,则试验的结果应是用开发指标计算的净现值,而净现值的大小取决于采收率、采油速度和井数等多个因素,因此不能仅用一个采收率的指标就去选优,那样做是不恰当的,也是不够精确的。

8.2 预测控制条件

8.2.1 控制条件必要性分析

长期以来,利用数值模拟模型预测油井产量一直未被油藏工程研究人员所采用,一般通过油藏工程的试采分析确定单井合理的产油或产液量,即油井配产(水井配注方法类似),然后再按照配产(或配注)大小采用油井定产量(水井定注水量)的方式模拟计算油藏后期动态指标。这种处理方法既没有充分发挥油藏数值模拟的产量预测优势,又没有正确反映出油井的实际真正潜能。这是因为,如果保持油井的产油量生产,则随着含水的上升,油井的产液量将会大幅度上升,相当于强化采油。即使在预测过程中可以控制油井的最大产液量,但这种随含水不断变化的液量变化现场是无法控制的,只能是一个理想的结果,可操作性差。如果保持油井的产液量生产,随着含水的上升,油井的无量纲采液指数不断增大,生产压差减小,这样实际失去了油井保持压差提液的潜能,预测结果也偏离实际。此外,两种方式都无法考虑地层能量变化对油井产能的影响。而使用井口压力控制生产则可以很好地避免以上预测的误差,而且便于现场操作,符合油井生产实际。

根据油井的产量公式:

$$Q_{\text{o}} = J_{\text{o}} \cdot \left[p_{\text{e}} - (p_{\text{wt}} + \Delta p_{\text{well}}) \right] \tag{8.9}$$

式中　Q_{o}——产油量;

　　　J_{o}——产油指数;

　　　p_{e}——地层压力;

　　　p_{wt}——井口压力;

　　　Δp_{well}——井口压力与井底流压的差。

根据数据来源分析可知,产油指数可以通过井指数拟合调整确定,地层压力通过历史拟合确定,预测阶段可以通过注采比并按照开发设计要求确定,井口压力为预测控制参数,由用户根据开发生产实际或设计要求确定。因此,要合理预测产量,最关键的是确定井口压力与井底压力差,即井筒压力损失。井筒压力损失与流体流量、含水、气油比及流体性质有关,可以利用VFP软件,结合不同采油方式(自喷采油、抽油机采油和电潜泵采油),通过建立合适的井筒垂直管流模型来确定。其中,自喷采油的VFP表需要考虑油嘴尺寸及位置,而抽油机井及电潜泵井的VFP表需要考虑泵的位置、排量和扬程。

因此,建立符合油藏、井筒及地面一体化管理模式的预测条件是提高预测准确性及可操作性的必要条件。

首先要建立与矿场实际相一致的生产控制模式。无论是定压还是定产量生产,都要以正确反映油水井的实际潜能为原则。如果能够建立符合油井井筒举升特征的井筒流动模型,则优选定井口流压的生产控制模式;否则,需要根据油藏压力及油井合理生产压差,估算油井井底流压,采取定井底流压的生产控制模式。对于未开发油田的开发预测,在没有对井筒、管网等工程工艺设计提出具体限制性要求时,则可以以发挥油藏最大潜能为目标,采取定产量的生产控制模式,但要正确把握不同产量控制模式(定产液量或产油量等)对油、水潜能及油藏压力的影响机制。

其次要建立合理的预测限制条件。在生产控制模式确定基础上,根据方案优化的目标要求,结合油、水井设备能力、经济技术条件和数值模拟计算要求,确定合理的生产限制条件,以提高模拟预测结果的科学性与可行性。没有任何限制条件的预测方案有时会因某方面地质认识的不确定性而扩大了指标风险,有时超出了工程工艺的技术能力而无法实施,或者不具备经济上的可行性。

最后还要对预测结果开展跟踪模拟。任何方案的预测结果只是建立在当前地质认识程度和经济技术条件下的最优选择,在实施过程中,要不断根据实施措施情况和实际生产动态开展预测指标评价与分析,必要的时候进行模型的再完善、措施的再优化、指标的再论证,从而不断提高模拟研究措施实施成功率。

8.2.2 油田管理方式

在预测方案设计当中,要首先根据实际油田的管理策略选择与之对应的管理方式。最多存在油田、平台、井组、单井四级管理方式(图8.3),油田包含一个或多个平台,平台包含井组,井组包含单井。通常情况下,可能缺省其中某一个或两个级别,形成不同的管理层级组合模式。例如,常见的油田、单井两级管理方式。在流体从油藏流入井底—流出井口—汇入管网整个过程中,把彼此存在压力、流量相互关联的井划归一个系统。不同的管理方式,适用于不同的地面管网控制系统和油藏研究目标要求。

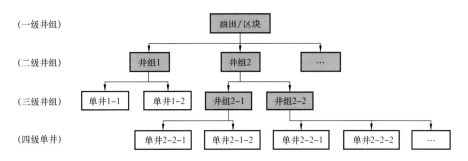

图 8.3　四级管理模式结构示意图

8.2.2.1　油田/区块管理

油田/区块管理方式主要用于两种情况:一是自动化、集成化系统较高的油田/区块生产指标控制与优化,由于对油田/区块的整体产出和注入能力存在工程技术上的限制,需要在油田/区块总体能力控制条件下确定合理的产量/注入量分配原则或方式,为子系统或单井的流量、压力优化设计提供参数指导;二是从油藏角度出发,在充分发挥子系统或单井油藏潜能情况下,可能出现的油田/区块总体生产指标情况,为油田/区块整体配套方案建设提供决策参考。油田/区块管理方式多用于未开发油田的总体方案优化设计研究。

8.2.2.2　井组管理

严格意义上说,油田/区块管理等同于一个大的井组管理。当存在油田、井组、单井多级管理时,下一级的井组管理相当于上一级井组(即油田)的子系统。一级井组下可以包含多个二级井组,二级井组下还可以包含多个三级井组,依次类推,直到最底层的单井管理,总体呈树形拓扑结构(图8.3)。多级井组管理的灵活性在于可以根据油田规模、平台或管网集输站的流量控制模式实现树形分布结构的系统描述,多用于油田/区块控制下的采油平台、分布式集输站的生产系统优化与设计。

8.2.2.3　单井管理

单井管理方式是井组控制下的最基本单元,由于单井是连接油藏与地面系统的桥梁,因此单井管理受制于井底油藏潜能大小和井口外输流量、压力条件。对于井组控制下的单井管理,主要用于合理优化单井能力实现井组系统协调统一、效率最优;对于无井组控制的单井管理,则更多地关注如何更大程度地发挥油藏潜能,实现油藏采收率与单井经济效益最大化。例如,陆上油田依靠人工举升方式的生产井或者采用单井阀控制的注入井,井间不存在彼此压力、流量关联,适用于单井管理。

8.2.2.4 多级控制逻辑

一个完整的控制条件的建立通常有二级、三级甚至更多,在多级控制条件下井管理程序的执行一般遵循如下原则。

首先检查最底层层级单井的控制状态,判断其是否需要进行诸如关井、改层、封堵等操作措施的执行。

其次,根据每口井的约束控制条件,确定其生产能力。

最后,检查判断单井约束条件下的生产能力之和是否满足上一级井组(单元或油田)的约束条件。如不满足,则需要对其做适当修正,直到所有约束条件都满足为止。

由于有时不同控制条件之间存在相互影响,期望在两种不同层级控制之间建立完全清晰的控制界限与规则难度很大,需要在两个层级之间不断进行迭代计算。

8.2.3 井的控制与约束

一个完整的井管理程序对单井的控制与约束包括井的生产制度和井的操作约束。正确设定井的控制与约束条件,需要综合油藏、设备、经济、管理等多方面意见和要求,以最大限度符合油井现实可行的生产条件,同时很好地遵循流体在油藏和井筒中的基本流动规律。

8.2.3.1 井的生产制度

井的生产制度主要有定产量(产油、产液、产气)、定压力(井口压力、井底压力、压差)、定注入量(注水量、注气量)三种类型,选择不同的生产制度,对油水井预测动态规律、地下油藏和地面设备能力提出不同的技术要求。

(1)定产量。

固定井产量一般有定产油量、定产气量或定产液量(油、水产量总合)三种方式。在确定油藏或气藏合理产能情况下,通过定产油量或定产气量预测时,模型根据井所在射孔位置网格的流动系数、含油或含气饱和度、流体相压力,匹配计算需要达到产量目标的井底流压。这种生产制度可以保证油井相对稳定的生产水平,便于采油速度或采气速度的优化研究。以油藏为例,当井筒附近出现油水两相时,其产油能力受含水饱和度、油相相对渗透率影响明显。随着井底含水饱和度增大,油相相对渗透率快速降低,为满足油井产油量目标,模型通过增大产水量、降低井底流压来实现,这样会造成井产水量过大,井底脱气,甚至出现井底流压低于1atm的特殊情况,显然不符合油藏实际。如果采用定产液量生产方式,由于井的产液能力受油、水两相综合流动能力影响,而随井附近含水饱和度的增大,井的产液指数不断增大,生产压差逐渐减小,则计算井底流压逐步回升,不会产生大的波动。因此,在实际应用中,对于可能产生油水两相流动的情况,通常采用定液量生产,同时限定井的最小井底流压,一般取流体饱和压力的80%。如果在给定产液量下,计算井底流压高于限定值,则按照指定液量生产;如果计算井底流压低于限定值,则按照限定的最小井底流压生产,计算产液量会降低。

(2)定压力。

固定井压力一般有定井口油压、定井底流压或定生产压差三种方式。给定井的压力控制条件,模型按照地面、井筒、油藏耦合系统压力协调计算沿程压力损失和井底流压,然后根据井所在射孔位置网格的流动系数、含油或含气饱和度、流体相压力,计算井的产量指标。不同的举升方式,选择不同的固定压力方式。对于自喷生产井,考虑地面外输系统的压力要求,一般采用定井口油压方式生产,随着井筒附近流体饱和度的变化,相流动能力随之改变,则井的总产量、各相流体百分比也发生变化,这样导致井筒压力损失变化,固定井口流压情况下计算井底流压和生产压差,如此迭代。对于机械采油井,一般采用定井底流压或生产压差方式。当固定井底流压时,井的产能变化主要受井附近流体饱和度和油藏压力大小影响;当固定生产压差时,井的产能变化主要受井附近饱和度影响。对于保持压力生产的油藏,定井底流压或生产压差生产时,预测计算产量符合无量纲采油(液)指数变化规律。对于衰竭式开采油藏,定井底流压则计算生产压差减小,产能逐渐降低;定生产压差则计算井底流压减小,要合理限定最小井底流压条件。

(3)定注入量。

固定注入量根据注入介质的不同包括定注水量和定注气量两种方式。在确定油藏注入能力情况下,通过定注入量预测时,模型根据井所在射孔位置网格的流动系数、含油或含气饱和度、流体相压力,匹配计算需要达到注入量目标的井底流压。对于纯油区注入初期井附近区域含油饱和度高,水相流动阻力大,注入井底压力高。随着注入井附近含水饱和度的增大,水相流动阻力逐渐减小,注入井底压力不断降低。定注入量控制可以保证稳定的注入水平,便于注水强度的优化研究。由于油藏的合理注入速度与井网形式、采液速度密切相关,因此,在设计定注入量方式优化注入速度时,要结合油井的生产能力和产液量大小设置,按照油藏或区块不同注采比大小,测算需要的注入量。对于局部单井注入量优化研究,在设定注入量变化幅度时,要同时限定最大井底流压,以防止水井井底油藏岩石破裂。通常以岩石的破裂压力作为最大注入井井底流压限定值,如果在给定注入量下,计算井底流压小于限定值,则按照指定量注入;如果计算井底流压大于限定值,则按照限定的最大井底流压注入,计算注入量减小。

8.2.3.2 井的操作约束

(1)操作约束法则。

井的操作约束主要考虑的是生产过程中需要满足工程工艺、油藏潜能、技术经济等因素而设定的约束条件,一般包括最大及最小产油量、注水量,最大气油比、水油比、产液量,最小井底压力,最大注水压力等。当多个约束条件同时存在时,井管理程序根据先后顺序执行相关操作。当井达到约束条件时,如最大水油比、气油比或水气比,可以指定井管理程序自动实施一项指定工作程序,如关井、封层、换层或者模型停止运算等。

例如,对于采油井,设定了三级约束条件,按照先后顺序分别为:最大地面产油速率 $100\text{m}^3/\text{d}$,最大地面产液速率 $500\text{m}^3/\text{d}$,最小井底流压 500psi❶。模型在计算过程中,先执行第一个操作条件。在执行第一个操作条件时,如果第二个约束违反了,那么第二个约束就变成了操作条件,当其第三个约束违反时它又变成操作条件。

(2)组合约束设计。

根据油藏开发策略要求,选择多个约束条件组合一套多级操作模式,可以较好地实现开发设计者的思想和意图。

---

❶ 1psi = 0.007MPa。

例如,在开发方案设计预测中一般要求单井满足一定配产,油田要有一定的稳产期,矿场要方便注采调控,地面工程要满足集输条件限制等。如何选择约束条件组合才能更加符合矿场管理要求? 为此,确定了如下约束组合条件。

生产井采用定产油量,假设共有三口油井,初期配产分别为 30m³/d、40m³/d、60m³/d,限定油井最小井底流压为 80psi。所有油井隶属于井组 G,井组采用定产油量,总产油量设定为120m³/d,限定井组最大产液量 300m³/d。以上约束组合存在四个约束操作条件,按照顺序是:第一操作条件,油井定产油量生产;第二操作条件,油井井底流压不低于 80psi;第三操作条件,井组控制总产油量 120m³/d;第四操作条件,井组总液量不超过 300m³/d。

计算过程中井管理程序的执行结果是:油井先执行第一操作条件,定油量生产。假设各单井实际产油能力可以达到初期配产值,则总产量为130m³/d,超过井组总产油量 120m³/d,违反了第三操作条件,则执行总产油量 120m³/d 条件,各油井根据单井生产指数大小比例自动减产。这样各油井单井初期产油量低于配产值,实际总产油量 120m³/d。随着开采的继续,油井见水后,要保持初期产油量不变,则需要增大产液量,这样井组含水快速上升,产液量不断增大,产油量稳定在 120m³/d,但油井井底流压持续减小。当某油井井底流压达到 80psi 时,违反第二操作条件,则执行井底流压控制生产,该油井生产压差逐渐减小,产液量快速上升趋势减缓,产油量随含水持续上升开始出现下降。持续生产一段时间后,当所有油井均受到井底流压控制后,井组产油量持续快速下降,井组产液量持续稳定上升至最大产液量 300m³/d 时,执行第四操作条件,维持 300m³/d 液量生产,各油井液量根据单井产液能力大小比例自动分配。油藏模型整个生产动态指标变化规律如图 8.4 所示。

可以看出,这种组合约束控制方式得到的油藏区块产液量变化规律是逐渐增大,而实际矿场中受抽油井泵的最大排量影响,如非油田建设初期就考虑到后期提液按照最大产液能力设计泵型,一般是根据泵的使用寿命,结合油田产液能力实施阶段性换泵生产。这样在油井生产的不同含水阶段,会出现多

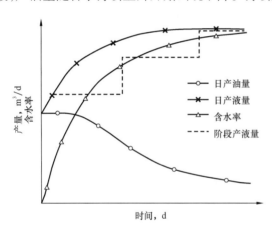

图 8.4　组合约束条件下油藏生产动态曲线示意

级换泵提液生产的现象(图 8.4 虚线所示)。准确描述这种现象需要在上述组合约束控制基础上,启动井的自动惩罚约束功能,通过对含水大小的判断选择不同最大液量控制条件,实现预测期间的阶段性自动提液。

8.2.4　油田的控制与约束

8.2.4.1　油田的生产约束

当油田全部注、采井与油田相连,且无井组级管理时,通过油田的生产约束控制,可以比较客观科学地反映地质、油藏、工艺一体化系统下油田实际的生产能力。矿场可能存在的能力限制主要有:地面注采管线的输送能力限制、注水站的注水能力限制、集油站对流体处理能力限

制。这种能力限制即为油田的生产约束条件,一般包括最大产油量、最大产水量、最大气油比、最大注水量、最大注水压力、最小地层平均压力等。

油田的生产约束实质上是把所有的油、水井归属于一个大的井组,通过油田级大井组的控制约束,实现符合矿场现实需求的油藏生产指标预测。这里主要有两方面的作用:一是可以指定油田总的生产目标,如定油产量或液产量或气产量;二是实施技术能力或经济条件的限定。

油田总的生产指标与油田内各单井能力密切相关,在指定油田目标产量时,首先要对单井的生产能力进行评价分析,满足各单井的产油能力或产液能力之和必须大于相应的油田目标产量。当确定了油田总目标产量后,通过两种方法把油田的总目标产量分配到各单井。一是按照单井瞬时速率分配,即按照采油井的最小井底流压计算生产速率,当各井最大产率之和超过油田目标速率,则按照各井最大产率的比例分配,否则取最大产率为井的分配产率。二是按照单井的指定速率或速率比例分配。

8.2.4.2　油田的注入约束

油田的注入约束有两种形式:一是指定油田的总目标注入量,二是给定油田油藏条件下的注采比。在指定油田总目标注入量时,要求各单井的注入能力之和大于指定的油田总目标注入量。因此,为了使油田的注入约束起作用,各注入井的注入速率可以任意设置一个不切实际的大数。当确定了油田的总注入目标时,油田的注入速率会按照单井瞬时速率或指定速率分配至各注入井。瞬时速率即为按照注水井的最大井底流压计算的最大注入速率。

8.2.4.3　油田的监视约束

油田开采效果的监视实际上是经济极限的监视,违反经济极限就停止计算。可以监视油田的含水、气油比、最小产油量和最小产气量等。

8.2.5　合理控制参数确定

控制参数确定是指在进行方案预测及优化时,根据油藏自身的物性条件,结合现行的油藏工艺条件和经济界限,计算井的主要生产参数极值。控制参数主要包括最低井底流压、最大生产压差、最大产液量、最大注入压力、最大注水量、经济极限初产以及经济极限含水率等。

8.2.5.1　最低井底流压

对于油井来说,首先可以确定不同含水条件下的泵口压力,再结合同等条件下的的泵挂深度、井筒混合液比值等条件,计算出不同泵挂深度不同含水条件下的最低流压。

(1)确定泵口压力 p_p。

$$p_p = \frac{\delta}{\left(\frac{1}{\beta} - 1\right)/(1 - f) \cdot S} \tag{8.10}$$

式中　δ——溶解油气比,m^3/m^3;

β——泵的充满系数;

S——天然气溶解系数,$m^3/(m^3 \cdot 10^{-1}MPa)$;

f——含水率。

（2）确定不同含水条件下最低流压 p_{min}。

$$p_{min} = p_p + (L_m - L_p)\rho_L g \times 10^{-6} \tag{8.11}$$

$$\rho_L = \rho_o(1 - f) + \rho_w f \tag{8.12}$$

式中　L_m——油层中部深度,m;

　　　L_p——泵挂深度,m;

　　　ρ_L——井筒混合液密度,kg/m³;

　　　ρ_o——地层原油密度,kg/m³;

　　　ρ_w——地层水密度,kg/m³。

8.2.5.2　最大生产压差

根据不同泵挂深度、不同含水下的最低流压,可以确定原始条件下的最大生产压差,再结合目前的地层总压降,计算最大生产压差。

$$\Delta p_{max(o)} = \frac{L_m}{10} - p_{min} \tag{8.13}$$

$$\Delta p_{max} = \Delta p_{max(o)} - \Delta p_o \tag{8.14}$$

式中　$\Delta p_{max(o)}$——原始压力条件下最大生产压差,10^{-1}MPa;

　　　Δp_o——目前地层总压降,10^{-1}MPa。

8.2.5.3　最大产液量

油井的最大产液量是一定的地层及工艺条件下,抽油井或电潜泵在实际可能达到的最大生产压差条件下的理论排量。它要求泵效较高,应是实际可能达到的最高泵效;泵下入到最大深度;依据实际情况选用可能达到的较大的工作参数。对于电潜泵,最大产液量可以达到更大的值,其值的确定应考虑地层流动能力并结合电潜泵的理论排量进行确定。

对于一个油田或单元,由于油藏的非均质性,每口井的地层流动系数是不同的,而且由于地层能量的不均衡,每口井所能达到的最大生产压差也不同,因此,在现有的工艺技术条件下,每口井的最大产液量也有所不同。若确定一个油田或单元的最大产液量,相应的地层流动系数和生产压差则应选取油田或单元的平均值。

（1）无量纲采液指数的确定。

无量纲采液指数是指油井对应某一含水时的采液指数与其无水时的采液指数之比。利用相对渗透率曲线计算无量纲采油指数随含水的变化规律,公式为:

$$\alpha_L = J'_o / (1 - f) \tag{8.15}$$

$$J'_o(S_w) = \frac{K_{ro}(S_w)}{K_{ro}(S_{iw})} \tag{8.16}$$

式中　α_L——无量纲采液指数;

　　　$J'_o(S_w)$——含水饱和度为 S_w 时的无量纲采油指数;

　　　$K_{ro}(S_w)$——含水饱和度为 S_w 时的油的相对渗透率;

$K_{ro}(S_{wi})$——束缚水条件下的油的相对渗透率(最大值);

f——含水率。

(2)含水后最大液量确定。

由不同压降下最大生产压差,根据无量纲采液指数的变化计算出在不同泵挂下的最大液量。

第一种,研究目标区油藏初期测试资料多,可以建立无水期采油指数与地层流动系数的关系式。

$$q_{max} = \Delta p_{max} \cdot J_L \tag{8.17}$$

$$J_L = \eta_o \cdot \alpha_L \tag{8.18}$$

$$\eta_o = \alpha \cdot \frac{K \cdot h}{\mu} \tag{8.19}$$

式中 α_L——无量纲采液指数;

η_o——无水期采油指数,t·d/MPa;

α——回归常数;

J_L——采液指数,t·d/MPa。

第二种,初期测试资料较少,无法建立起无水期采油指数与地层流动系数的关系式,则根据有限的资料求出每米采油指数,乘以计算井的有效厚度,得到该井的无水期采油指数。

$$q_{max} = \Delta p_{max} \cdot J_L \tag{8.20}$$

$$J_L = \eta \cdot H \cdot \alpha_L \tag{8.21}$$

式中 q_{max}——最大产液量,t·d;

J_L——采液指数,t·d/MPa;

η——无水期每米采油指数,t·d/(MPa·m);

H——油层射开有效厚度,m;

α_L——无量纲采液指数;

K——油层有效渗透率,mD;

μ——地层原油黏度,mPa·s。

8.2.5.4 井口最大注入压力

(1)破裂压力的计算及确定。

破裂压力公式:

$$p_{破} = \alpha \cdot H \tag{8.22}$$

式中 α——破裂压力梯度,砂岩一般为 0.0206 ~ 0.0225MPa/m,灰岩一般为 0.0176 ~ 0.0196MPa/m;

H——油层中深,m。

通过计算,并选取相应的安全系数,得到目标区块的破裂压力。

（2）启动压力的确定。

根据目标区块实际的吸水指数资料进行确定。若缺乏目标区块实际资料，可以考虑借鉴同类油藏的启动压力。

（3）井口最大注入压力的确定。

$$p_{井口} = p_{破裂压力} - p_{静水柱压力} + p_{井筒磨损} \tag{8.23}$$

8.2.5.5 单井最大注水量

（1）吸水指数的确定。

根据确定的相对渗透率曲线，计算出 $\overline{S}_{wf}$ 下对应的 K_{rw}/K_{ro}，则理论的吸水指数为：

$$I_w = \left(\frac{K_{rw}}{K_{ro}} \cdot \frac{\mu_o}{\mu_w} \right) \cdot I_o \tag{8.24}$$

式中　I_w——吸水指数，$m^3/(d \cdot MPa)$；

　　　I_o——采油指数，$t/(d \cdot MPa)$；

　　　K_{rw}——水相渗透率；

　　　K_{ro}——油相渗透率；

　　　$\dfrac{\mu_o}{\mu_w}$——油水黏度比。

（2）单井注水量的确定。

$$Q_w = I_w \cdot \Delta p \tag{8.25}$$

$$\Delta p = p_{井口} - p_{管损} - p_{启动} \tag{8.26}$$

式中　Δp——注水压差，MPa；

　　　$p_{井口}$——井口注入压力，MPa；

　　　$p_{管损}$——井筒摩擦阻力损失，取 2MPa；

　　　$p_{启动}$——油层启动压力，MPa。

根据上述公式，计算不同地层压力不同注入压力下的单井日注水量。

8.2.5.6 经济极限初产

新井经济极限初产是指在一定的技术、经济条件下，油井在投资回收期内的累计产值等于同期总投资、累计年经营费用和必要的税金之和。该井的初期产油量，称为新井经济极限初产。

根据投入产出盈亏平衡原理得出新井经济极限初产油量：

$$q_o = \frac{(I_d + I_b) \cdot \beta + \left[C_o \cdot \dfrac{(1+i)^T - 1}{i} \right]}{365 \cdot \tau_o \cdot (P - R_t) \cdot w \cdot \dfrac{B^T - 1}{B - 1} \cdot 10^{-4}} \tag{8.27}$$

$$q_{lc} = q_o \cdot 365 \cdot B^n \cdot T \tag{8.28}$$

式中　q_o——新井经济极限初产油量,t/d;

　　　I_d——单井钻井投资,万元;

　　　I_b——地面建设投资,万元;

　　　β——油水井系数;

　　　C_o——平均单井年操作费,万元/井·年;

　　　i——操作费年上涨率;

　　　τ_o——油井开井时率;

　　　w——原油商品率;

　　　P——原油价格,元/t;

　　　R_t——吨油税金,元/t;

　　　T——投资回收期,a;

　　　n——1,2,…6;

　　　B——油井产量平均年递减余率;

　　　q_{lc}——累计产油,10^4t。

8.2.5.7　经济极限含水

所谓经济极限含水及经济极限产油量,是指油田(油井)开发到一定的阶段,其含水上升到某一数值或产油量下降到某一数值时,投入与产出相抵,含水如再升高、产油量如再下降,油田开发就没有利润了,油田(油井)此时的含水称为经济极限含水,此含水相对应的产量称为经济极限末产。计算经济极限含水的基本原理是盈亏平衡原理,考虑税金、成本,经济极限含水率计算公式为:

$$f_{wmin} = 1 - \frac{10^4 \left[C_v (1 + I_1)^t + C_G (1 + I_2)^t \right]}{365 \cdot \tau_o \cdot q_L \cdot w \cdot (P_o - R_t)} \tag{8.29}$$

$$C_v = A + Bq_L \tag{8.30}$$

经济极限末产公式为:

$$q_{oL} = q_L (1 - f_{wmin}) \tag{8.31}$$

式中　f_{wmin}——油井经济极限含水;

　　　C_v——单位可变成本,万元/m^3;

　　　C_G——固定成本,万元;

　　　I_1,I_2——成本上涨率,%;

　　　A,B——修正系数;

　　　q_L——单井日产液,t;

　　　q_{oL}——老井经济极限产量,t/d;

　　　P_o——原油价格,元/t。

其他符号同经济极限初产确定。

8.3 预测结果可靠性

8.3.1 对预测结果的认识

由于动态历史拟合的不唯一性,而动态预测是建立在历史拟合一定精度标准和主客观因素影响参数调整策略下的计算结果。因此,对于动态预测结果可靠性的认识要秉承科学、客观的态度。

第一,要强调应用相对而非绝对的观念来对待模拟预测结果。不要过度迷信某一个方案的计算结果,尤其是采收率的计算结果值,而是重点关注不同方案之间预测指标的差异及变化规律,把握住哪些是敏感性因素、敏感性因素与预测指标之间的关联关系、产生预测结果差异的原因、预测指标动态特征的开发机理等。相对的结果分析可以很好地消除模型的系统性误差,凸显出方案的差异因素对开发动态的影响,有利于深化油藏开发特征认识,指导开发方案设计。

第二,为确保模拟预测结果的可靠性,需要对预测结果进行验证与分析。无论是压力、饱和度,还是产量、采收率,都是基于已有油藏认识和模型情况下的计算结果。由于油藏描述和模拟研究的各个阶段都存在许多的不确定性,因此我们无法对预测的结果报以绝对盲目的自信,而是需要通过后期实际生产动态的对比,或者其他油藏工程方法综合分析,对模拟预测结果进行科学评价,把握有利的规律和潜在的风险,挖掘模拟预测的最大价值。

第三,要确保历史拟合到动态预测之间的平稳过渡。动态预测始于历史拟合结束时刻,理论上讲,在油水井生产制度不变的情况下模拟计算的油藏生产动态与历史动态保持趋势的一致性和数据的连续性。但是,历史拟合阶段与动态预测阶段模型的计算控制方式发生变化。历史拟合时期井的产量数据是已知的,模型通过井管理程序将其转换成网格压力;而在预测时,产量是未知的,必须按照指定的约束控制条件把压力数据转换成产量,这本身就存在参数描述上的不同。因此,需要在井模型上做必要的技术校正,使井的状态由历史拟合平稳过渡到动态预测,以更好地符合油藏实际。

第四,要对预测过程中的油井管理方式的变更情况进行检查,确保在工程上及经济上可行。由于在动态预测模型中预设了较多的控制约束条件,包括油、水井的生产制度、操作约束条件、技术与经济界限控制等,模型在预测过程中会根据控制模式在不同时期执行油、水井的关停、改层、补孔等操作。由于这些操作发生在模型预测期内,对预测动态结果的影响较大,在关注预测结果指标的对比分析时,一定要结合油、水井的投产方式变化、措施类型及其工作量、约束控制条件等,全面客观反映出预测方案的结果与内涵。

第五,要正确把握预测方案的有效期,预测时间应与拟合时间相一致。从数学的观点看问题,动态预测就是历史拟合的外推计算。经验表明,如果预测的时间不超过历史拟合的时间,那么预测的结果很可能是正确的,反之预测的结果可信度就会降低,预测的时间越长可信度越低。另外,现场为了控水稳油、增储上产,会频繁地实施新的调整措施,无法保证推荐方案在矿场的执行程度。考虑到油田的调整周期,建议用预测五年的指标进行方案优选。

8.3.2 拟合与预测平稳过渡

从历史拟合模式平稳过渡到预测模式,是提高预测结果可靠性的重要基础,也是数值模拟研究中易于忽视的环节,需要特别引起重视。

8.3.2.1 拟合与预测模式

油藏模拟中井的生产或注入能力是通过井模型及其管理程序来计算的。井模型是把各类井作为网格的源汇项进行处理,通过内外边界条件的简化,来计算生产井和注入井的各项指标,如产量、注入量、压力等。而井的管理程序是将油田的各种操作条件和约束条件转换为相应的模型数学边界条件,使之能够反映与管理者一致的开发策略和思想,并对油藏生产动态进行控制。不同的控制模式,对模拟器本身的边界条件产生影响,以及生产指标的计算结果也会不同。

油藏模拟计算从历史拟合阶段转入动态指标预测阶段,油水井制度是不同的。历史拟合阶段模型是根据实际的生产资料,如产油量或产液量、注水量或注气量,来确定一个生产制度和指标,如定油量生产且根据已知实际的产油量资料,计算其他的指标并与实际资料进行对比拟合。动态指标预测阶段是需要用户根据目前的管理方式制定一种生产控制条件,进而预测计算未来油田的各类生产指标。不同的油藏特点和开发要求,生产控制条件各不相同。如前所述,从历史拟合模式过渡到预测模式,如油藏开发政策不变,计算动态应该是稳定平滑的,油井的产能、压力或其他动态不会出现间断或跳跃。然而,在多数情况下,在历史拟合阶段,油藏亏空率、油水井产注量是已知的,一般情况下会采用定油井产液量、水井注水量作为井的生产控制条件;而在预测阶段,产油量是未知的,并且事实上是需要进行预测的量,因此一般采用其他的限制条件通过模型计算得到。

在油田的正常生产条件下,使用井的压力控制进行产量预测更为合理。但这种由产量控制(产油量或总产液量)到压力控制的转变,很可能在转换过程中导致突然的、不自然的产量变化(图 8.5)。通过不同生产制度的计算过程分析可知:当固定产量生产时,模型依据井所在网格的生产指数和流体饱和度、相对渗透率计算井底压力;当固定井底流压生产时,模型依据井所在网格的生产指数和流体饱和度、相对渗透率计算井产量。由于模型的饱和度和压力场在井模型计算中保持不变,而产生预测产量波动的主要原因是未对所有井的井底流压进行拟合以调整校正井的生产指数。由于实际油、水井的井底流压测试资料较少,使得通过历史拟合解决上述问题的现实可行性不大,需要在动态预测阶段进行技术校正处理。

8.3.2.2 流入流出动态曲线

油井生产的压力控制取决于油田地面集输设施、井的举升方式、井的完井措施和油藏地层压力等,油井产能满足油藏流入与井筒

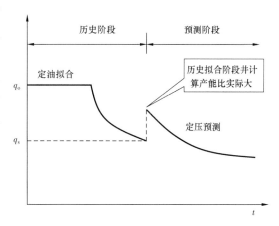

图 8.5 预测波动示意图

流出的协调统一。对于具体的油田或区块,可以与矿场采油工程师结合,确定实际的采油工艺参数,绘制出井筒的流出特征曲线。试井资料能够提供不同井底流压条件下的产量数据,绘制油藏的流入特征曲线。两条曲线的交点即为模型在预测阶段计算单井生产能力的瞬时产量。

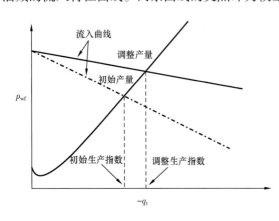

图 8.6 调整生产指数方法

当模型预测产量与实际产量存在较大差异时,比较有效的校正方法是调整井指数 PI、流出动态曲线或井拟函数。对于油藏模型而言,最不确定的参数主要是井指数 PI。由于在历史拟合阶段,一般通过定产液量进行计算,油井的生产指数对含水率、产油量等动态指标影响不大,但会导致计算的生产压差与实际不符,实际又缺乏足够的监测数据予以支撑。在预测阶段,模型利用计算的井指数 PI 确定油井产量,势必把这种误差带入产量预测中。为此,依靠油田实际的 PI 值对预测模型进行校正可以较好实现拟合模式向预测模式转换之间的平稳过渡。从井指数 PI 调整的示意图(图 8.6)可以看出,调整生产指数实质上改变了井的流入动态,拟合了井的产能。井的拟函数调整虽然也可以实现对井预测产量的修正,但没有井指数调整直接,一般用于预测气油比和含水率的误差校正。

8.3.2.3 井指数调整方法

井指数的调整实施需要确定调整幅度大小和调整方式。

如何判断预测模型的井指数是否偏高或偏低,主要方法是对比模型计算产能与实测井产能大小。一般利用新井试油试采或试井测试资料,获取井底流压下的实际产量,与相同井底流压控制下的计算产量进行对比,确定井指数修正系数。由于矿场压力测试资料较少,可利用生产井的动液面测试资料,折算生产井井底流压,以此作为预测模型的压力控制条件来计算油井产量,对比实际产量确定修正系数。其中,抽油井的井底流压计算经验公式为:

$$p_{wf} = p_t + \frac{1}{100}(H_泵 - H_动)\rho_混气 + \frac{1}{100}(H_中 - H_泵)\rho_混液 \tag{8.32}$$

式中 p_{wf}——流压,MPa;

p_t——套压,MPa;

$H_泵$——泵深,m;

$H_动$——油井动液面,m;

$H_中$——油井生产层位中部深度,m;

$\rho_混气$——泵上油套环形空间混合液密度,g/cm³;

$\rho_混液$——泵下井筒内混合液密度,g/cm³。

产生模型与实际井指数 PI 之间差异的主要原因:一方面取决于井的表皮系数,一方面取决于地层系数。对于井指数 PI 的调整,优先可选择调整井的表皮系数,再考虑根据修正系数对井的生产指数按比例进行校正。需要说明的是,只有当预测模式中井的生产制度由定产量转变为定压力生产预测时,才有井指数调整的必要。实际应用中,当油藏工程师应用多种方法已经综合确定了井的合理配产指标时,则可以直接按照给定的配产指标定产量预测,此时无须再对井指数进行校正。

8.3.3 预测结果可靠性评价

模拟预测结果应该与其他来源的预测结果进行对比,确保预测结果的可靠性。

(1)将预测结果与同类油田结果进行比较。数值模拟方案预测结果首先要符合一般的油藏开发规律,如油藏的整体含水上升规律、采收率大小、含水与采出程度关系等。可以与模拟目标相似的油田进行生产动态类比,统计分析关键的宏观开发指标,例如平均单井产能、采油速度、稳产期及产量递减率、含水上升率、15年采出程度等,把握相同的规律特征,同时也明确目标油藏的特殊性和开发指标的差异性。

(2)对比本次研究结果与历史研究结果的差异并明确其原因。油藏数值模拟的优势之一在于可以方便快捷地再现油藏开发历史,并对油藏后期开发动态进行定量预测和分析,在油藏动态跟踪管理和研究中发挥重要的作用。在开发方案实施过程中,可以利用短周期的动态及监测资料开展实时模拟,对比分析实际和预测的差异,针对生产中的矛盾和问题及时提出有效调整措施。同时更新模型以不断深化油藏认识,并开展生产动态分析、开发预警分析,直至下一次阶段性的开发大调整。模拟结果可以应用于整个油田,又可以应用于某一区块,甚至单井,体现了数值模拟灵活、实用和高效的特点。

(3)利用常规的油藏工程方法进行辅助对比研究。对于一些具有特殊地质现象、特殊驱油机理的油藏,受油藏模拟器模拟功能的制约,无法定量准确进行数学模型描述时,一般采用近似的方法简化或等效处理。例如存在人工压裂裂缝、低渗透油藏启动压力、纵向不连续分布夹层等,可以在模拟研究过程中,利用油藏工程方法获取相关技术参数,或者应用油藏工程计算方法开展专项的解析计算,并与模拟计算结果进行对比,达到相互补充、相互完善的目的。